4주 완성 스케줄표

공부한 날	주	일	학습 내용
월 일	1주	도입	이번 주에는 무엇을 공부할까?
		1일	1000이 10개인 수, 다섯 자리 수
월 일		2일	십만, 백만, 천만 각 자리의 숫자가 나타내는 값
월 일		3일	억, 조
월 일		4일	뛰어 세기, 수의 크기 비교
월 일		5일	각의 크기 비교, 각도
		평가 / 특강	누구나 100점 맞는 테스트 / 창의·융합·코딩
월 일	2주	도입	이번 주에는 무엇을 공부할까?
		1일	각 그리기, 직각보다 작은(큰) 각
월 일		2일	각도를 어림하고 각도기로 재기, 각도의 합과 차
월 일		3일	삼각형의 세 각의 크기의 합, 사각형의 네 각의 크기의 합
월 일		4일	(몇백)×(몇십), (세 자리 수)×(몇십)
월 일		5일	(세 자리 수)×(몇십몇), (세 자리 수)×(두 자리 수)
		평가 / 특강	누구나 100점 맞는 테스트 / 창의·융합·코딩
월 일	3주	도입	이번 주에는 무엇을 공부할까?
		1일	몇십으로 나누기, 몇십몇으로 나누기
월 일		2일	세 자리 수를 두 자리 수로 나누기(1), (2)
월 일		3일	평면도형 밀기, 평면도형 뒤집기
월 일		4일	평면도형 돌리기(1), (2)
월 일		5일	평면도형 뒤집고 돌리기, 무늬 꾸미기
		평가 / 특강	누구나 100점 맞는 테스트 / 창의·융합·코딩
월 일	4주	도입	이번 주에는 무엇을 공부할까?
		1일	막대그래프 알아보기, 막대그래프 해석하기
월 일		2일	막대그래프 그리기, 자료를 조사하여 막대그래프 그리기, 막대그래프로 이야기 만들기
월 일		3일	수의 배열에서 규칙 찾기(1), (2)
월 일		4일	도형의 배열에서 규칙 찾기, 계산식에서 규칙 찾기(1)
월 일		5일	계산식에서 규칙 찾기(2), 규칙적인 계산식 찾기
		평가 / 특강	누구나 100점 맞는 테스트 / 창의·융합·코딩

공부한 날을 표시하고 하루하루 학습 내용을 살펴보세요.

Chunjae
Makes
Chunjae

▼

기획총괄	박금옥
편집개발	윤경옥, 박초아, 김연정, 김수정, 김유림
디자인총괄	김희정
표지디자인	윤순미, 여화경
내지디자인	박희춘, 이혜미
제작	황성진, 조규영

발행일	2024년 10월 15일 2판 2024년 10월 15일 1쇄
발행인	(주)천재교육
주소	서울시 금천구 가산로9길 54
신고번호	제2001-000018호
고객센터	1577-0902

※ 정답 분실 시에는 천재교육 홈페이지에서 내려받으세요.

※ KC 마크는 이 제품이 공통안전기준에 적합하였음을 의미합니다.

※ 주의

책 모서리에 다칠 수 있으니 주의하시기 바랍니다.

부주의로 인한 사고의 경우 책임지지 않습니다.

8세 미만의 어린이는 부모님의 관리가 필요합니다.

똑 똑 한

하루 수학

4A

배우고 때로 익히면
또한 기쁘지 아니한가.
- 공자 -

주별 Contents

똑똑한 하루 수학

이 책의 특징

도입 이번 주에는 무엇을 공부할까?

이번 주에 공부할 내용을 만화로 재미있게!

반드시 알아야 할 개념을 쉽고 재미있는 만화로 확인!

개념 완성 개념 · 원리 확인

교과서 개념을 만화로 쏙쏙!

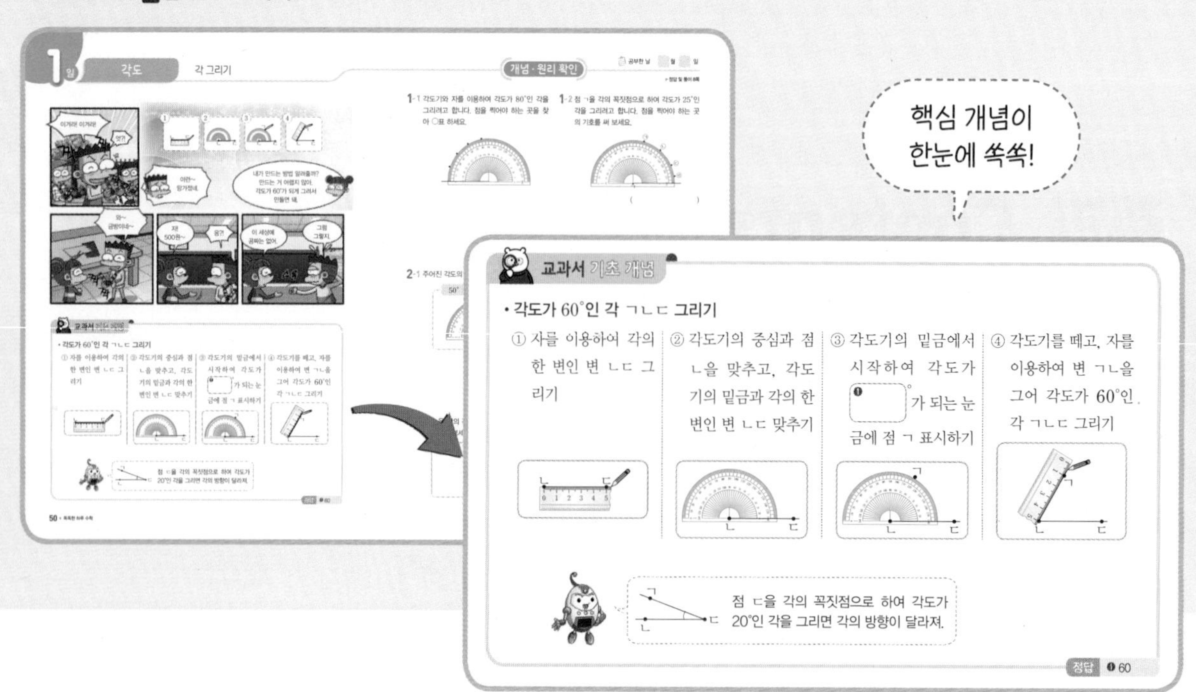

핵심 개념이 한눈에 쏙쏙!

기초 집중 연습

반드시 알아야 할 문제를 **반복**하여 완벽하게 익히기!

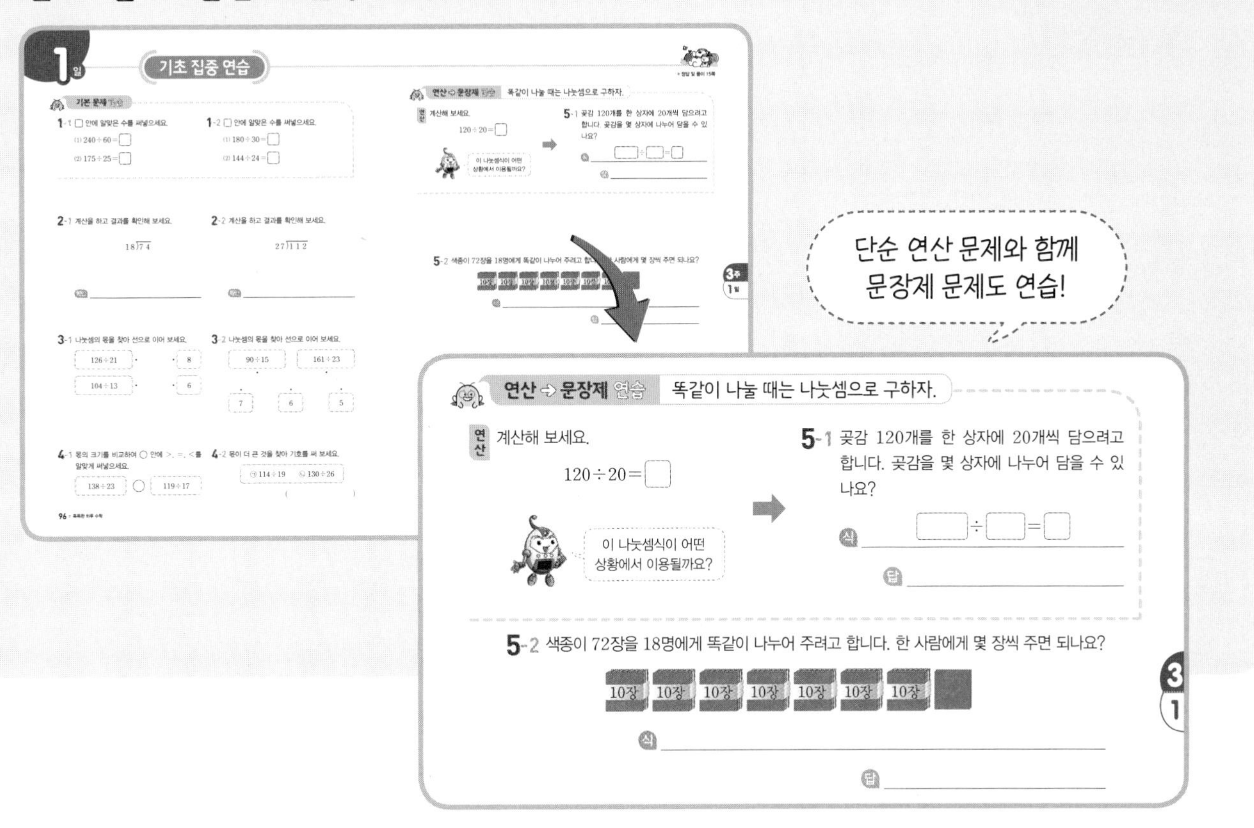

평가 + 창의·융합·코딩

한 주에 **배운 내용**을 **테스트**로 마무리!

4차 산업 혁명 시대에
알맞은 최신 트렌드 유형

요즘 수학 문제인 **창의·융합·코딩** 문제 수록

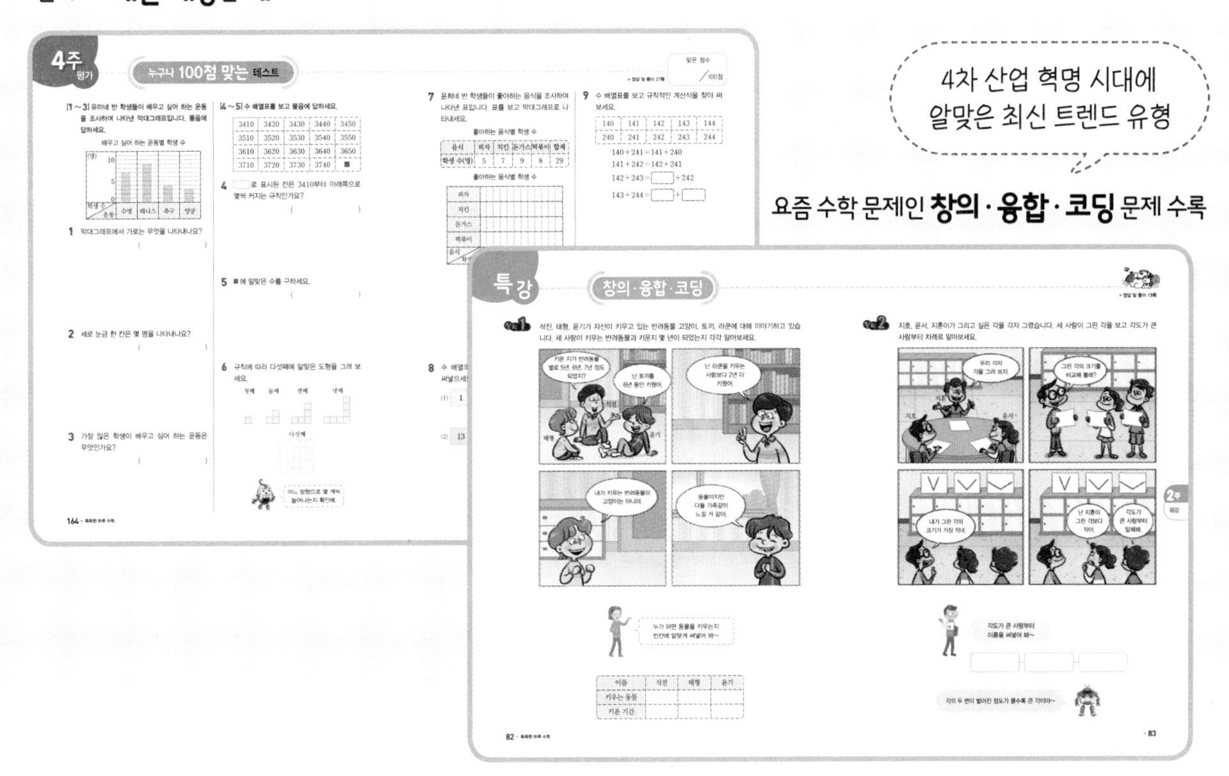

1주 큰 수 ~ 각도

와~ 지구본 이잖아! 예쁘다~
아빠가 생일 선물로 사 주셨어.

근데 너 실제 지구를 한 바퀴 돈 거리가 몇 km인지 알아?
모르는데~
약 40075 km래. 엄청나게 크지?

수를 읽을 때 숫자가 0인 자리는 읽지 않아서 40075는 사만 칠십오라고 읽어.
• 40075를 쓰고 읽기
40075는
10000이 4개, 10이 7개, 1이 5개인 수
쓰기 40075 읽기 사만 칠십오
그렇구나~

나 한 번 만져봐도 돼?
조심해야 해. 깨질 수도 있어.
스윽

앗!
헉!
미끌
콰직

미안해ㅜㅜ 지구만큼 넓은 마음을 가진 네가 혹시 화내진 않겠지?
울그락
으으~ 하하하. 화는 무슨…….
붉그으락

이번 주에는 무엇을 공부할까? ①

1일 1000이 10개인 수, 다섯 자리 수
2일 십만, 백만, 천만, 각 자리의 숫자가 나타내는 값
3일 억, 조 4일 뛰어 세기, 수의 크기 비교 5일 각의 크기 비교, 각도

• 149600000을 쓰고 읽기

149600000은
1억이 1개, 1만이 4960개인 수
쓰기 149600000 또는 1억 4960만
읽기 일억 사천구백육십만

이번 주에는 무엇을 공부할까? ②

2-2 네 자리 수

2427에서
천의 자리 숫자 2는 2000을,
백의 자리 숫자 4는 400을,
십의 자리 숫자 2는 20을,
일의 자리 숫자 7은 7을 나타내.

같은 숫자라도 자릿값에 따라 나타내는 수가 다르구나.

1-1 같은 수끼리 선으로 이어 보세요.

삼천사십구 •	• 3049
삼천사백구 •	• 3409

1-2 수로 써 보세요.

육천오백십칠

(　　　　　　)

2-1 숫자 7이 70을 나타내는 수를 찾아 ○표 하세요.

1257	3729	8971
(　　)	(　　)	(　　)

2-2 숫자 6이 600을 나타내는 수를 찾아 ○표 하세요.

3456	7614	6291
(　　)	(　　)	(　　)

▶정답 및 풀이 1쪽

2-2 네 자리 수

1000씩 뛰어서 세면 백, 십, 일의 자리 숫자는 변하지 않아.

100씩 뛰어서 세면 천, 십, 일의 자리 숫자는 변하지 않지.

3-1 규칙을 찾아 뛰어서 세어 보세요.

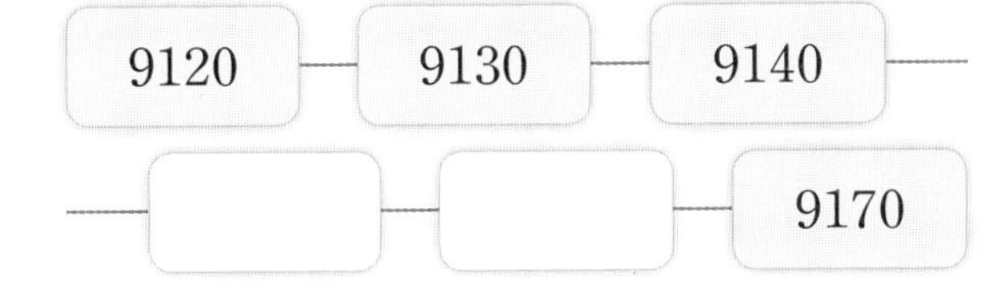

3-2 규칙을 찾아 뛰어서 세어 보세요.

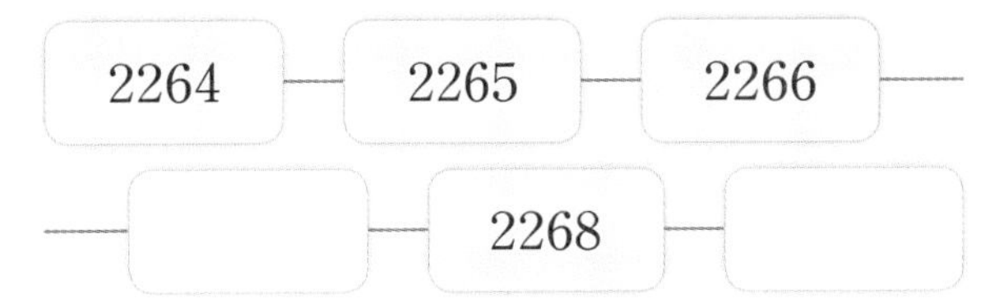

4-1 돈을 주하는 7250원 모았고, 보아는 6500원 모았습니다. 돈을 더 많이 모은 사람은 누구인가요?

(   )

4-2 도서관에 동화책이 3050권, 위인전이 3025권 있습니다. 동화책과 위인전 중 어느 것이 더 많이 있나요?

(   )

1000이 10개인 수

교과서 기초 개념

• 10000 알아보기

1000이 ❶ ☐ 개인 수는

쓰기 **10000** 또는 **1만** 읽기 **만** 또는 **일만**

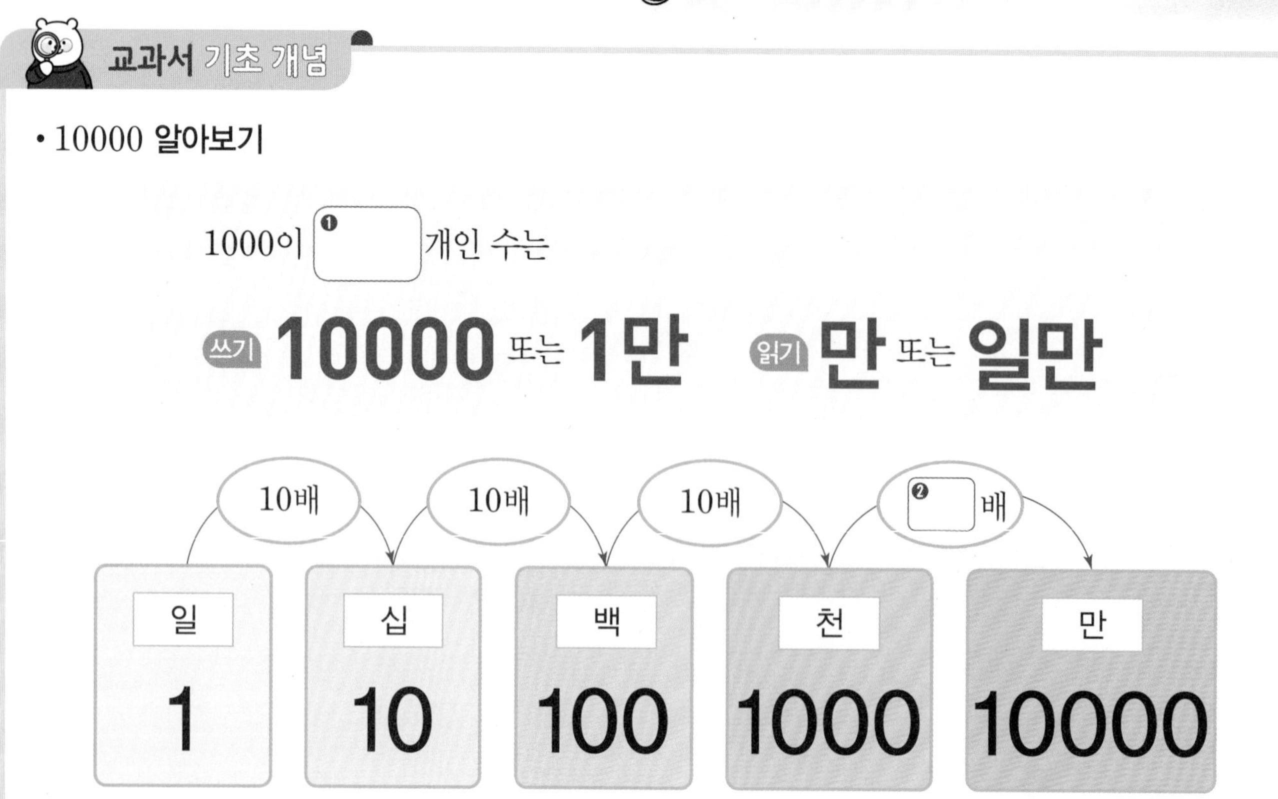

정답 ❶ 10 ❷ 10

개념 · 원리 확인

▶정답 및 풀이 1쪽

1-1 ☐ 안에 알맞은 수를 써넣으세요.

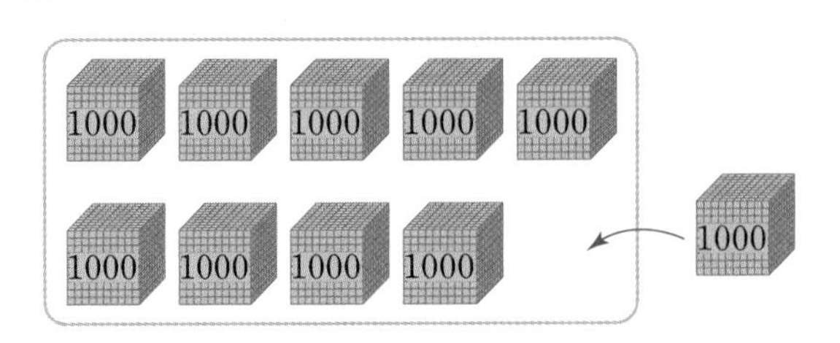

10000은 9000보다 ☐만큼 더 큰 수입니다.

1-2 ☐ 안에 알맞은 수를 써넣으세요.

10000은 1000이 ☐개인 수입니다.

2-1 ☐ 안에 알맞은 수를 써넣으세요.

9999보다 ☐만큼 더 큰 수는 10000입니다.

2-2 ☐ 안에 알맞은 수를 써넣으세요.

9900보다 ☐만큼 더 큰 수는 10000입니다.

3-1 10000만큼 묶어 보세요.

1000	1000	1000	1000	1000
1000	1000	1000	1000	1000
1000	1000	1000	1000	1000

3-2 10000만큼 색칠해 보세요.

1000	1000	1000	1000	1000	1000
1000	1000	1000	1000	1000	1000

[4-1~4-2] 규칙에 따라 빈칸에 알맞은 수를 써넣으세요.

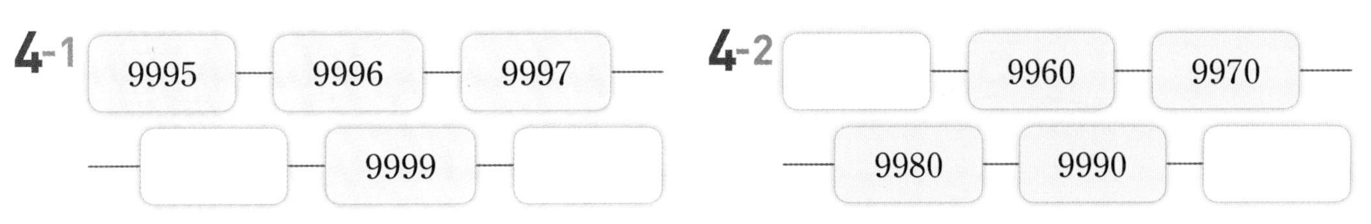

다섯 자리 수

	만의 자리	천의 자리	백의 자리	십의 자리	일의 자리
숫자	2	5	4	0	0

교과서 기초 개념

• 35498 **알아보기**

만의 자리	천의 자리	백의 자리	십의 자리	일의 자리
3	5	4	9	8

각 자리의 숫자 ↓ 나타내는 값

3	0	0	0	0
	5	0	0	0
		4	0	0
			9	0
				8

35498은

(1) $35498=30000+5000+$ ❶ $\square$ $+90+8$

(2) 10000이 3개, 1000이 ❷ $\square$개, 100이 4개, 10이 9개, 1이 8개인 수

쓰기 **35498**　　읽기 **삼만 오천사백구십팔**

정답 ❶ 400 ❷ 5

[1-1~1-2] □ 안에 알맞은 수를 써넣으세요.

1-1

10000이 2개, 1000이 5개, 100이 9개, 10이 7개, 1이 3개인 수

만의 자리	천의 자리	백의 자리	십의 자리	일의 자리
□	5	□	7	3

1-2

10000이 8개, 1000이 3개, 100이 4개, 10이 6개, 1이 2개인 수

만의 자리	천의 자리	백의 자리	십의 자리	일의 자리
□	□	4	6	2

[2-1~2-2] □ 안에 알맞은 수를 써넣으세요.

2-1

10000이 4개
1000이 3개
100이 9개
10이 7개
1이 3개

인 수는 □

2-2

10000이 5개
1000이 6개
100이 1개
10이 9개
1이 8개

인 수는 □

3-1 수를 읽어 보세요.

23854

(　　　　　　　　)

3-2 수로 써 보세요.

육만 오천구십이

(　　　　　　　　)

[4-1~4-2] 표를 보고 각 자리의 숫자가 나타내는 값의 합으로 써 보세요.

4-1

만의 자리	천의 자리	백의 자리	십의 자리	일의 자리
9	1	6	3	8

91638
$=90000+$ □ $+600+$ □ $+8$

4-2

만의 자리	천의 자리	백의 자리	십의 자리	일의 자리
7	5	2	1	9

75219
$=$ □ $+5000+$ □ $+10+9$

1일 기초 집중 연습

기본 문제 연습

[1-1~1-2] 보기 와 같이 각 자리의 숫자가 나타내는 값의 합으로 써 보세요.

보기
$82421=80000+2000+400+20+1$

1-1 $35128=$ ________________

1-2 $26849=$ ________________

[2-1~2-2] 그림을 보고 □ 안에 알맞은 수를 써넣으세요.

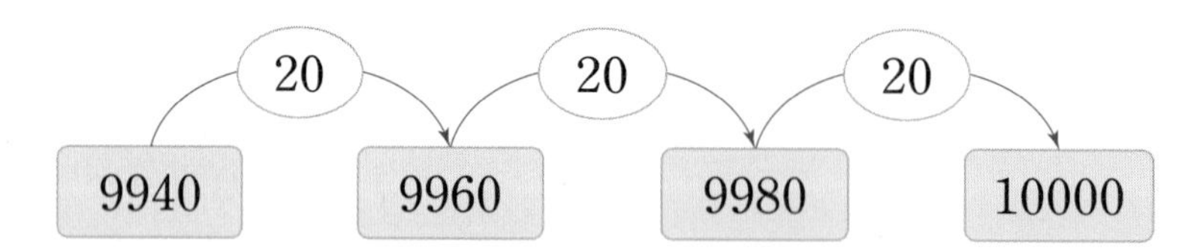

2-1 9940보다 □만큼 더 큰 수는 10000입니다.

2-2 9960은 10000보다 □만큼 더 작은 수입니다.

3-1 숫자 4가 나타내는 값이 더 큰 수에 ○표 하세요.

(26540 , 84316)

3-2 숫자 7이 나타내는 값이 더 큰 수에 ○표 하세요.

(12732 , 42107)

[4-1~4-2] 주어진 동전이 몇 개 있어야 10000원이 되는지 구하세요.

4-1

(　　　　　　　　)

4-2

(　　　　　　　　)

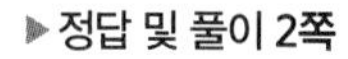

▶정답 및 풀이 2쪽

기본 → 문장제 연습 10000이 ■개인 수 → ■0000

기본 다음이 나타내는 수를 써 보세요.

10000이 3개, 1000이 7개,
100이 4개인 수

답 ____________

5-1 서아는 10000원짜리 지폐 3장, 1000원짜리 지폐 7장, 100원짜리 동전 4개를 모았습니다. 서아가 모은 돈은 모두 얼마인가요?

 ____________

5-2 어머니께서 삼겹살을 사면서 10000원짜리 지폐 2장, 1000원짜리 지폐 8장, 100원짜리 동전 5개를 냈습니다. 어머니께서 낸 돈은 모두 얼마인가요?

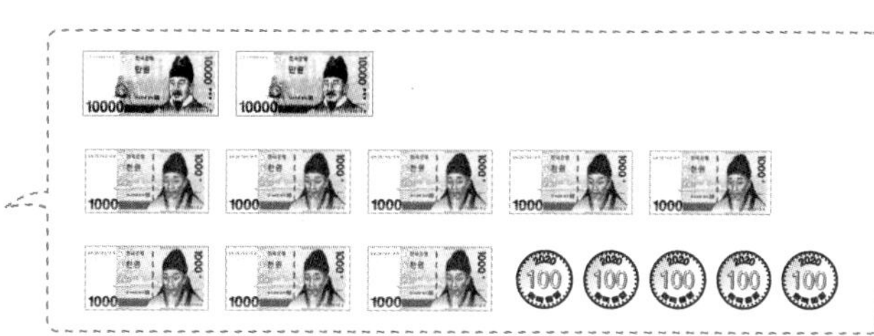

답 ____________

5-3 돈이 모두 얼마인지 써 보세요.

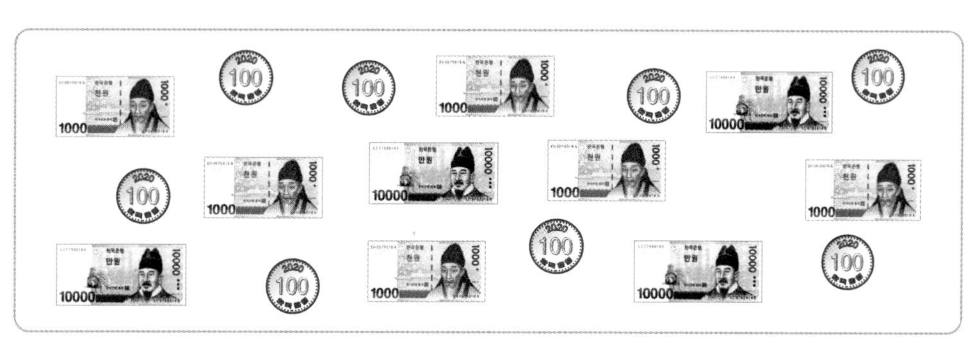

답 ____________

1주 1일

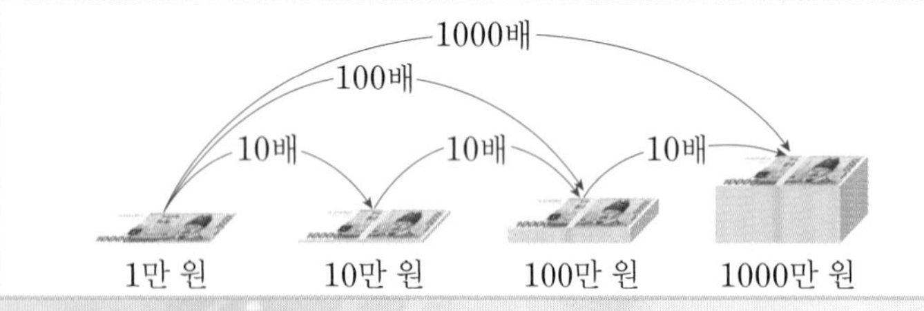

교과서 기초 개념

• 십만, 백만, 천만 알아보기

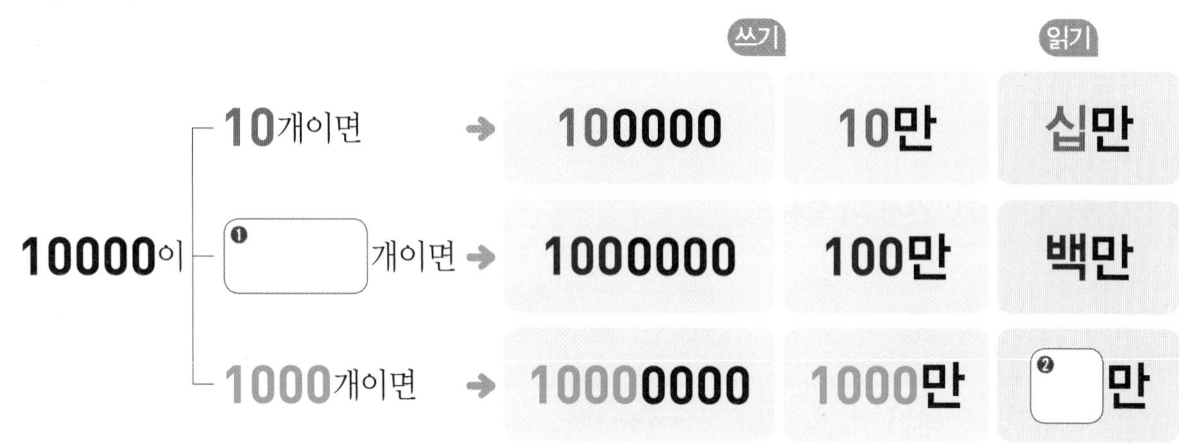

		쓰기		읽기
10000이	10개이면 →	100000	10만	십만
	❶ ☐ 개이면 →	1000000	100만	백만
	1000개이면 →	10000000	1000만	❷ ☐ 만

10000이 **2319**개이면
23190000 또는 **2319만**이라 쓰고,

이천삼백십구만이라고 읽어.

정답 ❶ 100 ❷ 천

개념 · 원리 확인

▶ 정답 및 풀이 2쪽

1-1 설명하는 수를 쓰고, 읽어 보세요.

10000이 10개인 수

쓰기 (   )
읽기 (   )

1-2 설명하는 수를 쓰고, 읽어 보세요.

10000이 100개인 수

쓰기 (   )
읽기 (   )

2-1 수로 써 보세요.

백오십만

(   )

2-2 수로 써 보세요.

삼천구만

(   )

[3-1~3-2] 주어진 수를 표로 나타낸 것입니다. □ 안에 알맞은 수를 써넣고, 수를 읽어 보세요.

3-1

42670000

4	□	6	□	0	0	0	0
천	백	십	일	천	백	십	일
			만				일

(   )

3-2

68510000

□	□	5	1	0	0	0	0
천	백	십	일	천	백	십	일
			만				일

(   )

[4-1~4-2] 두 수가 같으면 ○표, 다르면 ×표 하세요.

4-1

- 10000이 1000개인 수
- 10000의 1000배인 수

(   )

4-2

- 1만의 10배인 수
- 10000이 10개인 수

(   )

각 자리의 숫자가 나타내는 값

교과서 기초 개념

• 25860000의 각 자리의 숫자와 나타내는 값 알아보기

	천만의 자리	백만의 자리	십만의 자리	만의 자리	천의 자리	백의 자리	십의 자리	일의 자리
각 자리의 숫자 →	2	5	8	6	0	0	0	0
나타내는 값 →	2	0	0	0	0	0	0	0
		5	0	0	0	0	0	0
			8	0	0	0	0	0
				6	0	0	0	0

25860000은

(1) $25860000=20000000+5000000+$ ❶ [   ] $+60000$

(2) **10000**이 **2586**개인 수

정답 ❶ 800000

▶정답 및 풀이 3쪽

[1-1~1-2] 주어진 수를 표로 나타낸 것입니다. □ 안에 알맞은 수를 써넣고, 각 자리의 숫자가 나타내는 값의 합으로 써 보세요.

1-1

62740000

6	□	□	4	0	0	0	0
천	백	십	일	천	백	십	일
			만				일

62740000

= □ +2000000

+ □ +40000

1-2

81230000

□	□	2	3	0	0	0	0
천	백	십	일	천	백	십	일
			만				일

81230000

= □ +1000000

+200000+ □

2-1 천만의 자리 숫자를 써 보세요.

25640000

(　　　　　　)

2-2 십만의 자리 숫자를 써 보세요.

12430000

(　　　　　　)

3-1 숫자 8이 나타내는 값을 써 보세요.

31820000

(　　　　　　)

3-2 숫자 3이 나타내는 값을 써 보세요.

37650000

(　　　　　　)

[4-1~4-2] 밑줄 친 숫자는 어느 자리 숫자이고, 얼마를 나타내는지 써 보세요.

4-1 13620000 ➔ □의 자리 숫자

➔ □

4-2 10630000 ➔ □의 자리 숫자

➔ □

2일

기초 집중 연습

기본 문제 연습

1-1 설명하는 수가 얼마인지 써 보세요.

100만이 3개, 10만이 7개인 수

(　　　　　　　　　　)

1-2 설명하는 수가 얼마인지 써 보세요.

100만이 1개, 1만이 2개인 수

(　　　　　　　　　　)

2-1 숫자 2가 나타내는 값을 써 보세요.

21670000

(　　　　　　　　　　)

2-2 숫자 6이 나타내는 값을 써 보세요.

75610000

(　　　　　　　　　　)

3-1 칠십구만을 수로 바르게 나타낸 사람은 누구인가요?

(　　　　　　　　　　)

3-2 구백육만을 수로 바르게 나타낸 것의 기호를 써 보세요.

㉠ 960000
㉡ 9060000

(　　　　　　　　　　)

4-1 □ 안에 알맞은 수를 써넣으세요.

51687115에서 천만의 자리 숫자는 □이고 □을, 십만의 자리 숫자는 □이고 □을 나타냅니다.

4-2 □ 안에 알맞은 수를 써넣으세요.

85461820에서 천만의 자리 숫자는 □이고 □을, 백만의 자리 숫자는 □이고 □을 나타냅니다.

▶정답 및 풀이 3쪽

기본 → 문장제 연습 ■▲●만은 만이 ■▲●개인 수

기본 □ 안에 알맞은 수를 써넣으세요.

326만은 만이 □개인 수

5-1 326만 원을 만 원짜리 지폐로 모두 바꾸려고 합니다. 만 원짜리 지폐 몇 장으로 바꿀 수 있나요?

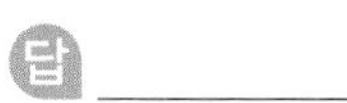

답 ____________

5-2 공장에서 생산한 아이스크림 280만 개를 냉동고 한 칸에 만 개씩 모두 넣었습니다. 아이스크림을 넣은 냉동고는 몇 칸인가요?

답 ____________

5-3 다음은 어느 동영상의 조회수입니다. 만 번째 조회 때마다 광고가 나왔다면 광고는 모두 몇 번 나왔나요?

답 ____________

억

교과서 기초 개념

1000만이 10개인 수는

쓰기 **100000000** 또는 **1억** **읽기** **억** 또는 **일억**

(0이 8개)

예 714300000000 알아보기

(1) 억이 7143개인 수

(2) **쓰기** 714300000000 또는 7143억 **읽기** 칠천백사십삼 ❶ 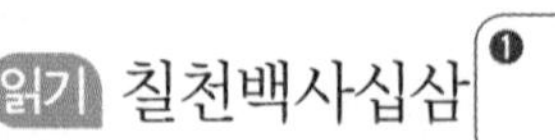

(3)

	숫자	나타내는 값
천억의 자리	7	700000000000
백억의 자리	❷	100000000000
십억의 자리	❸	4000000000
억의 자리	3	300000000

정답 ❶ 억 ❷ 1 ❸ 4

▶정답 및 풀이 3쪽

1-1 □ 안에 알맞은 수를 써넣으세요.

1억은
9000만보다 □만큼 더 큰 수이고, 9900만보다 □만큼 더 큰 수입니다.

1-2 □ 안에 알맞은 수를 써넣으세요.

1억은
9990만보다 □만큼 더 큰 수이고,
9999만보다 □만큼 더 큰 수입니다.

2-1 □ 안에 알맞은 수를 써넣으세요.

370028637600은

억이 □개,
만이 □개,
일이 □개인 수입니다.

2-2 □ 안에 알맞은 수를 써넣으세요.

73029632096은

억이 □개,
만이 □개,
일이 □개인 수입니다.

3-1 숫자 8이 나타내는 값을 써 보세요.

680490005200

(　　　　　　　　)

3-2 숫자 2가 나타내는 값을 써 보세요.

52100300000

(　　　　　　　　)

4-1 밑줄 친 미국의 인구를 수로 써 보세요.

미국의 인구는 약 삼억 이천팔백이십만 명입니다.

(　　　　　　　　)

4-2 밑줄 친 인도의 인구를 수로 써 보세요.

인도의 인구는 약 십삼억 오천삼백만 명입니다.

(　　　　　　　　)

조

1000억이 10개인 수

쓰기 1000000000000 또는 1조

읽기 조 또는 일조

1 →(10000배)→ 1만 →(10000배)→ 1억 →(10000배)→ 1조

교과서 기초 개념

1000억이 10개인 수는

쓰기 **1000000000000** 또는 **1조** 읽기 **조** 또는 **일조**

(0이 12개)

예 2487000000000000 알아보기

(1) 조가 2487개인 수

(2) 쓰기 2487000000000000 또는 2487조 읽기 이천사백팔십칠 ❶

(3)

	숫자	나타내는 값
천조의 자리	2	2000000000000000
백조의 자리	❷	400000000000000
십조의 자리	8	80000000000000
조의 자리	❸	7000000000000

정답 ❶ 조 ❷ 4 ❸ 7

개념 · 원리 확인

▶정답 및 풀이 3쪽

1-1 빈칸에 알맞은 수를 써넣으세요.

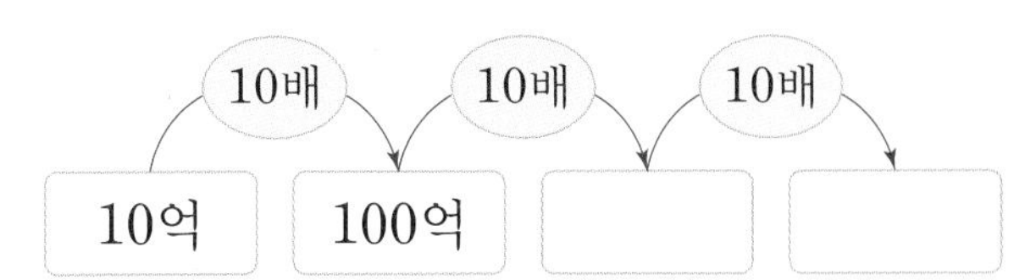

1-2 빈칸에 알맞은 수를 써넣으세요.

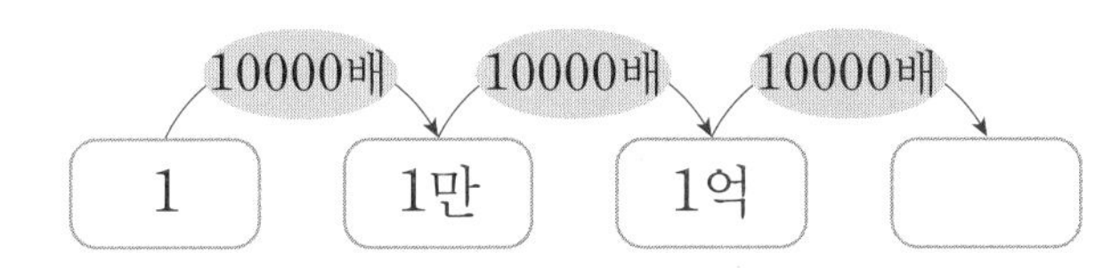

2-1 수로 써 보세요.

조가 650개, 억이 9500개인 수

(　　　　　　　　　　)

2-2 수로 써 보세요.

조가 2350개, 억이 2355개인 수

(　　　　　　　　　　)

[3-1~3-2] □ 안에 알맞은 수나 말을 써넣으세요.

3-1

3	6	8	0	4	9	0	0	0	5	2	7	0	0	0	0
천	백	십	일	천	백	십	일	천	백	십	일	천	백	십	일
			조				억				만				일

숫자 6은 □의 자리 숫자이고 □를 나타냅니다.

3-2

8	2	0	7	1	6	2	3	2	5	9	4	0	0	0	0
천	백	십	일	천	백	십	일	천	백	십	일	천	백	십	일
			조				억				만				일

숫자 8은 □의 자리 숫자이고 □를 나타냅니다.

4-1 1조를 나타내는 수의 기호를 써 보세요.

㉠ 1억의 1000배인 수
㉡ 9990억보다 10억만큼 더 큰 수

(　　　　　　　　　　)

4-2 1조를 나타내는 수의 기호를 써 보세요.

㉠ 1000만이 10개인 수
㉡ 1억의 10000배인 수

(　　　　　　　　　　)

3일 기초 집중 연습

기본 문제 연습

[1-1~1-2] 보기 와 같이 나타내세요.

보기
126406585419 → 1264억 658만 5419

1-1 729402819521

→ ______________________

1-2 25284050001584

→ ______________________

2-1 숫자 9가 900억을 나타내는 것을 찾아 기호를 써 보세요.

9491897925320000
㉠ ㉡ ㉢ ㉣

( )

2-2 숫자 2가 20조를 나타내는 것을 찾아 기호를 써 보세요.

2327152400200000
㉠ ㉡ ㉢ ㉣

( )

3-1 밑줄 친 숫자 4가 나타내는 값을 써 보세요.

154105452153

( )

3-2 밑줄 친 숫자 5가 나타내는 값을 써 보세요.

2504681213750000

( )

4-1 다음을 수로 나타낼 때 0의 수는 몇 개인가요?

4억 8만

( )

4-2 다음을 수로 나타낼 때 0의 수는 몇 개인가요?

10조 37억

( )

▶정답 및 풀이 4쪽

기본 → 문장제 연습 ■억의 100배인 수는 ■00억

기본 설명하는 수를 수로 써 보세요.

350억의 100배인 수

답 ____________

5-1 공장에서 마스크를 1년 동안 한 묶음에 350억 장씩 100묶음 생산했습니다. 이 공장에서 1년 동안 생산한 마스크는 모두 몇 장인가요?

답 ____________

5-2 토성은 태양에서 6번째로 가까운 행성입니다. 지구와 토성 사이의 거리가 다음과 같을 때 지구와 토성 사이 거리의 100배는 몇 km인가요?

14억 5000만 km

답 ____________

5-3 어느 지역의 작년 한 해 동안 농작물 생산량을 조사하여 나타낸 것입니다. 고추가 한 자루에 48만 kg씩 담겨 있다면 모두 몇 자루인가요?

쌀	고추	배추
2100000000 kg	480000000 kg	690000000 kg

답 ____________

1주 3일

4일 큰 수 뛰어 세기

교과서 기초 개념

- 10000씩 뛰어 세기 → 만의 자리 숫자가 1씩 커집니다.

25000 - 35000 - 45000 - 55000 - 65000

- 10억씩 뛰어 세기 → ❶ ☐ 의 자리 숫자가 1씩 커집니다.

32억 9만 - 42억 9만 - 52억 9만 - 62억 9만 - 72억 9만

- 1조씩 뛰어 세기 → 조의 자리 숫자가 ❷ ☐ 씩 커집니다.

44조 8억 - 45조 8억 - 46조 8억 - 47조 8억 - 48조 8억

정답 ❶ 십억 ❷ 1

▶ 정답 및 풀이 4쪽

1-1 주어진 수만큼씩 뛰어 세어 보세요.

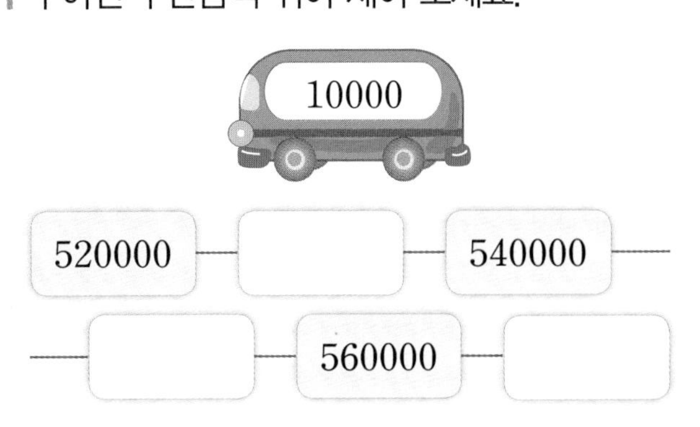

1-2 주어진 수만큼씩 뛰어 세어 보세요.

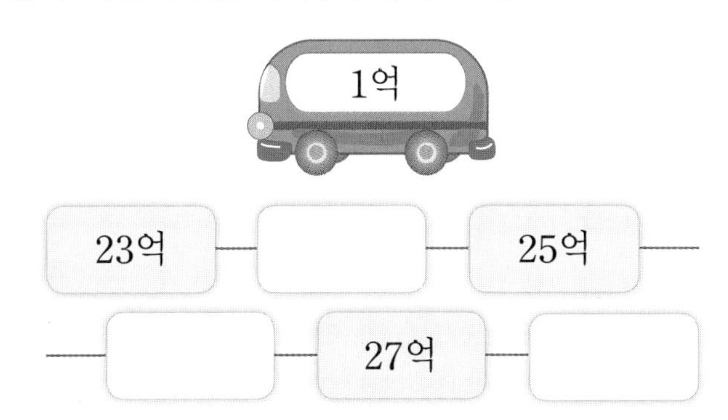

2-1 주어진 수만큼씩 뛰어 세어 보세요.

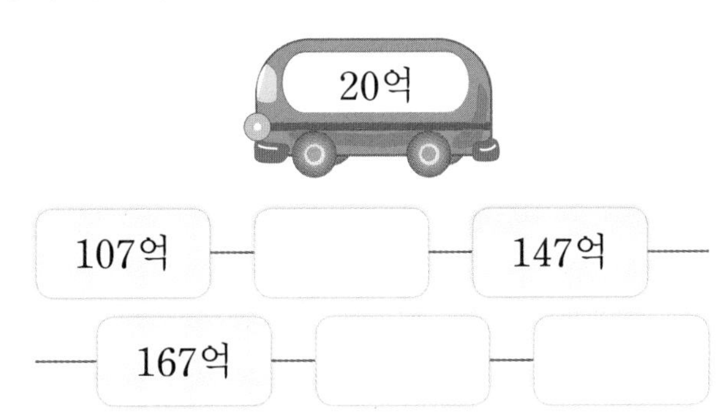

2-2 주어진 수만큼씩 뛰어 세어 보세요.

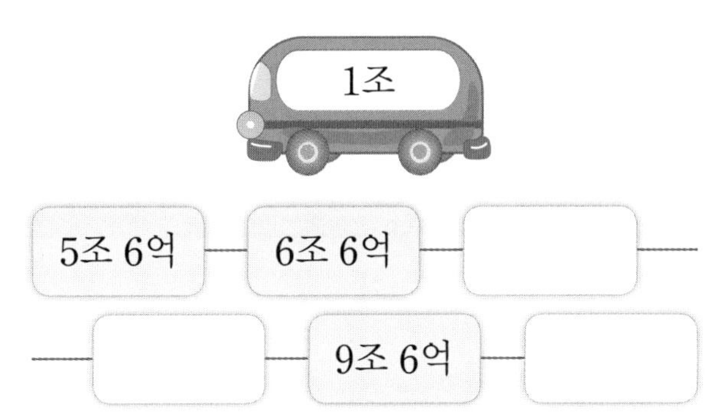

[3-1~3-2] 얼마씩 뛰어 세었는지 알아보려고 합니다. □ 안에 알맞게 써넣으세요.

3-1

(1) □의 자리 숫자가 1씩 커집니다.

(2) □씩 뛰어 세었습니다.

3-2

3459조 — 4459조 — 5459조 — 6459조 — 7459조 — 8459조

(1) □의 자리 숫자가 1씩 커집니다.

(2) □씩 뛰어 세었습니다.

큰 수 　수의 크기 비교

교과서 기초 개념

• 수의 크기를 비교하는 방법 알아보기

자리 수가 다른 경우	**자리 수가 많은 쪽이 더 크다.** 1234567 ❶ ◯ 12345678 (7자리 수)　(8자리 수)
자리 수가 같은 경우	**가장 높은 자리 수부터 비교하여 수가 큰 쪽이 더 크다.** 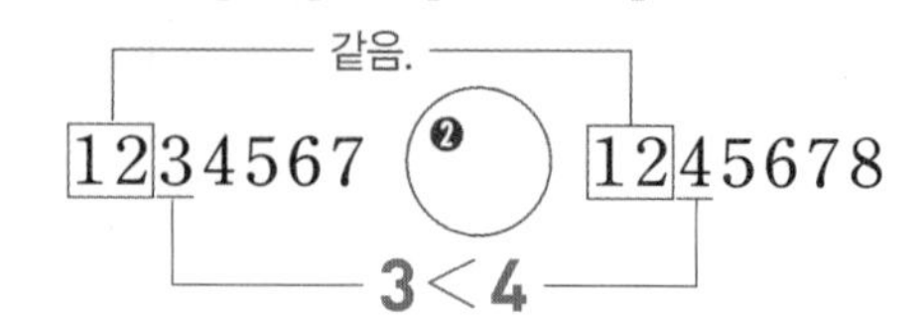

정답 ❶ ＜ ❷ ＜

개념 · 원리 확인

▶정답 및 풀이 4쪽

[1-1~1-2] 각 자리의 숫자를 써넣고 더 큰 수에 ○표 하세요.

1-1

	천만	백만	십만	만	천	백	십	일
9584000 →								
95840000 →								

1-2

	천억	백억	십억	억	천만	백만	십만	만	천	백	십	일
246억 5216만 →												
246억 5084만 →												

[2-1~2-2] □ 안에 알맞은 수를 써넣고, 두 수의 크기를 비교하여 ○ 안에 >, =, <를 알맞게 써넣으세요.

2-1 3570000 ○ 840000
(□자리 수) (□자리 수)

2-2 220070000 ○ 3510040000
(□자리 수) (□자리 수)

[3-1~3-4] 두 수의 크기를 비교하여 ○ 안에 >, =, <를 알맞게 써넣으세요.

3-1 5760000 ○ 8140000
5 ○ 8

3-2 270920000 ○ 259840000
7 ○ 5

3-3 62억 730만 ○ 62억 7300만

3-4 2조 6524만 ○ 2조 1000억

4일 기초 집중 연습

기본 문제 연습

[1-1~1-2] 얼마씩 뛰어 세었는지 써 보세요.

1-1 7249억 — 7349억 — 7449억 — 7549억 — 7649억 — 7749억

(　　　　　　　)

1-2 12조 5억 — 13조 5억 — 14조 5억 — 15조 5억 — 16조 5억 — 17조 5억

(　　　　　　　)

[2-1~2-2] 두 수를 수직선에 나타내고 알맞은 말에 ○표 하세요.

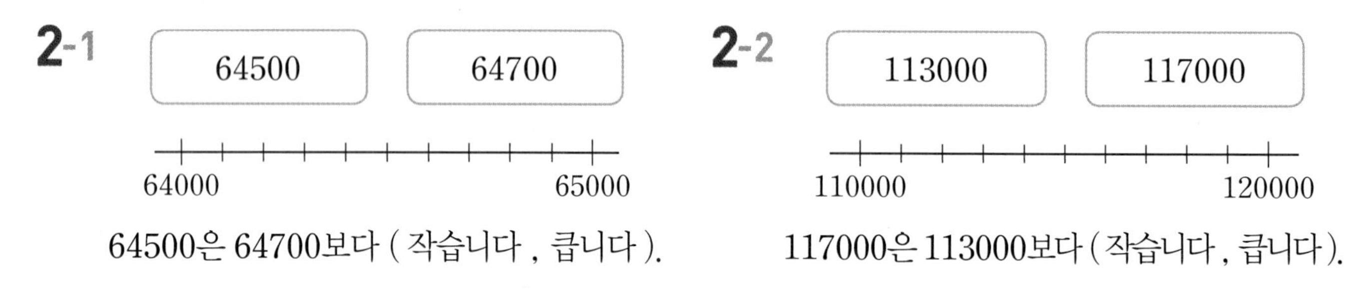

2-1 64500 64700

64000 65000

64500은 64700보다 (작습니다 , 큽니다).

2-2 113000 117000

110000 120000

117000은 113000보다 (작습니다 , 큽니다).

[3-1~3-2] 규칙에 따라 빈칸에 알맞은 수를 써넣으세요.

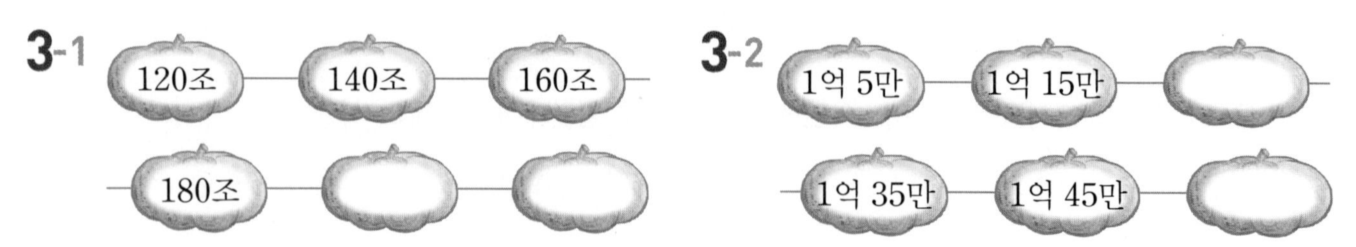

3-1 120조 — 140조 — 160조 — 180조 — ☐ — ☐

3-2 1억 5만 — 1억 15만 — ☐ — 1억 35만 — 1억 45만 — ☐

[4-1~4-2] 두 수의 크기를 비교하여 ○ 안에 >, =, <를 알맞게 써넣으세요.

4-1 육십이억 칠만 ○ 620700000

4-2 삼천이십억 구만 ○ 320000900000

▶정답 및 풀이 5쪽

기본 → 문장제 연습 자리 수가 같으면 가장 높은 자리 수부터 비교하자.

기본 더 작은 수의 기호를 써 보세요.

㉠ 108200000
㉡ 149600000

 답  

수의 크기 비교하기는 어떤 상황에서 이용될까요?

5-1 태양과 각 행성 사이의 거리가 다음과 같을 때 태양에 더 가까운 행성의 이름을 써 보세요.

금성

108200000 km

지구

149600000 km

 답 ____________

5-2 다음은 세탁기와 냉장고의 가격입니다. 가격이 더 높은 것은 어느 것인가요?

세탁기: 1080000원

냉장고: 1350000원

 답 ____________

5-3 상현이네 집에서 각 장소까지의 거리입니다. 상현이네 집에서 더 먼 곳은 어디인가요?

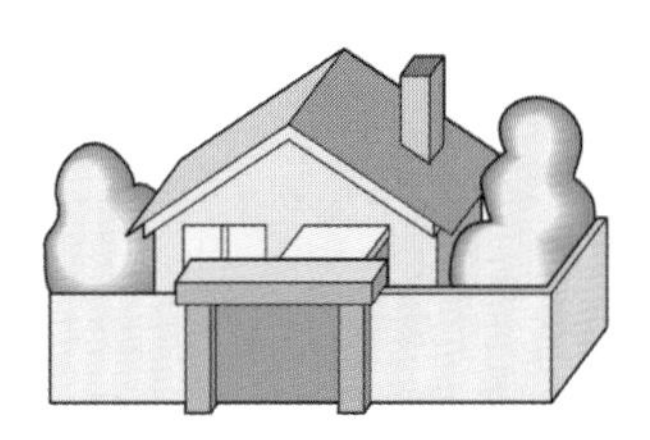

외갓집: 100400 m

동물원: 구만 오십 m

 답 ____________

1주 4일

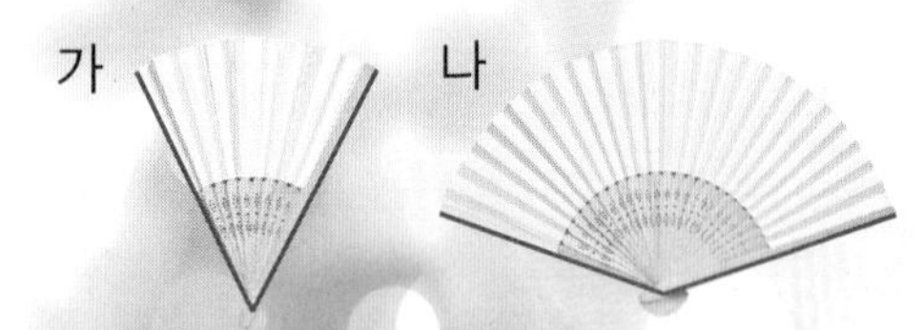

→ 가의 각의 크기는 나의 각의 크기보다 더 작습니다.

교과서 기초 개념

• 세 각의 크기 비교하기

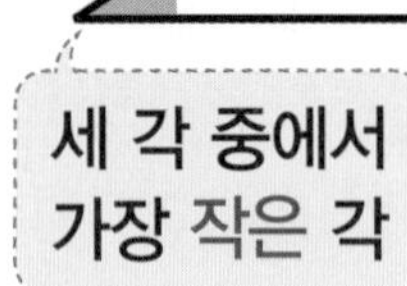

세 각 중에서 가장 작은 각

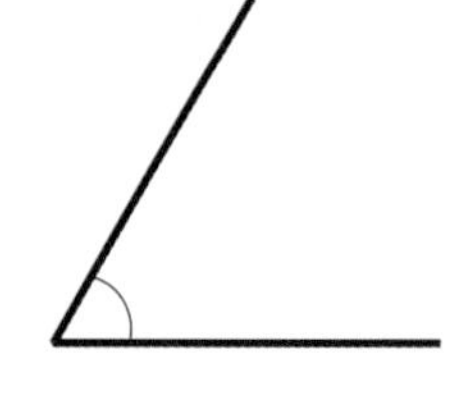

세 각 중에서 가장 큰 각

각의 크기는 두 변이 벌어진 정도가 클수록 큰 각이야.

각의 크기는 변의 길이나 방향에 관계없이 두 변이 많이 벌어질수록 ❶(작은 , 큰) 각이야.

정답 ❶ 큰

개념 · 원리 확인

▶정답 및 풀이 5쪽

1-1 더 많이 벌어진 부채의 갓대에 ○표 하세요.

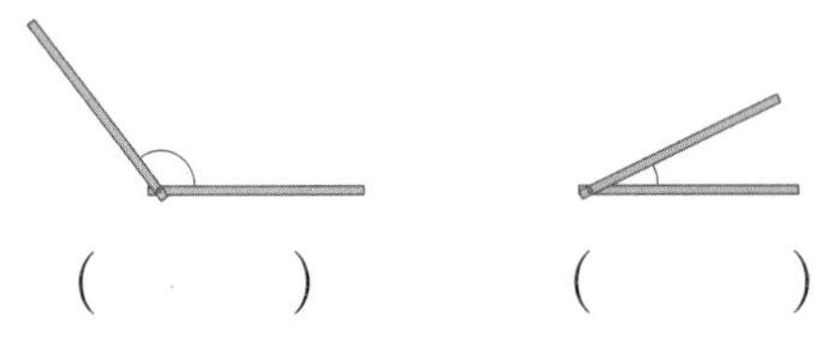

( ) ( )

1-2 더 많이 벌어진 가위에 ○표 하세요.

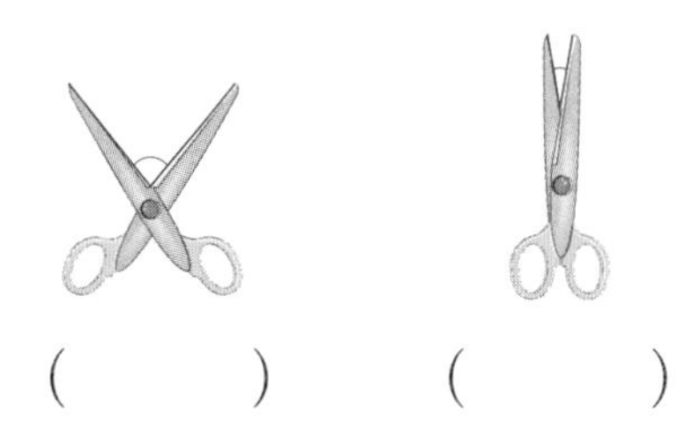

( ) ( )

2-1 두 각 중에서 더 큰 각에 ○표 하세요.

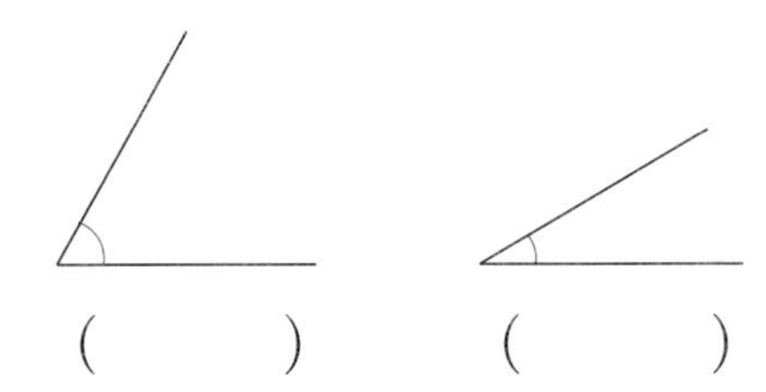

( ) ( )

2-2 두 각 중에서 더 큰 각에 ○표 하세요.

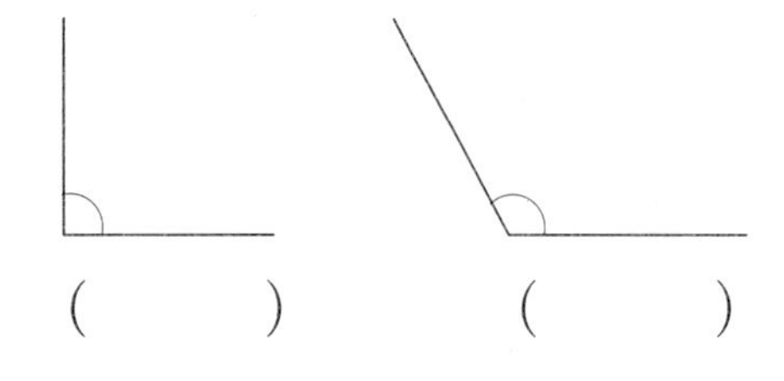

( ) ( )

3-1 두 각 중에서 더 작은 각에 ○표 하세요.

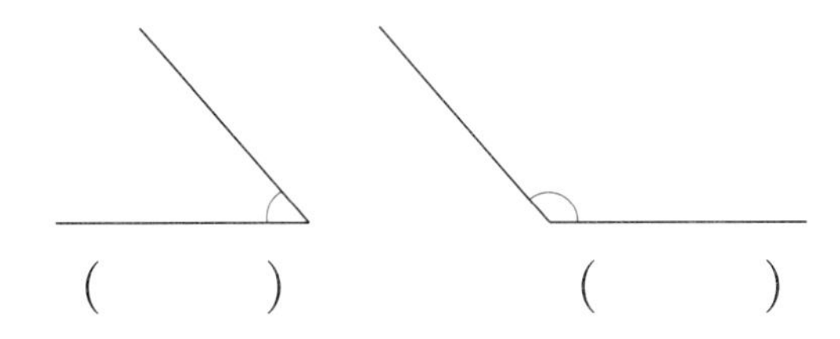

( ) ( )

3-2 두 각 중에서 더 작은 각에 ○표 하세요.

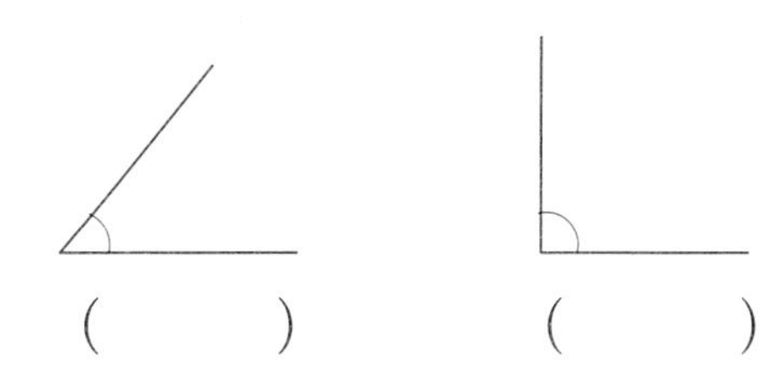

( ) ( )

4-1 주어진 각보다 큰 각을 그려 보세요.

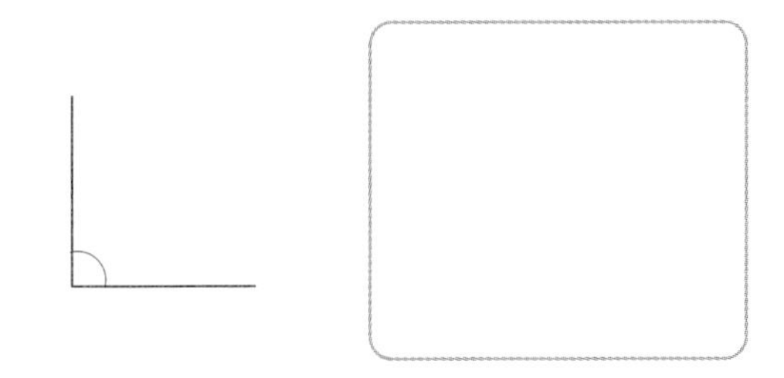

4-2 주어진 각보다 작은 각을 그려 보세요.

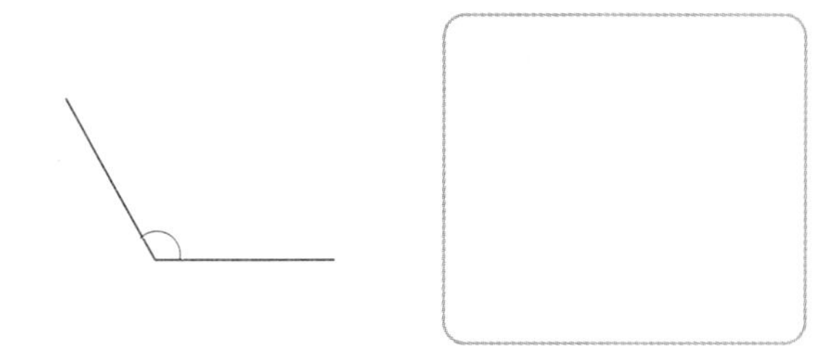

1주 5일

각의 한 변이 안쪽 눈금 0에 맞춰져 있으므로
안쪽 눈금 40을 읽습니다. ➔ 각도: 40°

교과서 기초 개념

- **각도**: 각의 크기
- **1도**: 직각을 똑같이 ❶ [   ]으로 나눈 것 중의 하나  **1°**
- 직각의 크기: **90°**
- 각도기로 각도를 재는 방법

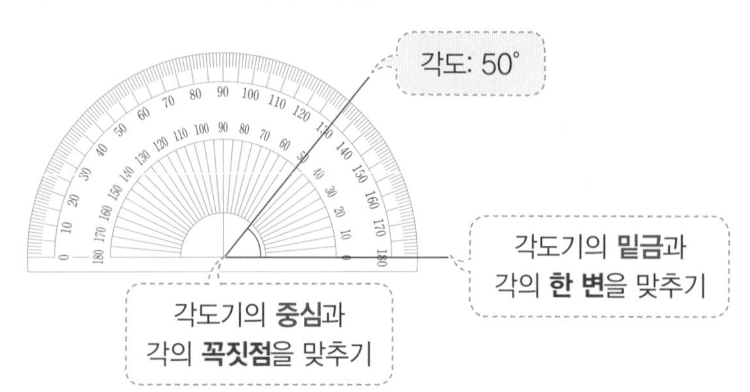

각도기의 밑금과 만나는 각의 변에서 시작하여 각의 나머지 변과 만나는 각도기의 눈금을 읽습니다.

정답 ❶ 90

개념·원리 확인

▶정답 및 풀이 6쪽

1-1 알맞은 각도에 ○표 하세요.

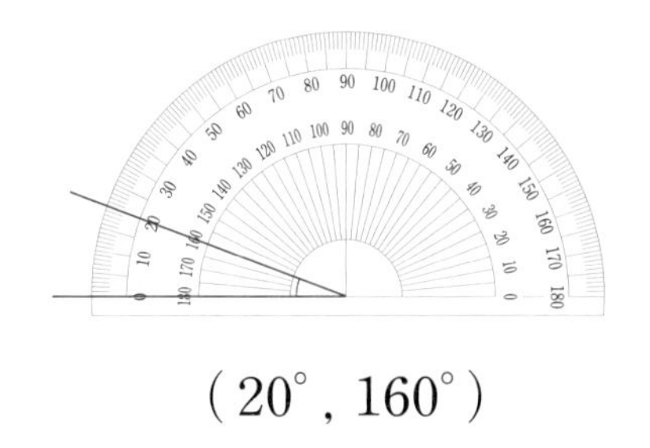

(20°, 160°)

1-2 알맞은 각도에 ○표 하세요.

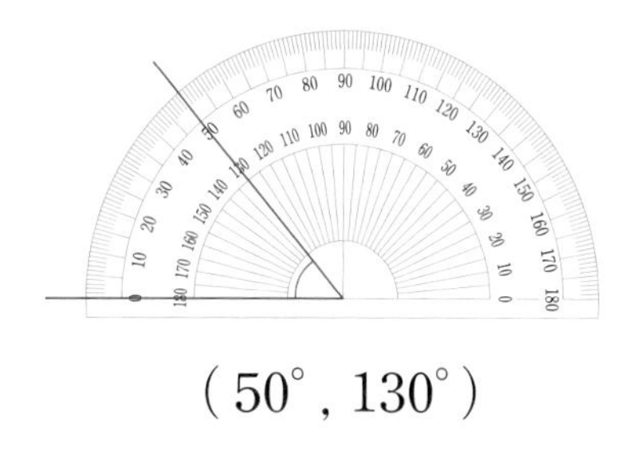

(50°, 130°)

2-1 알맞은 각도에 ○표 하세요.

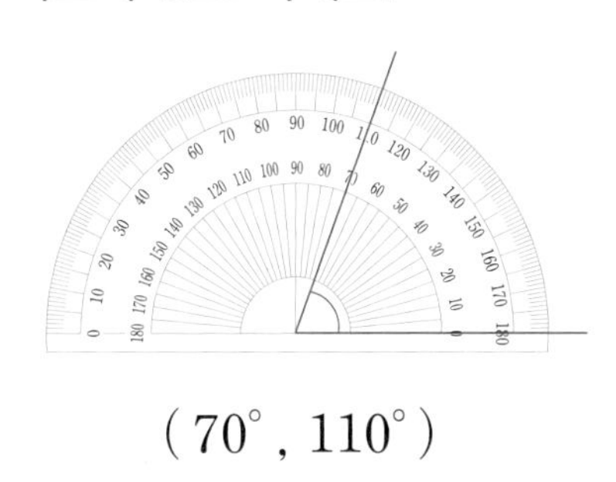

(70°, 110°)

2-2 알맞은 각도에 ○표 하세요.

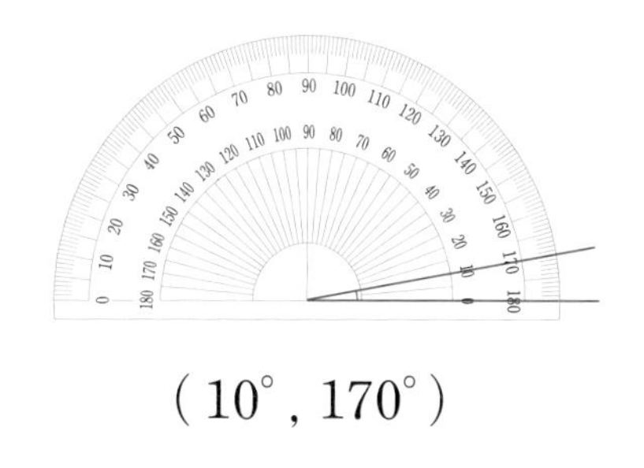

(10°, 170°)

3-1 각도를 구하세요.

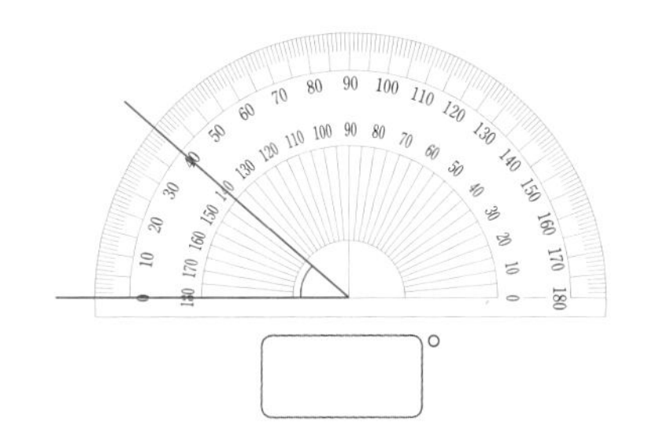

□°

3-2 각도를 구하세요.

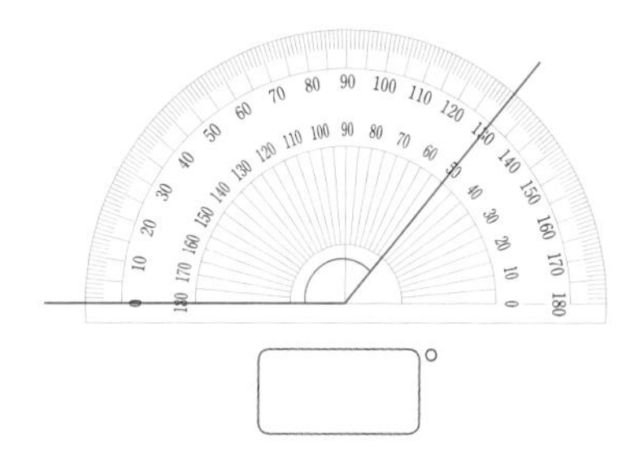

□°

4-1 각도를 구하세요.

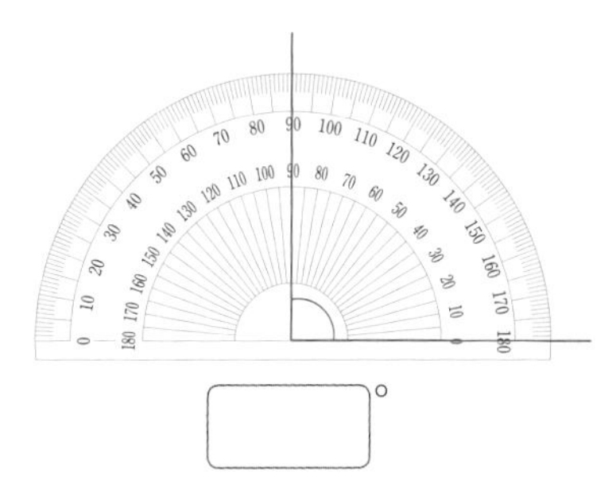

□°

4-2 각도를 구하세요.

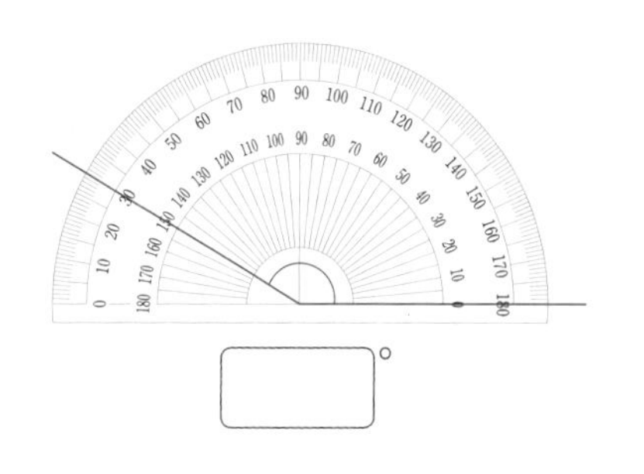

□°

기초 집중 연습

기본 문제 연습

1-1 두 각 중에서 더 큰 각에 ○표 하세요.

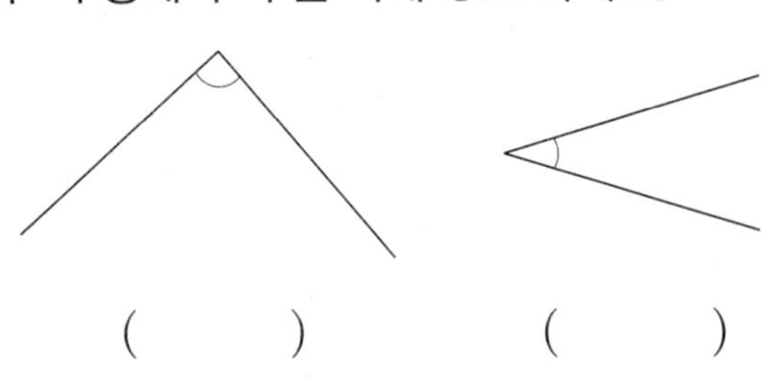

(　　) (　　)

1-2 두 각 중에서 더 큰 각에 ○표 하세요.

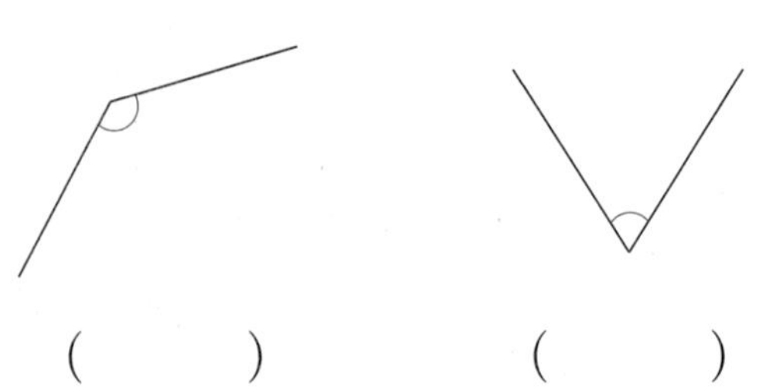

(　　) (　　)

2-1 각도를 바르게 읽은 사람은 누구인가요?

(　　　　　)

2-2 각도를 바르게 읽은 사람은 누구인가요?

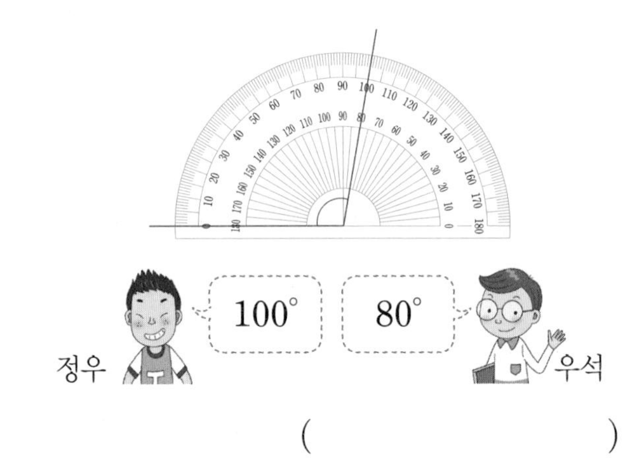

(　　　　　)

3-1 가장 큰 각을 찾아 ○표 하세요.

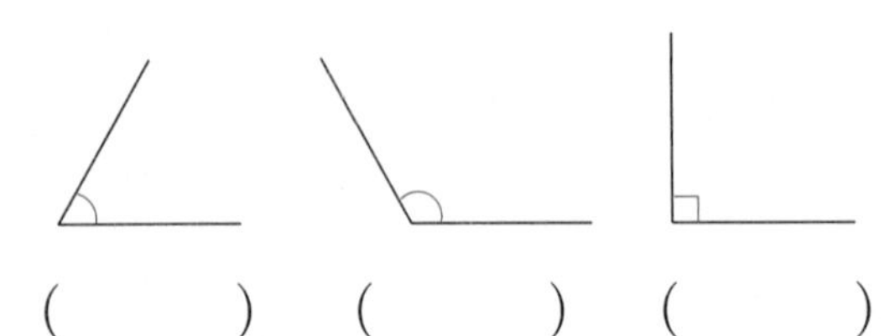

(　　) (　　) (　　)

3-2 가장 큰 각을 찾아 ○표 하세요.

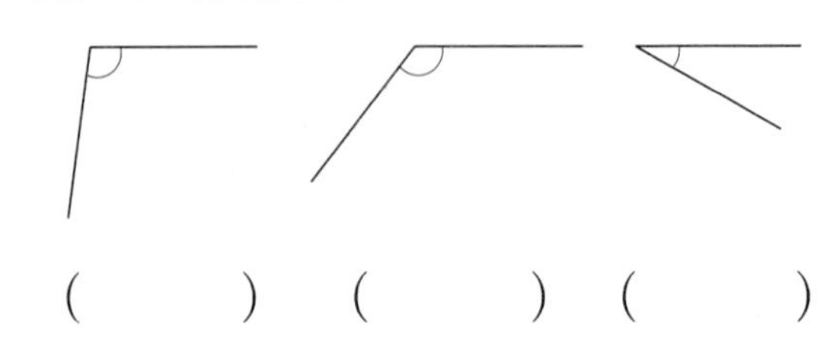

(　　) (　　) (　　)

4-1 각도기를 이용하여 각도를 재어 보세요.

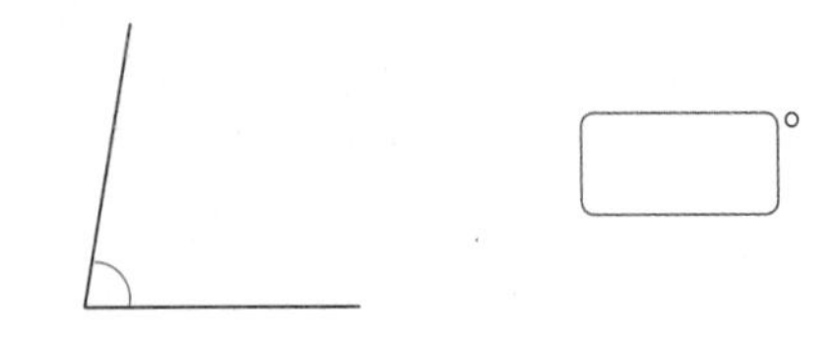

□°

4-2 각도기를 이용하여 각도를 재어 보세요.

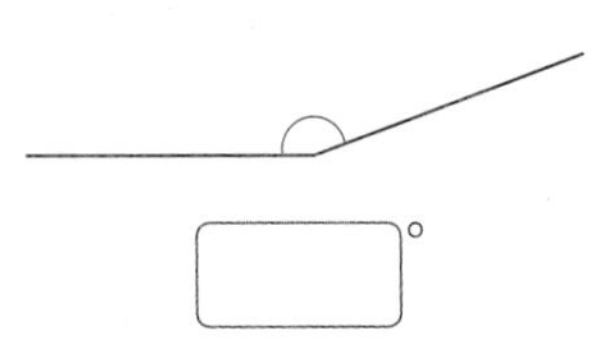

□°

▶정답 및 풀이 6쪽

기초 → 기본 연습 각도기의 중심과 각의 꼭짓점, 각도기의 밑금과 각의 한 변을 맞춰 읽자.

기초 각도기의 중심을 바르게 맞춘 것의 기호를 써 보세요.

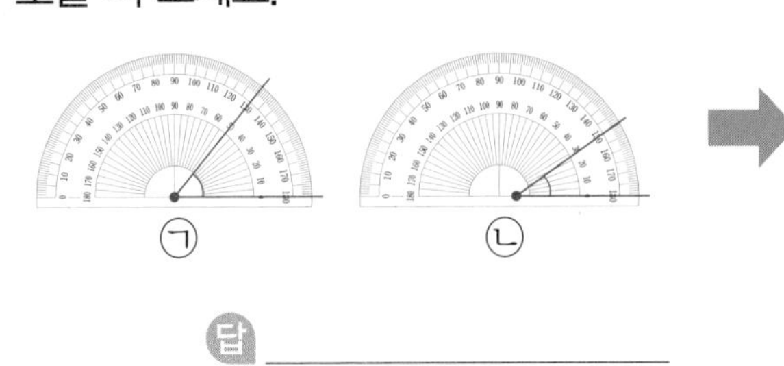

답 ____________

5-1 각도기를 바르게 놓은 것의 기호를 써 보세요.

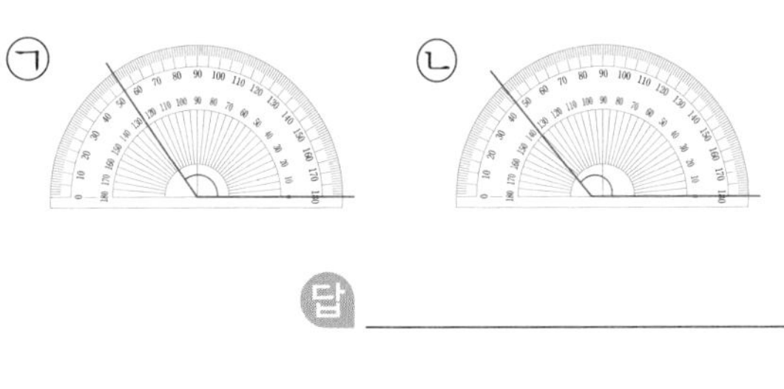

답 ____________

5-2 각도를 잘못 읽은 것을 찾아 기호를 써 보세요.

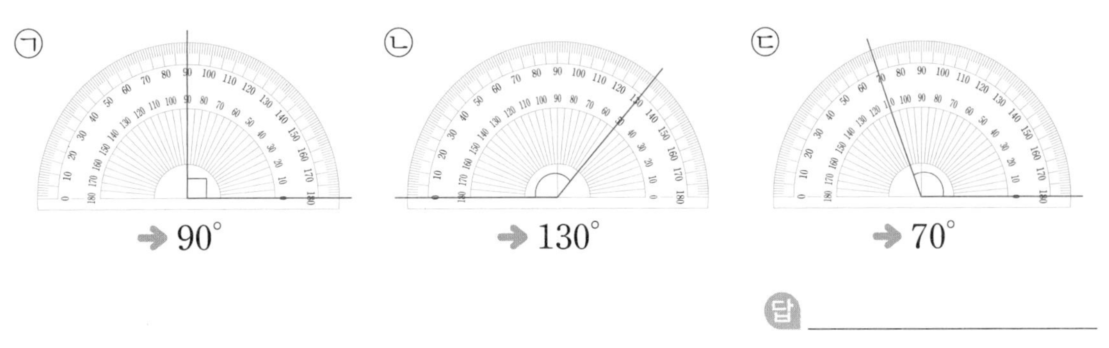

답 ____________

5-3 윤수가 각도를 잘못 읽은 것입니다. 각도를 바르게 구하고, 잘못 읽은 이유를 써 보세요.

각도 ____________

이유 ____________

1주 5일

누구나 100점 맞는 테스트

1 두 각 중에서 더 큰 각에 ○표 하세요.

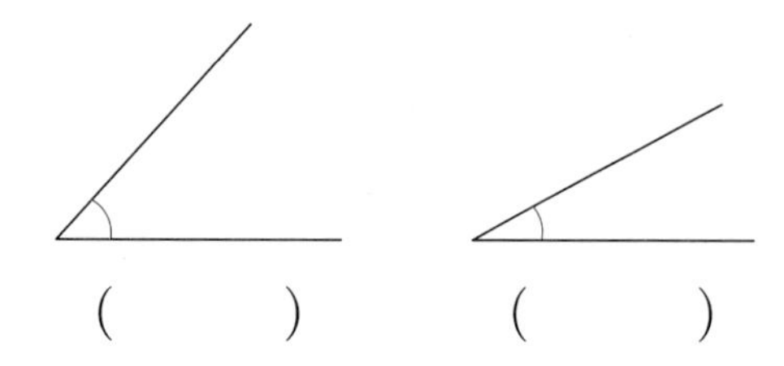

( ) ( )

2 수로 써 보세요.

이만 삼천구백이십삼

( )

3 □ 안에 알맞은 수를 써넣으세요.

9990보다 □만큼 더 큰 수는 10000입니다.

4 준희가 말하는 수의 백억의 자리 숫자를 써 보세요.

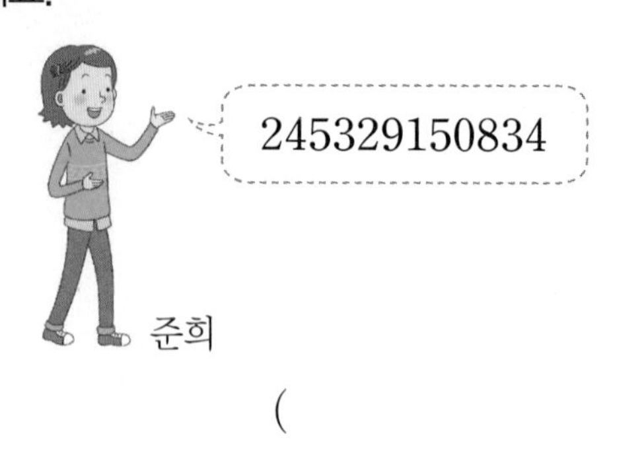

( )

5 각도기를 이용하여 각도를 재어 보세요.

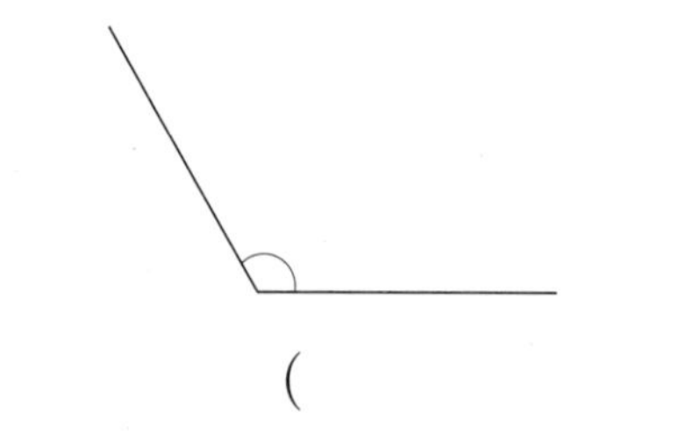

( )

6 밑줄 친 숫자 3은 어느 자리 숫자이고, 얼마를 나타내는지 써 보세요.

72341504 ➜ [ ]의 자리 숫자

➜ [ ]

7 얼마씩 뛰어 세었는지 써 보세요.

220조 — 320조 — 420조 — 520조 — 620조 — 720조

(　　　　　　　)

8 통장에 있는 600만 원을 만 원짜리 지폐로 모두 찾으려고 합니다. 몇 장 찾을 수 있나요?

(　　　　　　　)

9 옥수수가 컨테이너 한 곳에 1000억 개씩 1조 개 있습니다. 옥수수는 1000억 개씩 컨테이너 몇 곳에 있나요?

ⓒNickolay Khoroshkov/shutterstock

(　　　　　　　)

10 두 수의 크기를 비교하여 ○ 안에 >, =, <를 알맞게 써넣으세요.

삼천오백억 칠천 ○ 35000007900

특강 창의·융합·코딩

창의 1 작년부터 민정이네 가족은 저금을 시작한 달(6월, 7월, 8월)도, 매달 저금하는 금액(6만 원, 8만 원, 10만 원)도 다른 3개의 적금을 붓고 있습니다. 다음을 보고 각 적금의 시작한 달과 금액을 구하고, 올해 1월까지 저금한 여행비가 얼마인지 구하세요.

	시작한 달(월)	금액(원)
여행비		
생신 잔치		
침대 구입비		

답 1월까지 저금한 여행비: ____________________

창의 2 다음을 보고 지민이가 누구인지 찾아 지민이가 응원할 때 벌린 막대풍선의 각도를 구하세요.

막대풍선의 위치와 색깔로 지민이가
누구인지 찾아 ○표 해 봐.

(　　　)

(　　　)

(　　　)

답 지민이가 응원할 때 벌린 막대풍선의 각도: ______________________

1억 원이 얼마만큼의 수인지 돈을 사용하여 다양한 방법으로 나타내려고 합니다. ☐ 안에 알맞게 써넣으세요.

(1) 1억 원은 10원 동전의 ☐배

(2) 1억 원은 100원 동전의 ☐배

(3) 1억 원은 1000원 지폐의 ☐배

(4) 1억 원은 10000원 지폐의 ☐배

민하가 생각한 수를 다음과 같은 규칙으로 맞히는 '업 앤드 다운' 놀이를 하고 있습니다. ☐ 안에 알맞은 수를 써넣으세요.

1. 민하가 생각한 수는 백만 단위 아래 숫자가 모두 0인 큰 수입니다.
2. 민호가 말한 수가 민하가 생각한 수보다 크면 "다운", 작으면 "업"이라고 외칩니다.
3. 민호가 수를 맞히면 "빙고"라고 외칩니다.

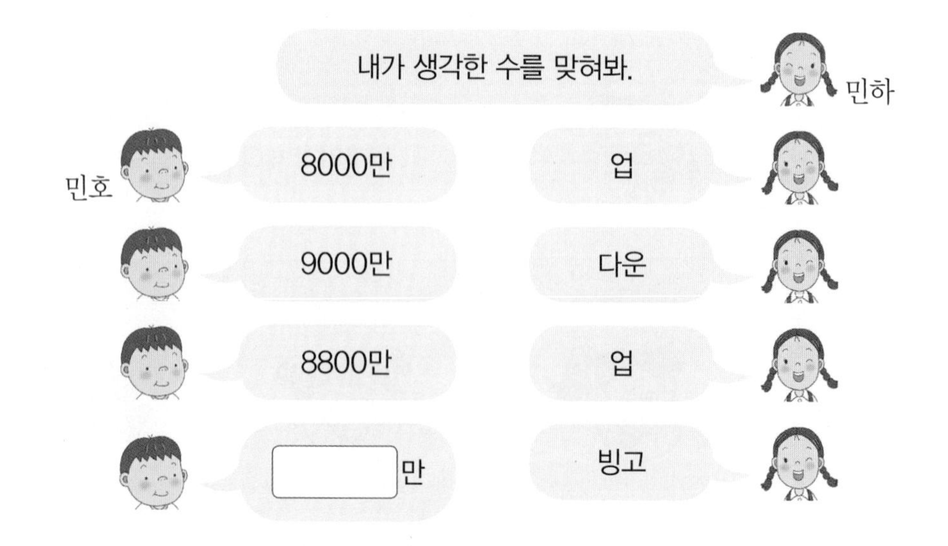

▶정답 및 풀이 7쪽

여러 가지 도형의 각도를 재어 보려고 합니다. 각도기를 이용하여 색칠된 각의 크기를 재어 보세요.

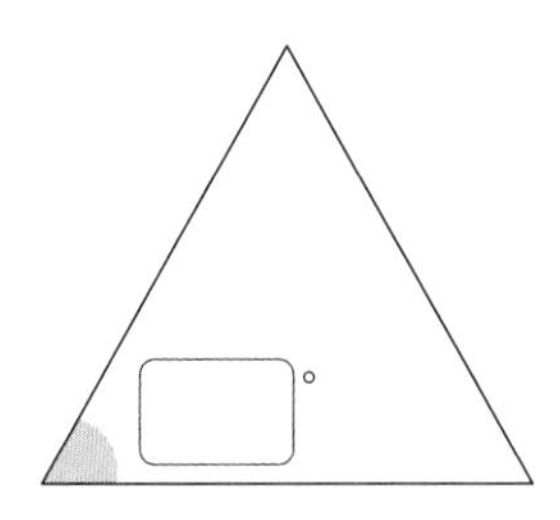

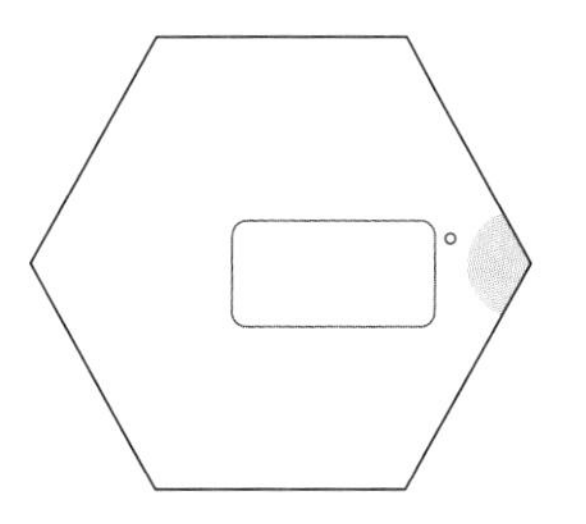

각의 변이 짧을 때는 자를 이용해서 각의 변을
연장시킨 뒤 각도기를 이용해서 각도를 재어 봐.

마트에서 물건을 사고 2550원을 할인받았습니다. 내야 할 금액을 구하여 표로 나타내세요.

영 수 증

상호 : 천재마트
사업자 번호 : 000-00-0000
주소 : 서울 금천 가산동 60-28
전화번호 : 00-0000-0000

품목	수량
세제	1개
우유	2개
식빵	1개
합계	15,300원
할인	2,550원

세제	우유	식빵
9800원	1300원	2900원

	만의 자리	천의 자리	백의 자리	십의 자리	일의 자리
숫자	1	2			0
나타내는 값	10000				0

[7~8] 뛰어 세기를 할 수 있는 코딩 프로그램입니다. 각 코딩을 실행했을 때 토끼가 도착한 곳의 수를 구하세요.

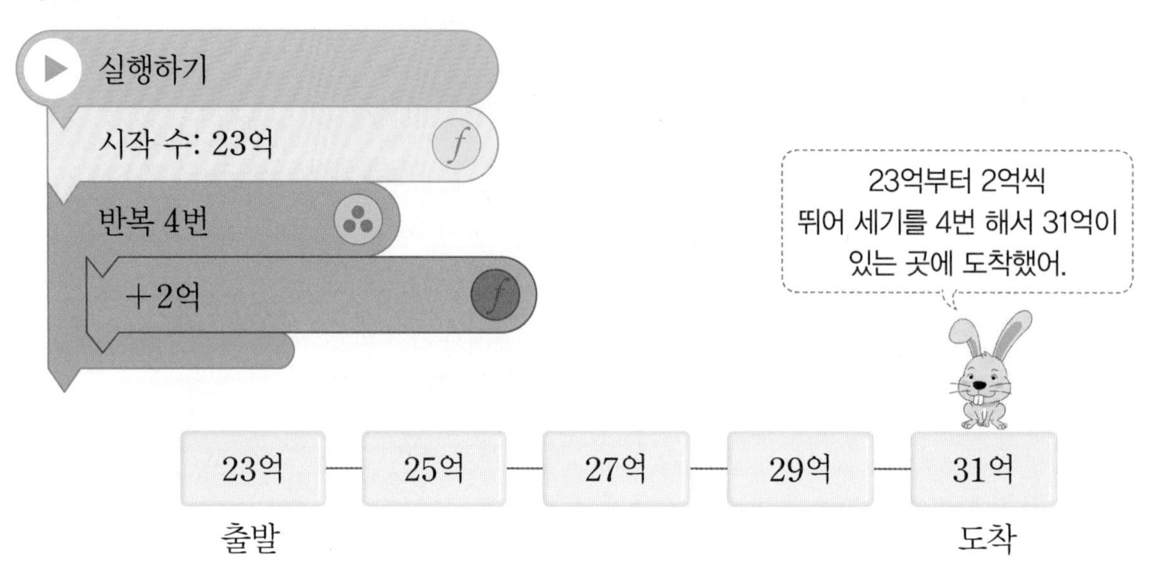

코딩 7

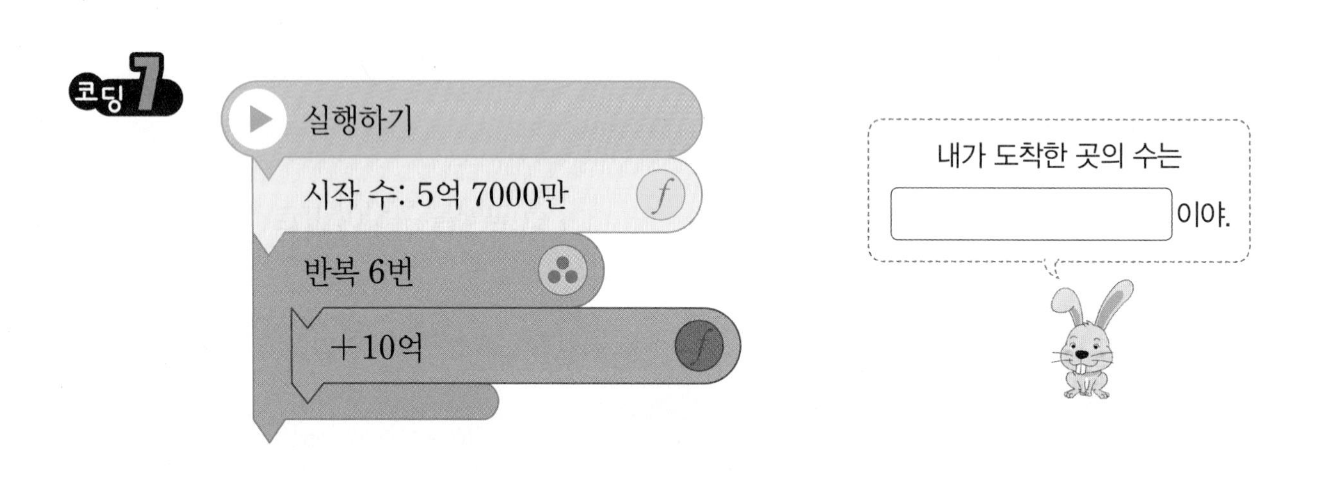

코딩 8

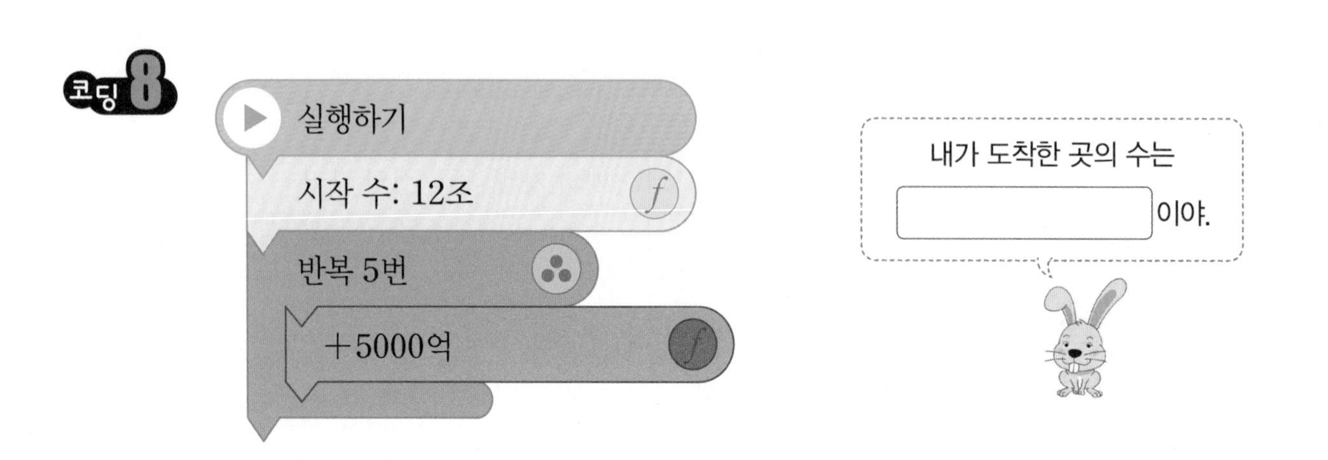

고대 이집트에서 수를 표현한 방법을 보고 아래 글에 사용된 고대 이집트의 수를 수로 나타내어 보려고 합니다. □ 안에 알맞은 수를 써넣으세요.

[고대 이집트에서 수를 표현한 방법]

수	고대 이집트 숫자	설명
1		막대기 모양
10		말발굽 모양
100		밧줄을 동그랗게 감은 모양
1000		나일강에 피어 있는 연꽃 모양
10000		하늘을 가리키는 손가락 모양
100000		나일강에 사는 올챙이 모양
1000000		너무 놀라 양손을 하늘로 들어 올린 사람 모양

세계 7대 불가사의 중 하나인 이집트 기자의 쿠푸 왕 피라미드는 약 □년 전 이집트의 쿠푸 왕이 살아 있을 때 만들기 시작했습니다.

한 조각의 무게가 □kg이나 되는 돌을 약 □개 사용하였는 데 완성된 이 피라미드의 크기는 한 변의 길이가 □m이고 높이가 □m라고 합니다.

2주

각도~곱셈과 나눗셈

댄스 동아리

이야앗~!!
빙글

어때,
나의 신기술?
우와~
다리 벌린 각도가
직각이었어.

난, 너보다 더 크게
벌릴 수 있어.
직각보다 더
벌리는 거니까
둔각이네.
둔각?
문제 없지.

이얍~!!
빙글
턱
턱
어때?
둔각이지?

직각
예각
직각
둔각
너~ 둔각이 뭔지는
아는거야? 네가 벌린
각도는 예각이었어.
연습 땐 잘
됐는데…….

이번 주에는 무엇을 공부할까?①

- 1일 각 그리기, 직각보다 작은(큰) 각
- 2일 각도를 어림하고 재기, 각도의 합과 차
- 3일 삼(사)각형의 세(네) 각의 크기의 합
- 4일 (몇백)×(몇십), (세 자리 수)×(몇십)
- 5일 (세 자리 수)×(두 자리 수)

이번 주에는 무엇을 공부할까? ②

3-1 평면도형

한 점에서 그은 두 반직선으로 이루어진 도형을 각이라고 해.

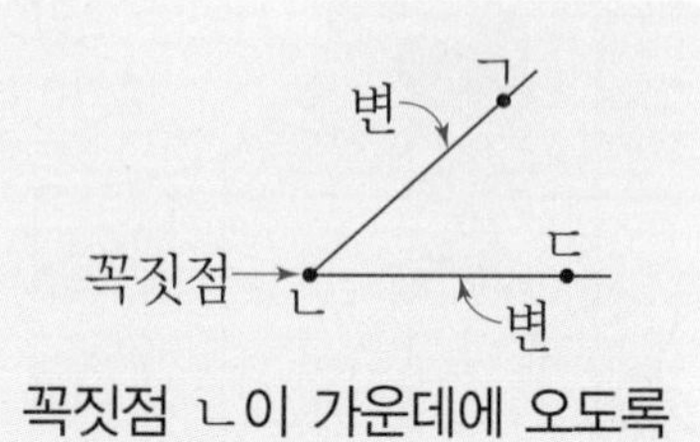

꼭짓점 ㄴ이 가운데에 오도록 각 ㄱㄴㄷ 또는 각 ㄷㄴㄱ이라고 읽어.

1-1 각을 읽어 보세요.

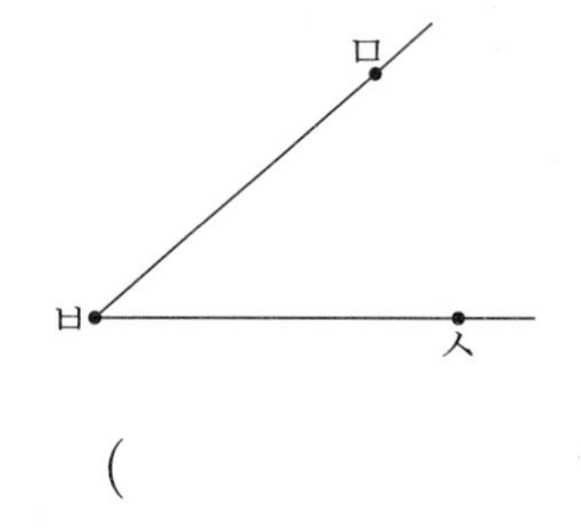

(　　　　　　　　　　)

1-2 각을 읽어 보세요.

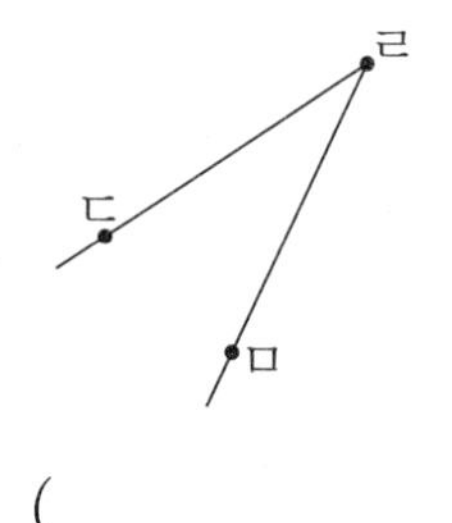

(　　　　　　　　　　)

2-1 직각이 있는 도형을 모두 찾아 ○표 하세요.

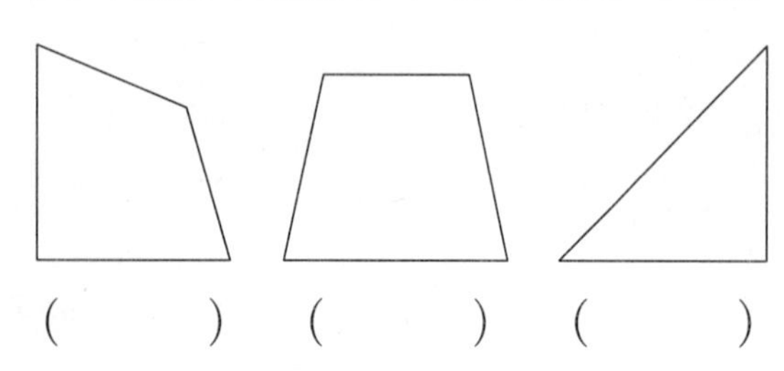

(　　) (　　) (　　)

2-2 직각이 있는 도형을 찾아 기호를 써 보세요.

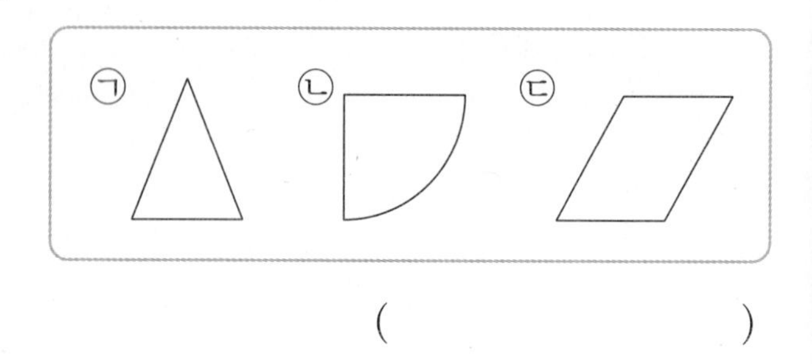

(　　　　　　　　　　)

▶정답 및 풀이 8쪽

3-2 곱셈

올림이 있는
(세 자리 수)×(한 자리 수)는
올림한 수를 윗자리의 곱에 더
해 주어야 해.

426은 400+20+6이야.
따라서 426×5는
400×5=2000,
20×5=100,
6×5=30의 합이야.

2주 1일

3-1 □ 안에 알맞은 수를 써넣으세요.

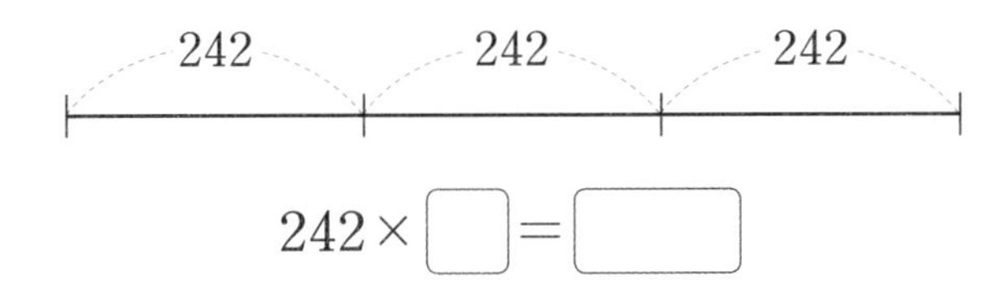

242×□=□

3-2 □ 안에 알맞은 수를 써넣으세요.

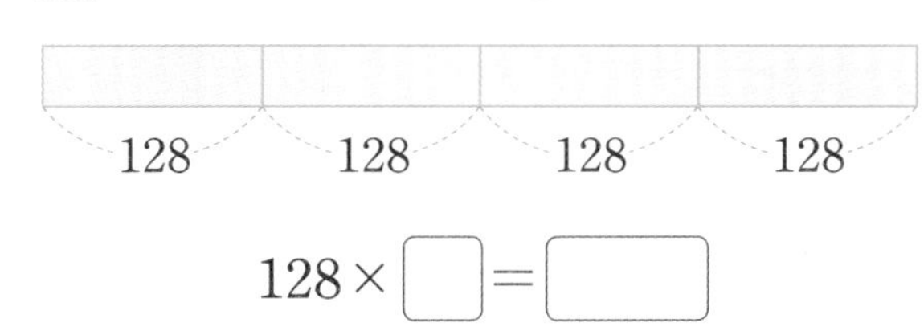

128×□=□

4-1 빈칸에 알맞은 수를 써넣으세요.

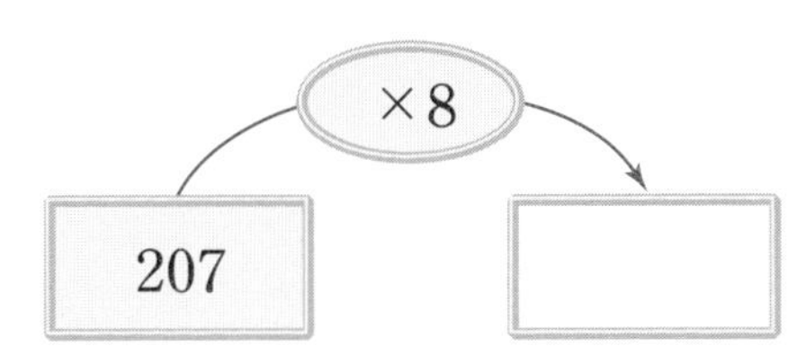

4-2 빈칸에 알맞은 수를 써넣으세요.

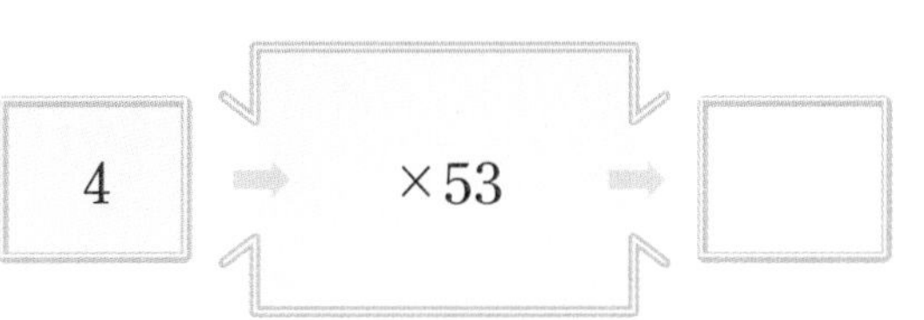

교과서 기초 개념

- **각도가 60°인 각 ㄱㄴㄷ 그리기**

① 자를 이용하여 각의 한 변인 변 ㄴㄷ 그리기

② 각도기의 중심과 점 ㄴ을 맞추고, 각도기의 밑금과 각의 한 변인 변 ㄴㄷ 맞추기

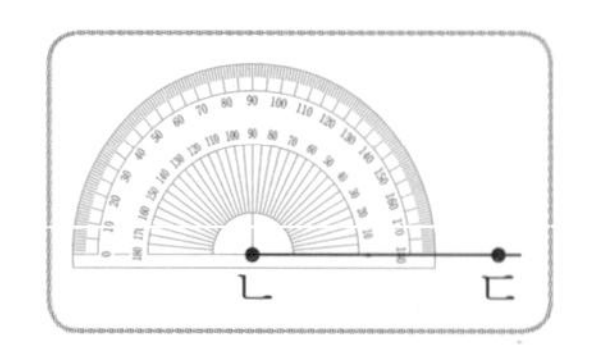

③ 각도기의 밑금에서 시작하여 각도가 ❶ ☐° 가 되는 눈금에 점 ㄱ 표시하기

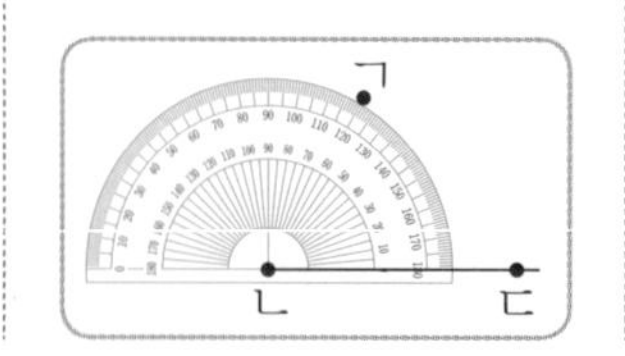

④ 각도기를 떼고, 자를 이용하여 변 ㄱㄴ을 그어 각도가 60°인 각 ㄱㄴㄷ 그리기

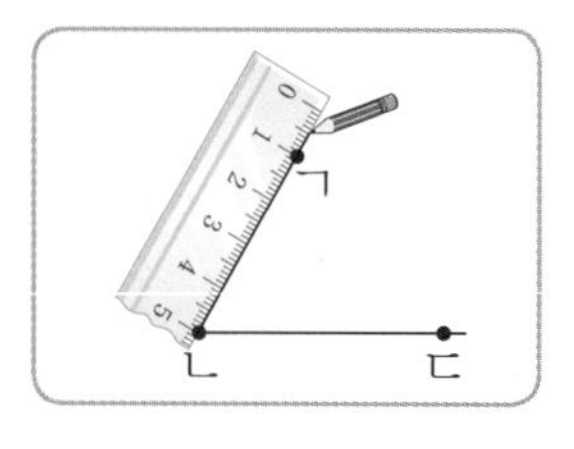

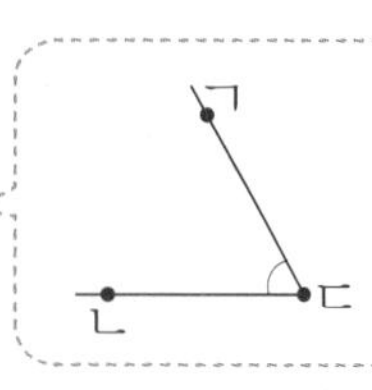

점 ㄷ을 각의 꼭짓점으로 하여 각도가 60°인 각을 그리면 각의 방향이 달라져.

정답 ❶ 60

개념·원리 확인

▶정답 및 풀이 8쪽

1-1 각도기와 자를 이용하여 각도가 80°인 각을 그리려고 합니다. 점을 찍어야 하는 곳을 찾아 ○표 하세요.

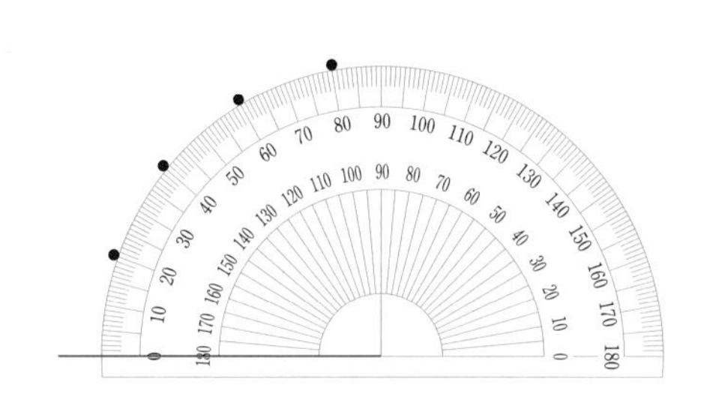

1-2 점 ㄱ을 각의 꼭짓점으로 하여 각도가 25°인 각을 그리려고 합니다. 점을 찍어야 하는 곳의 기호를 써 보세요.

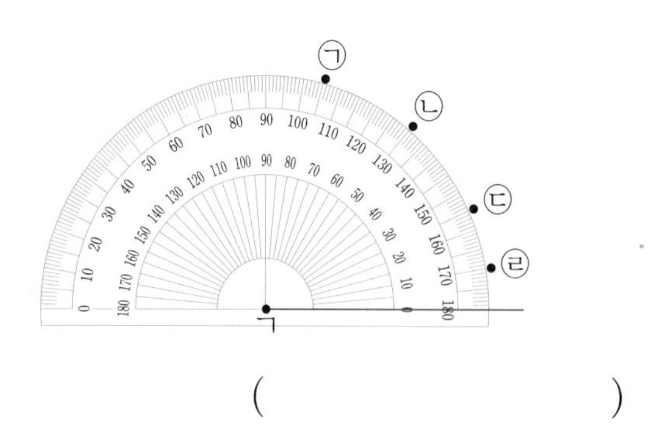

(   )

2-1 주어진 각도의 각을 각도기 위에 그려 보세요.

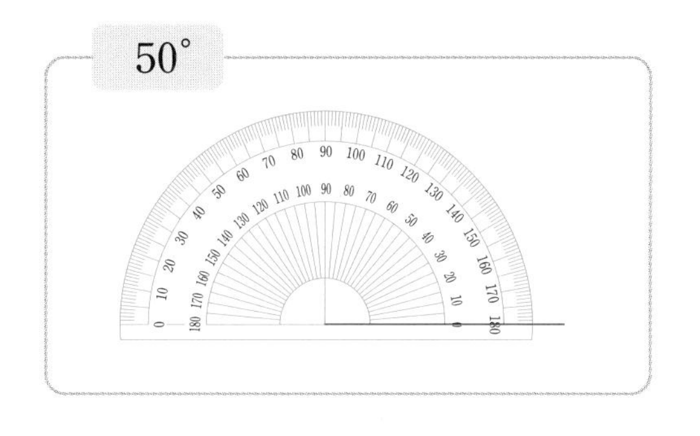

2-2 각도가 110°인 각을 각도기 위에 그려 보세요.

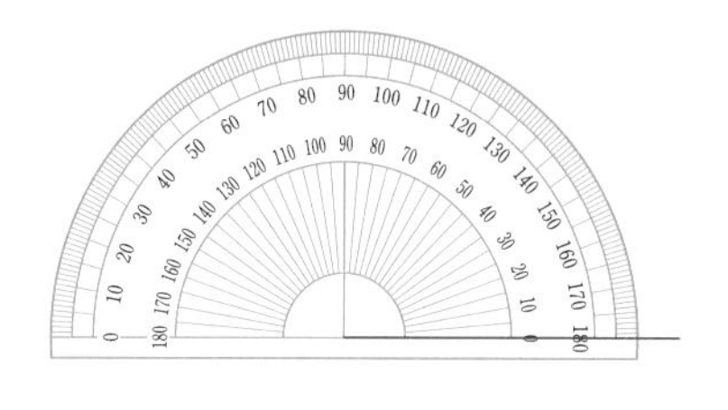

3-1 점 ㄱ을 각의 꼭짓점으로 하여 각도가 65°인 각을 그려 보세요.

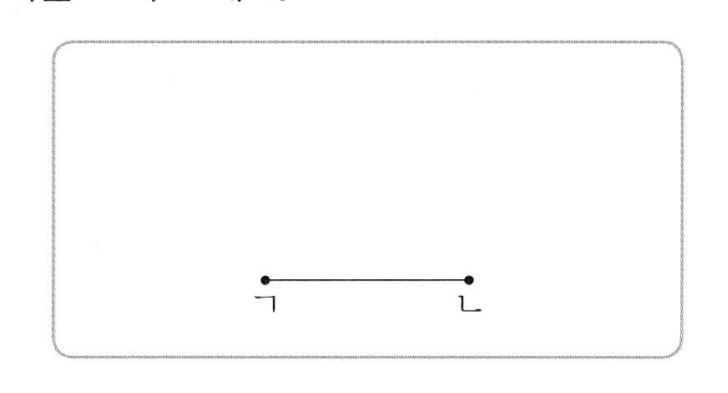

3-2 각도기와 자를 이용하여 주어진 각도의 각을 그려 보세요.

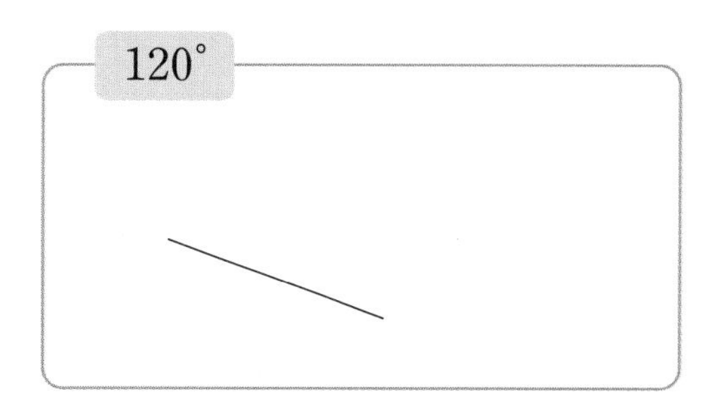

직각보다 작은(큰) 각

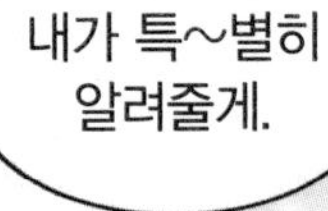

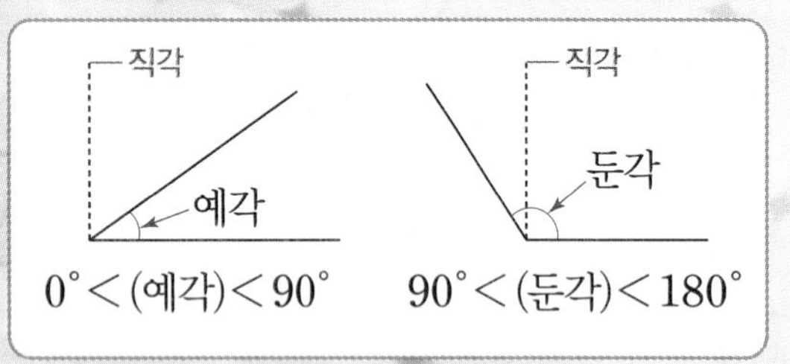

교과서 기초 개념

• **직각보다 작은 각(예각), 직각보다 큰 각(둔각)**

(1) 예각: 각도가 **0°보다 크고 직각보다 작은 각**

예

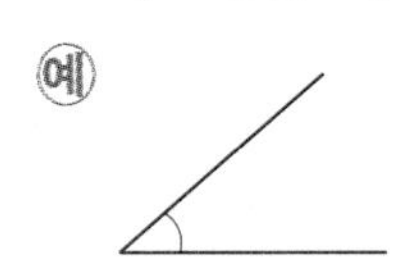

(2) 둔각: 각도가 **직각보다 크고 180°보다 작은 각**

예

참고 예각, 둔각 구분하기

직각

예각

$0° < (예각) < 90°$

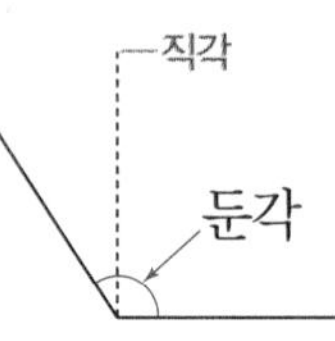

$90° < (둔각) < 180°$

개념 · 원리 확인

▶정답 및 풀이 8쪽

1-1 예각에 ○표 하세요.

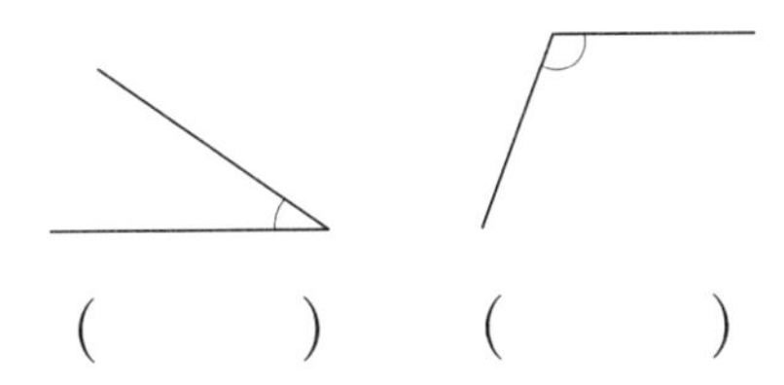

(　　　) (　　　)

1-2 둔각에 ○표 하세요.

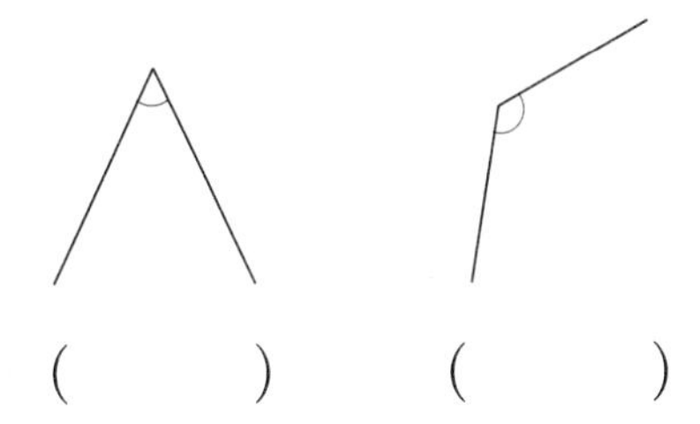

(　　　) (　　　)

[2-1~2-2] 주어진 각이 예각이면 '예', 둔각이면 '둔'이라고 써 보세요.

2-1

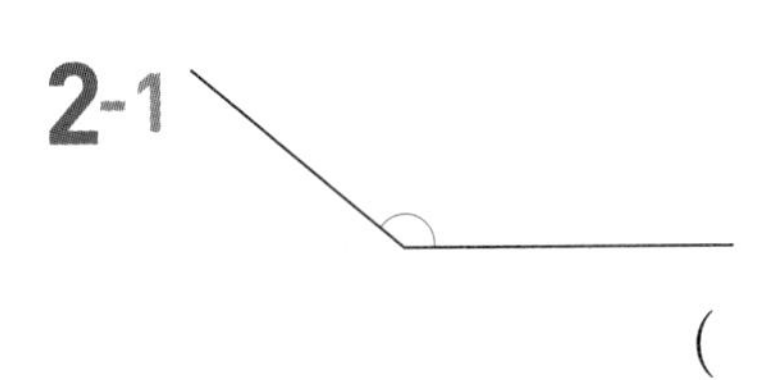

(　　　　　　　　)

2-2

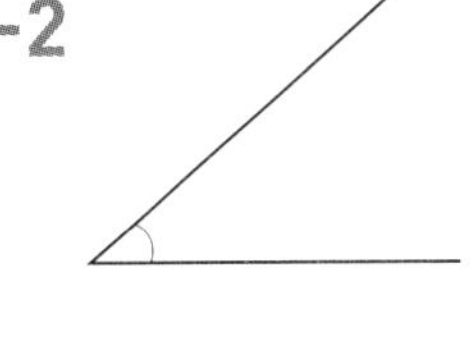

(　　　　　　　　)

3-1 주어진 선분을 이용하여 예각을 그릴 때 점 ㅇ과 이어야 하는 점을 찾아 기호를 써 보세요.

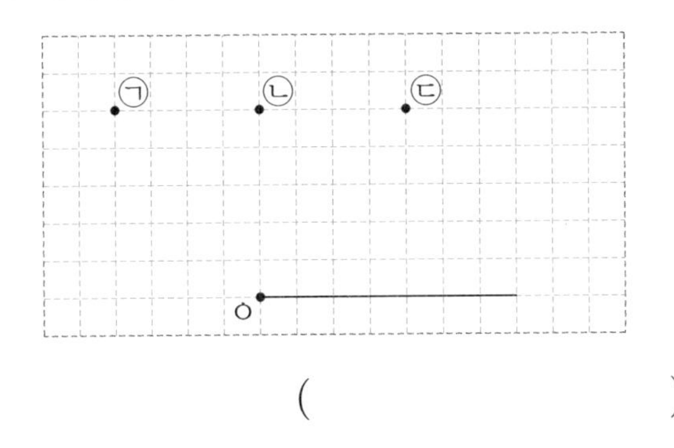

(　　　　　　　　)

3-2 주어진 선분을 이용하여 둔각을 그릴 때 점 ㅇ과 이어야 하는 점을 찾아 기호를 써 보세요.

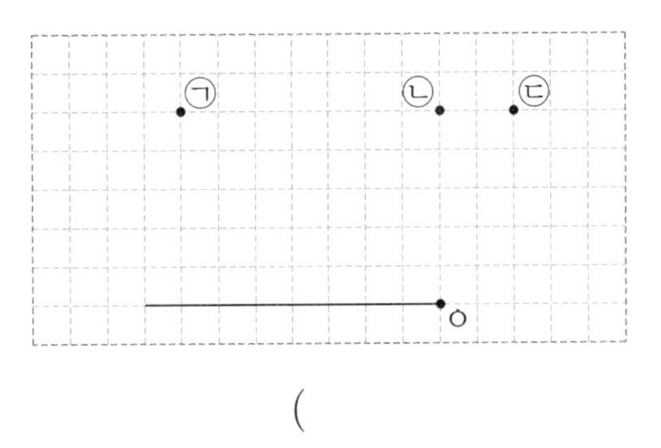

(　　　　　　　　)

4-1 주어진 선분을 이용하여 둔각을 그려 보세요.

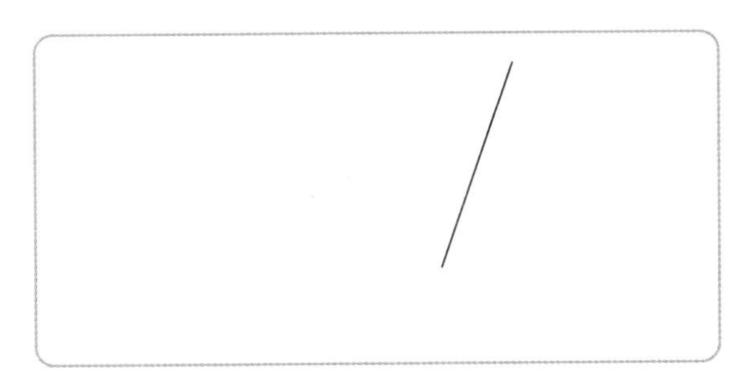

4-2 주어진 선분을 이용하여 예각을 그려 보세요.

기초 집중 연습

기본 문제 연습

[1-1~1-2] 주어진 각을 보고 예각, 둔각 중 어느 것인지 써 보세요.

1-1

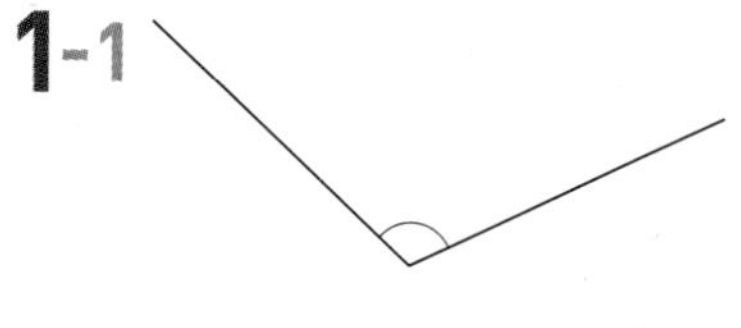

(　　　　　　　　)

1-2

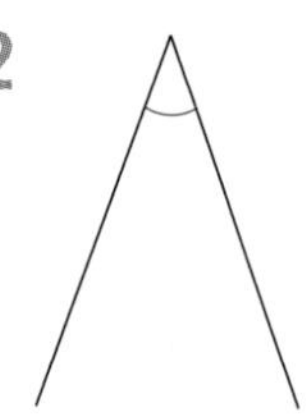

(　　　　　　　　)

2-1 왼쪽 각보다 큰 각을 그려 보세요.

2-2 왼쪽 각보다 작은 각을 그려 보세요.

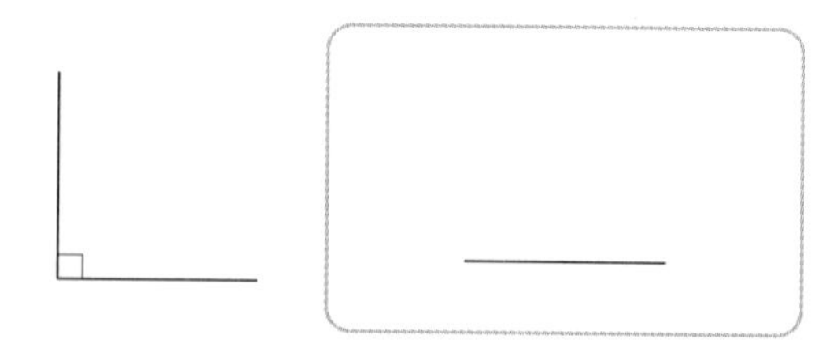

3-1 각도기와 자를 이용하여 각도가 $55°$인 각 ㄱㄴㄷ을 그려 보세요.

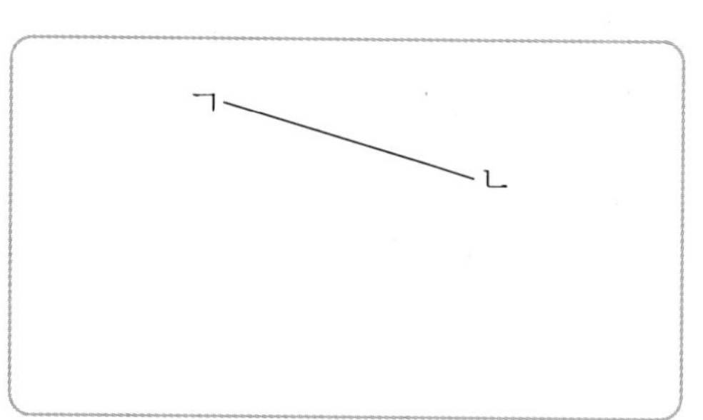

3-2 민하가 말하는 각도의 각을 그려 보세요.

[4-1~4-2] 시계의 긴바늘과 짧은바늘이 이루는 작은 쪽의 각이 예각인지, 둔각인지 써 보세요.

4-1

(　　　　　　　　)

4-2

(　　　　　　　　)

▶정답 및 풀이 9쪽

기초 → 기본 연습 직각보다 작으면 '예각', 직각보다 크면 '둔각'임을 구분하자.

기초 예각을 찾아 ○표 하세요.

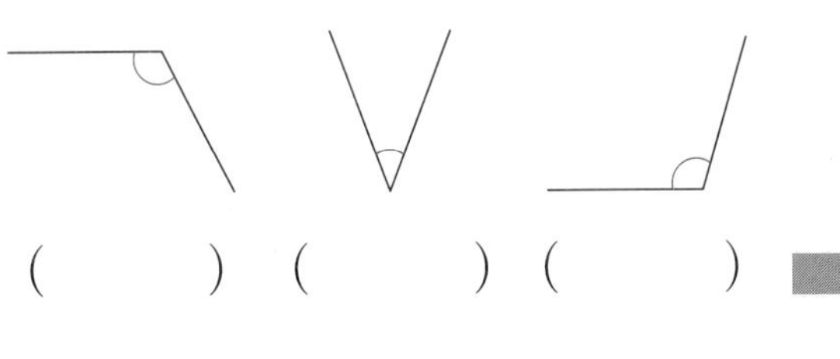

(　　　) (　　　) (　　　)

예각이 다른 문제에서는 어떻게 이용될까요?

5-1 예각을 모두 찾아 기호를 써 보세요.

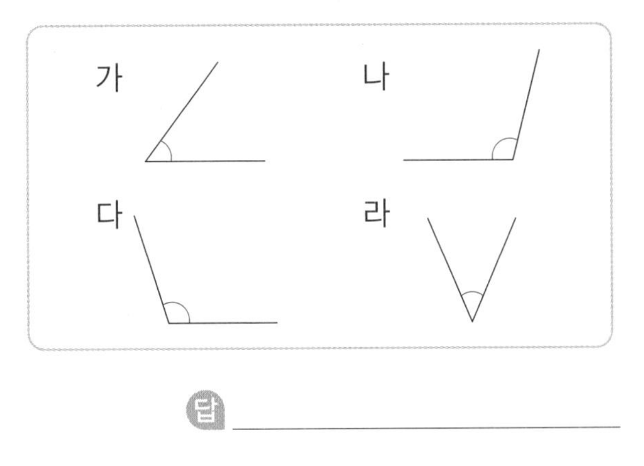

답 ______________

5-2 준희가 말한 각 중에서 둔각은 모두 몇 개인가요?

15°　98°　90°　85°　160°

답 ______________

5-3 지금 시각은 11시입니다. 시계의 긴바늘과 짧은바늘이 이루는 작은 쪽의 각이 예각, 직각, 둔각 중 무엇인지 써 보세요.

답 ______________

각도를 어림하고 각도기로 재기

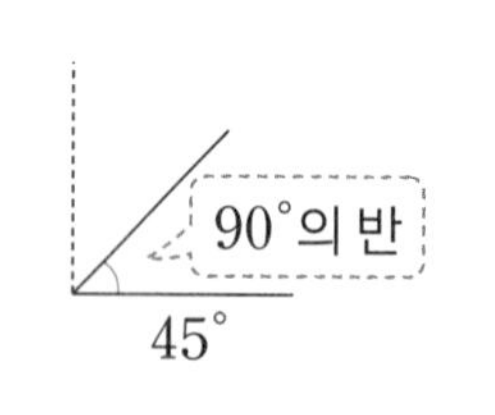

교과서 기초 개념

- **각도를 어림하고 각도기로 재기**

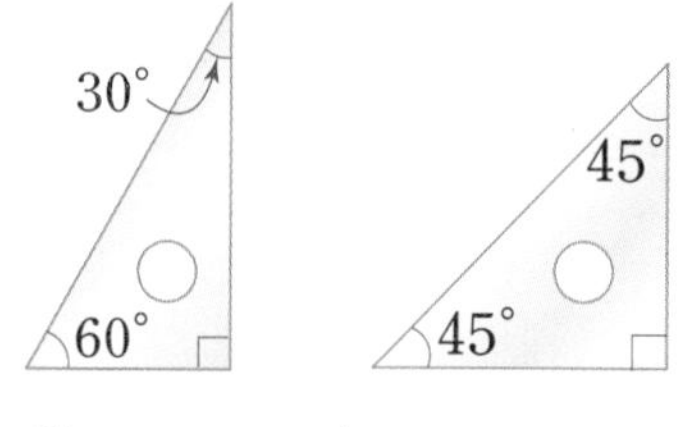

직각 삼각자의 30°, 60°, 90° 또는 45°, 45°, 90°를 생각하면서 각도를 어림해 봐.

예

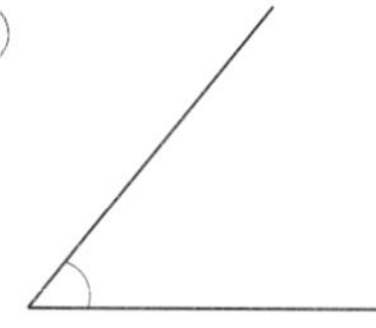

어림한 각도: 약 50°

잰 각도: ❶ □°

어림해 본 후에는 각도기로 재어 확인해.

직각 삼각자의 60°보다 조금 작은 것 같아서 50°로 어림하였습니다.

 어림한 각도와 잰 각도의 차가 작을수록 잘 어림한 것입니다.

정답 ❶ 50

개념 · 원리 확인

▶ 정답 및 풀이 9쪽

1-1 직각 삼각자의 각을 보고 주어진 각도를 어림해 보세요.

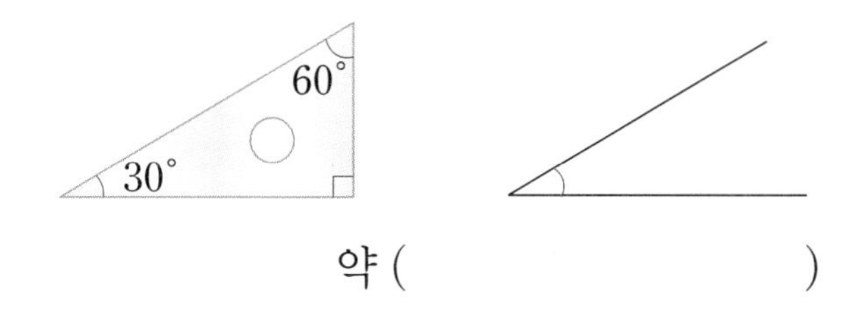

약 (   )

1-2 직각 삼각자의 각을 보고 주어진 각도를 어림해 보세요.

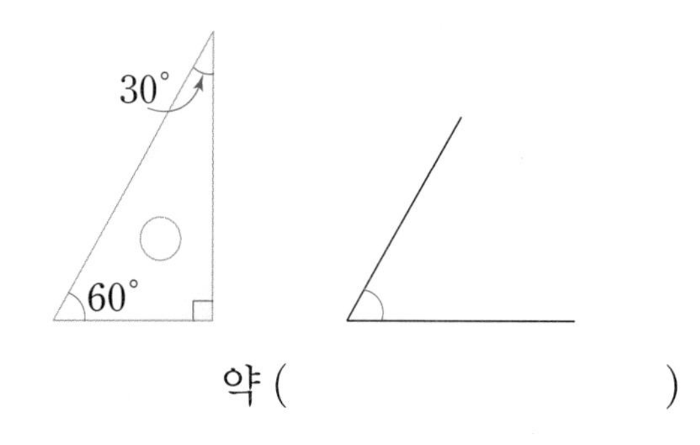

약 (   )

2-1 각도를 어림하고 각도기로 재어 보세요.

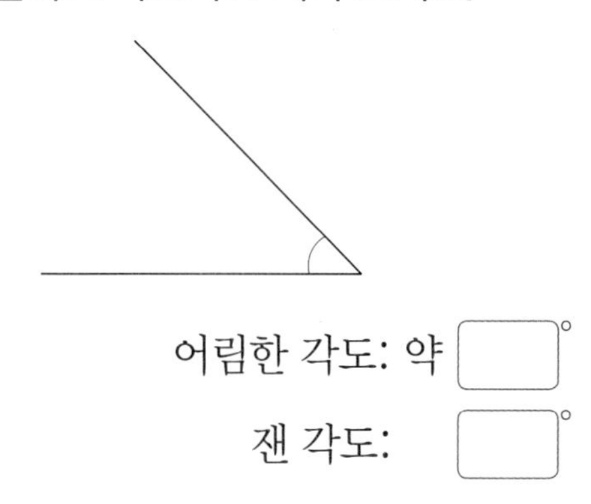

어림한 각도: 약 □°

잰 각도: □°

2-2 각도를 어림하고 각도기로 재어 보세요.

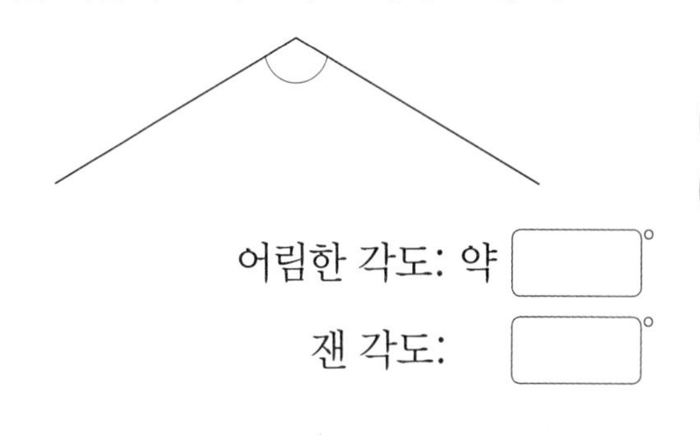

어림한 각도: 약 □°

잰 각도: □°

3-1 주어진 각도를 어림하여 자만 이용하여 각을 그려 보세요.

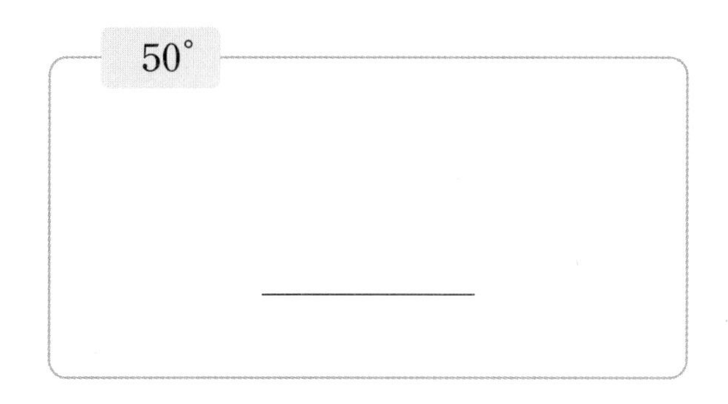

3-2 주어진 각도를 어림하여 자만 이용하여 각을 그려 보세요.

110°

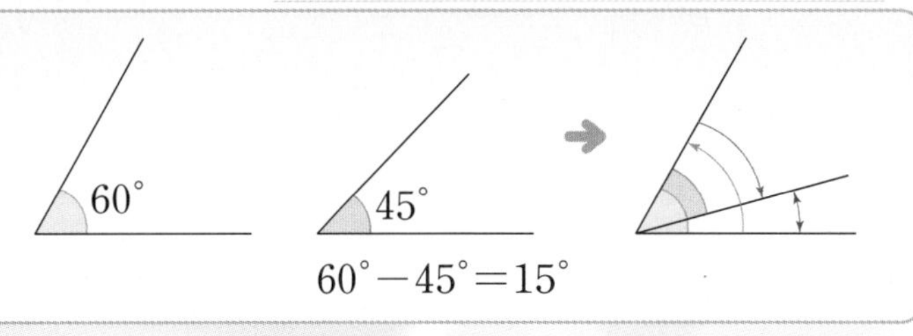

각도의 차로 알아보면 아까 45°로 던졌으니까 60°로 던지려면 45°에서 15°만큼 더 위로 날리면 돼.

교과서 기초 개념

• 각도의 합과 차

(1) 각도의 합

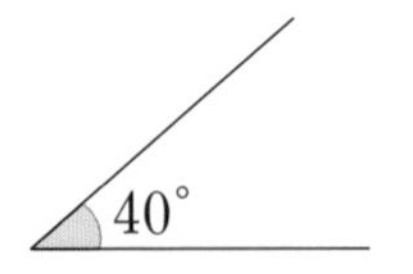 + 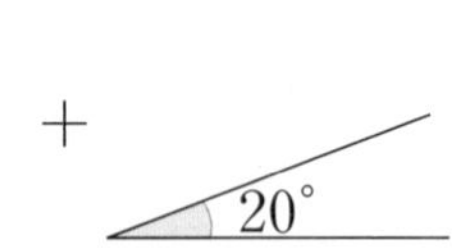 ➔ 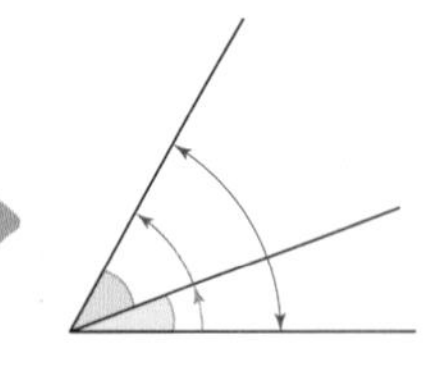

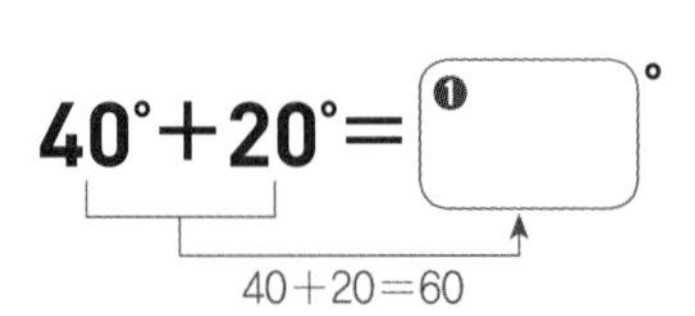

(2) 각도의 차

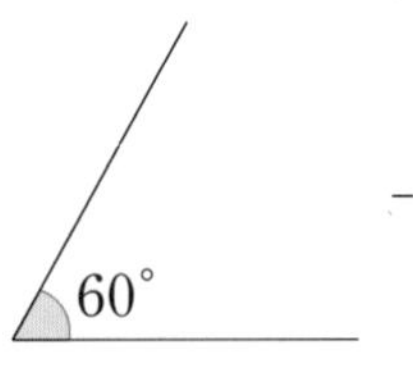 − 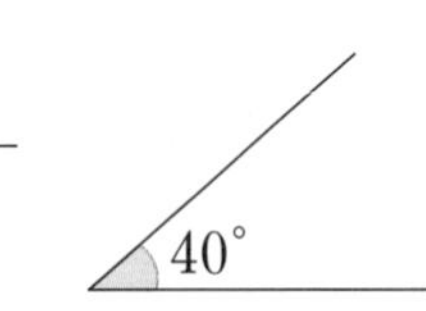 ➔ 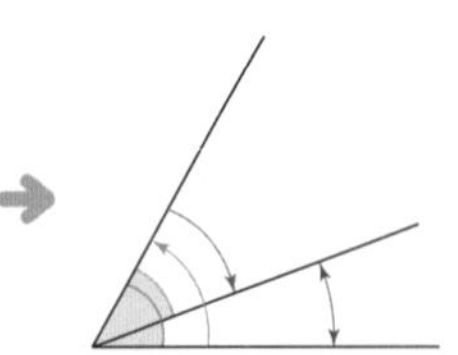

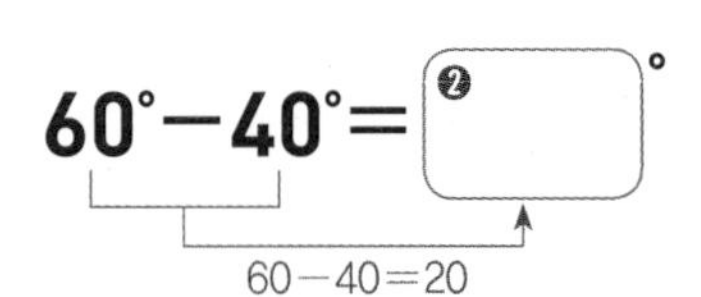

각도의 합과 차는 자연수의 덧셈, 뺄셈과 같은 방법으로 계산해.

계산하고 뒤에 단위를 꼭 붙여야 해.

정답 ❶ 60 ❷ 20

개념 · 원리 확인

▶ 정답 및 풀이 9쪽

1-1 두 각도의 합을 구하세요.

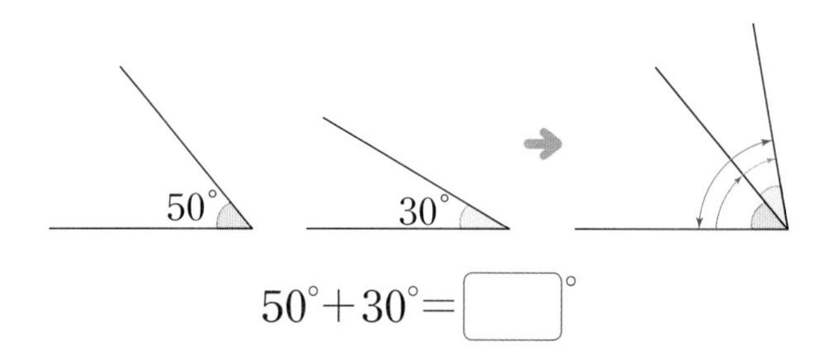

$50° + 30° = \square°$

1-2 두 각도의 차를 구하세요.

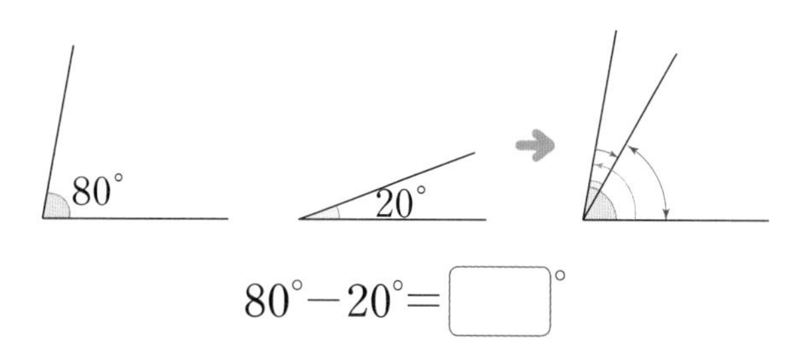

$80° - 20° = \square°$

2-1 자연수의 뺄셈을 보고 각도의 차를 구하세요.

$105 - 80 = 25$

➔ $105° - 80° = \square°$

2-2 자연수의 덧셈을 보고 각도의 합을 구하세요.

$75 + 45 = 120$

➔ $75° + 45° = \square°$

3-1 두 각도의 합을 구하세요.

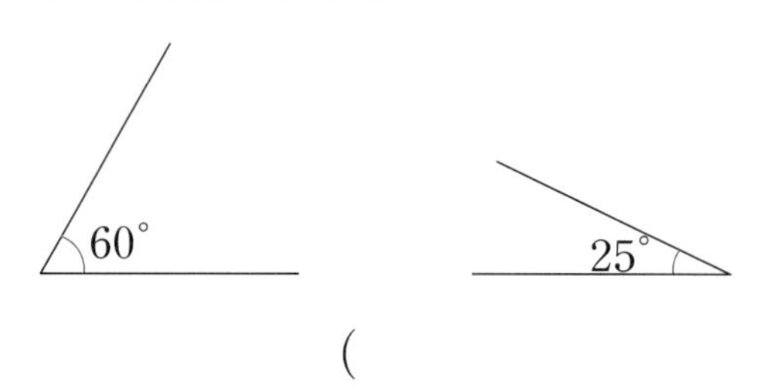

(　　　　　　　)

3-2 두 각도의 차를 구하세요.

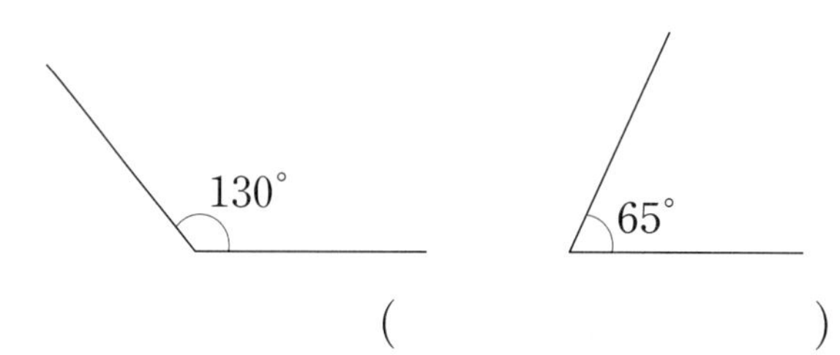

(　　　　　　　)

4-1 각도의 합과 차를 구하세요.

(1) $130° + 45°$

(2) $100° - 35°$

4-2 각도의 합과 차를 구하세요.

(1) $80° + 75°$

(2) $150° - 35°$

2주 2일

2일 기초 집중 연습

기본 문제 연습

[1-1~1-2] 각도의 합과 차를 구하세요.

1-1 (1) $50^\circ + 90^\circ =$ □$^\circ$

(2) $165^\circ - 110^\circ =$ □$^\circ$

1-2 (1) $15^\circ + 105^\circ =$ □$^\circ$

(2) $125^\circ - 75^\circ =$ □$^\circ$

[2-1~2-2] 두 각도의 합과 차를 구하세요.

2-1 130° 35°

합 (   )

차 (   )

2-2 110° 50°

합 (   )

차 (   )

3-1 각도를 더 잘 어림한 사람은 누구인가요?

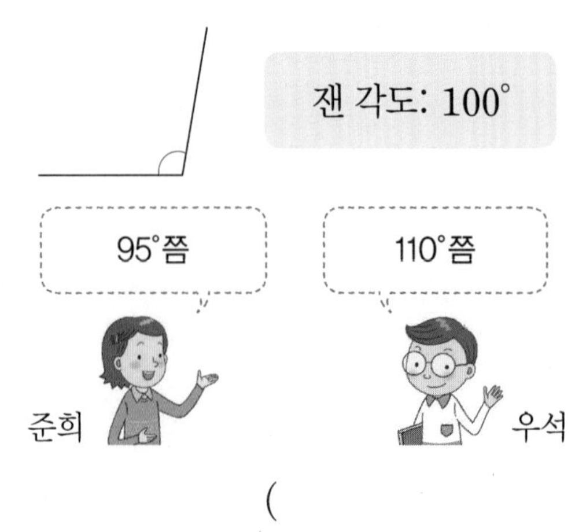

(   )

3-2 수현이와 영탁이가 각도를 어림했습니다. 각도기를 이용하여 각도를 재어 보고 어림을 더 잘한 사람의 이름을 써 보세요.

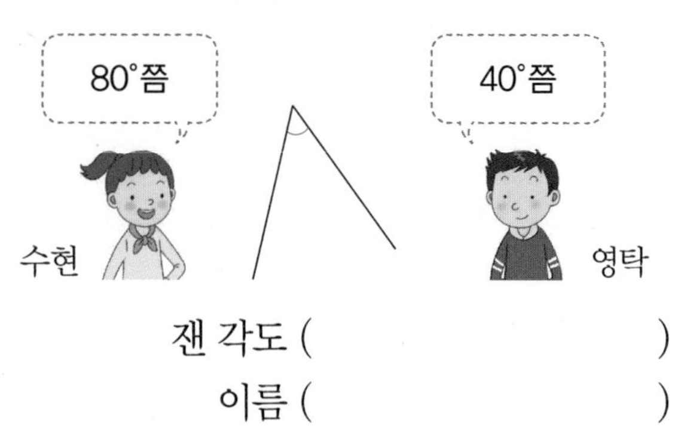

잰 각도 (   )

이름 (   )

▶ 정답 및 풀이 10쪽

기본 → 문장제 연습 '더 큰'은 덧셈으로, '더 작은'은 뺄셈으로 구하자.

기본 각도의 합을 구해 보세요.

$90^\circ+35^\circ=\square^\circ$

이 각도의 합은 어떤 상황에서 이용될까요?

4-1 서현이가 직각보다 35° 더 큰 각을 그렸습니다. 서현이가 그린 각의 크기는 몇 도인가요?

식 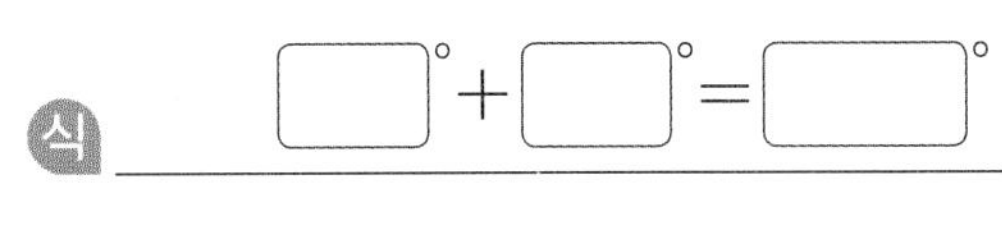

$\square^\circ+\square^\circ=\square^\circ$

답 __________

4-2 해준이는 민호가 말하는 각도를 그리려고 합니다. 민호가 말하는 각도는 몇 도인가요?

식 __________

답 __________

4-3 우석이와 정우가 말하는 각도의 합과 차를 구해 보세요.

직각보다 15° 더 작은 각

직각보다 60° 더 큰 각

답 합: __________, 차: __________

2주 2일

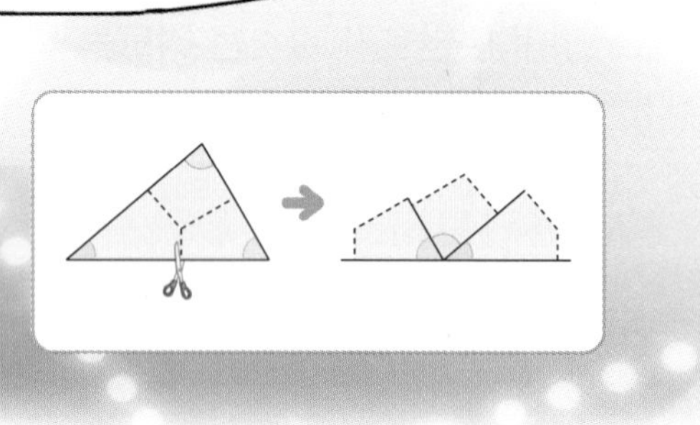

교과서 기초 개념

- **삼각형의 세 각의 크기의 합**

삼각형의 세 각의 크기의 합은 **180°** 입니다.

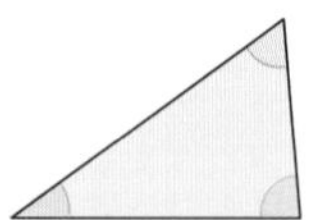

삼각형의 세 각을 서로 다른 색으로 칠하기

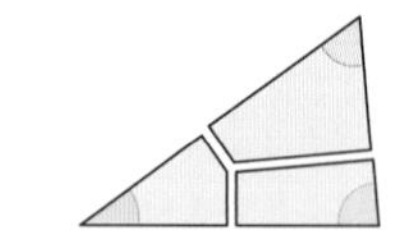

삼각형을 세 조각으로 자르기

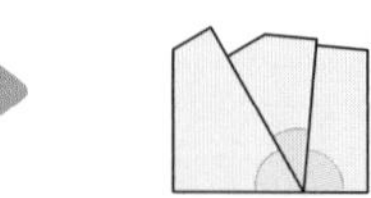

세 꼭짓점이 한 점에 모이도록 이어 붙이기

삼각형의 세 꼭짓점이 한 점에 모이도록 이어 붙이면 직선 위에 꼭 맞춰집니다.

➔ (삼각형의 세 각의 크기의 합)= ❶ [   ]°

삼각형의 모양과 크기가 달라도 모든 삼각형의 세 각의 크기의 합은 180°야.

직선이 이루는 각도는 180°야.

180°

정답 ❶ 180

개념 · 원리 확인

▶정답 및 풀이 10쪽

1-1 삼각형의 세 각의 크기의 합을 구해 보세요.

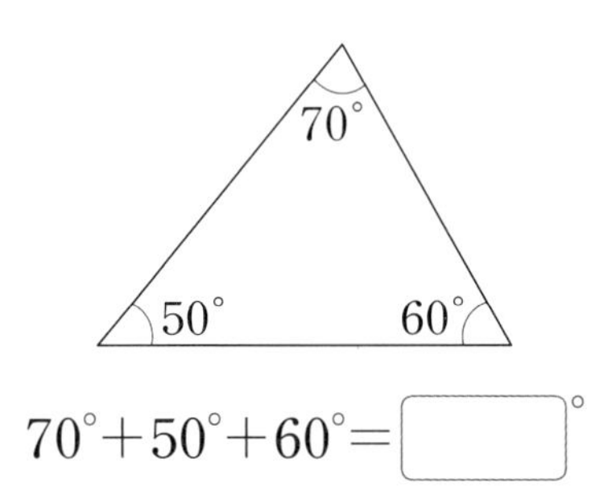

$70° + 50° + 60° = \square°$

1-2 삼각형의 세 각의 크기의 합을 구하려고 합니다. □ 안에 알맞은 수를 써넣으세요.

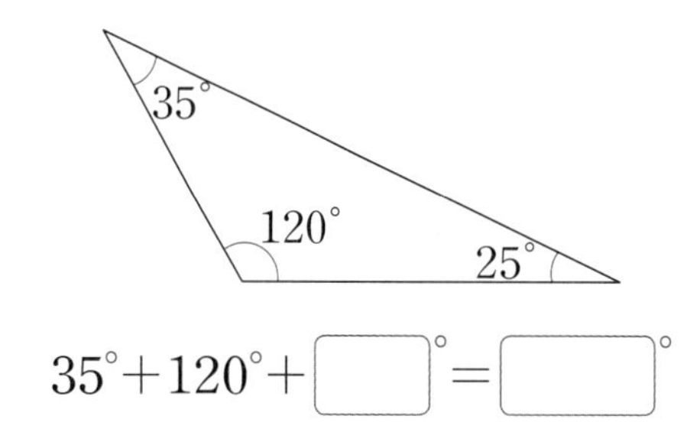

$35° + 120° + \square° = \square°$

[2-1~2-2] 각도기로 삼각형의 세 각의 크기를 각각 재어 보고, 삼각형의 세 각의 크기의 합을 구해 빈칸에 알맞게 써넣으세요.

2-1

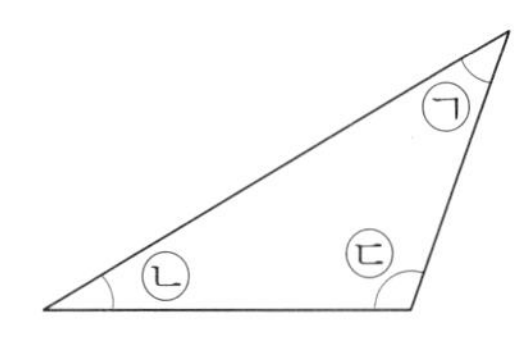

각	㉠	㉡	㉢	합
각도	40°			

2-2

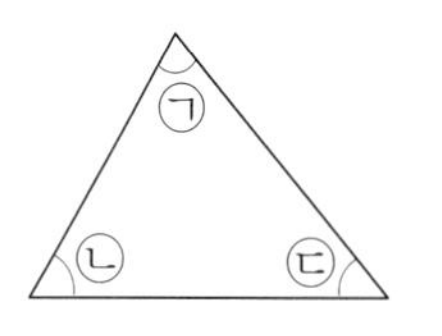

각	㉠	㉡	㉢	합
각도	70°			

3-1 ㉠의 각도를 구해 보세요.

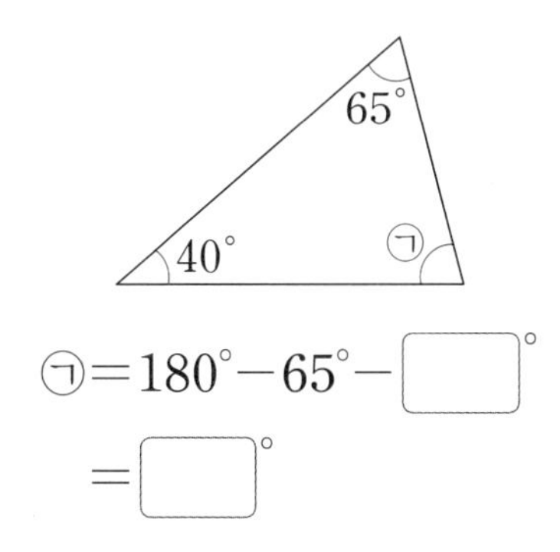

㉠$= 180° - 65° - \square°$
$= \square°$

3-2 ㉠의 각도를 구해 보세요.

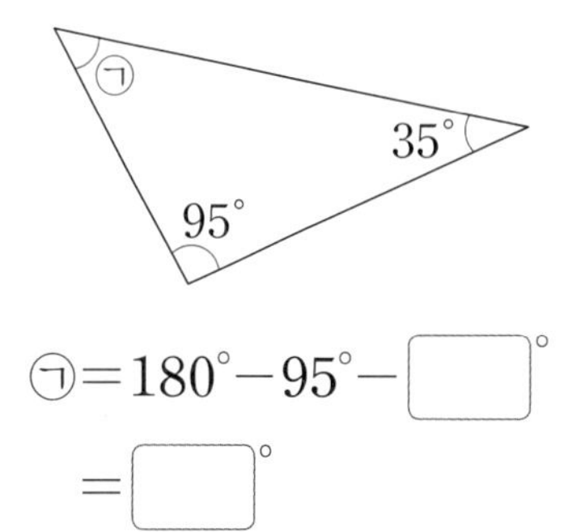

㉠$= 180° - 95° - \square°$
$= \square°$

사각형의 네 각의 크기의 합

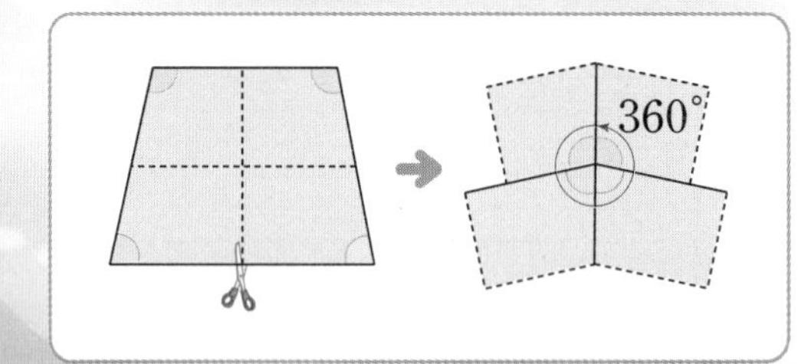

교과서 기초 개념

• **사각형의 네 각의 크기의 합**

사각형의 네 각의 크기의 합은 360° 입니다.

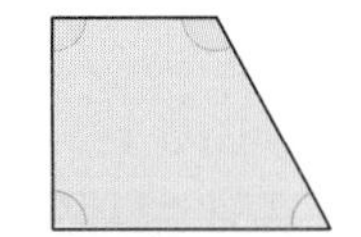

사각형의 네 각을 서로 다른 색으로 칠하기

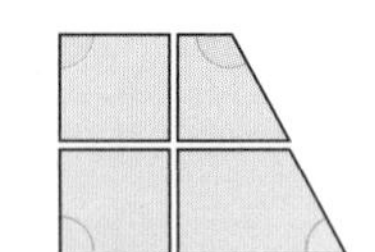

사각형을 네 조각으로 자르기

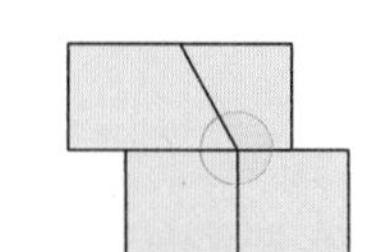

네 꼭짓점이 한 점에 모이도록 이어 붙이기

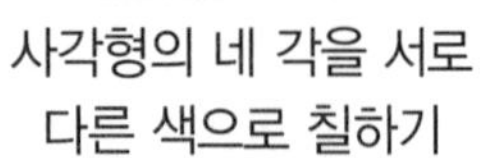

사각형의 네 꼭짓점이 한 점에 모이도록 이어 붙이면 한 바퀴가 빈틈없이 채워집니다.

➔ 사각형의 네 각의 크기의 합= ❶ ______ °

사각형의 모양과 크기가 달라도 모든 사각형의 네 각의 크기의 합은 360° 야.

한 바퀴 돌아오면 360°가 돼.

360°

정답 ❶ 360

▶정답 및 풀이 10쪽

[1-1~1-2] 사각형의 네 각의 크기의 합을 구하려고 합니다. □ 안에 알맞은 수를 써넣으세요.

1-1

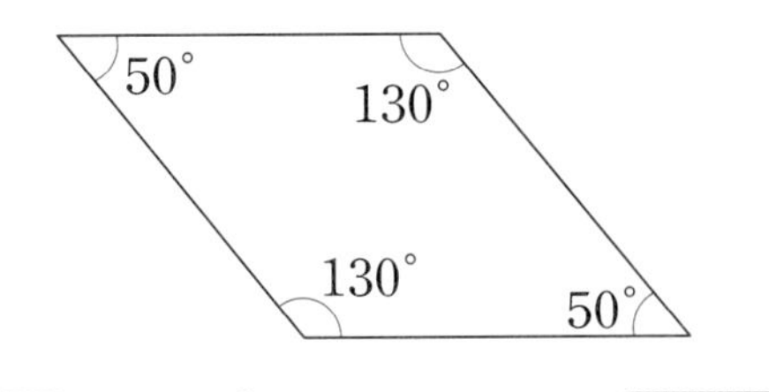

□°+130°+50°+130°=□°

1-2

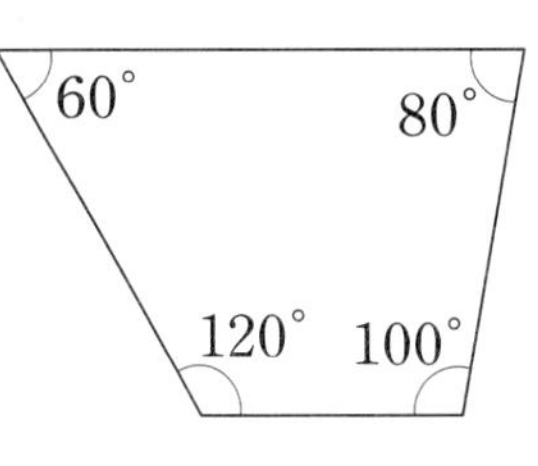

60°+120°+100°+□°=□°

[2-1~2-2] 각도기로 사각형의 네 각의 크기를 각각 재어 빈칸에 써넣고, 사각형의 네 각의 크기의 합을 구하세요.

2-1

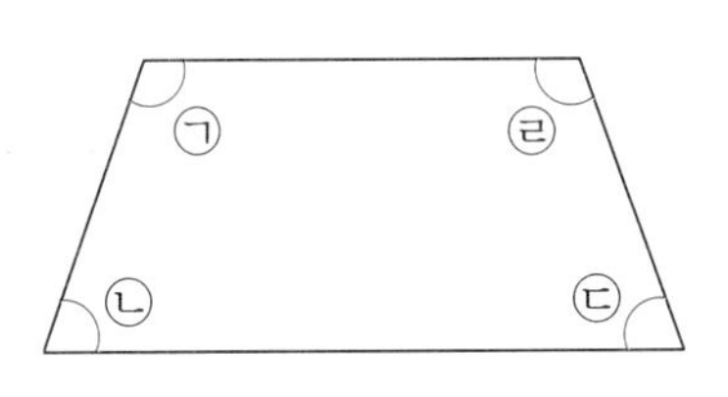

각	㉠	㉡	㉢	㉣
각도	110°			

(　　　　　　)

2-2

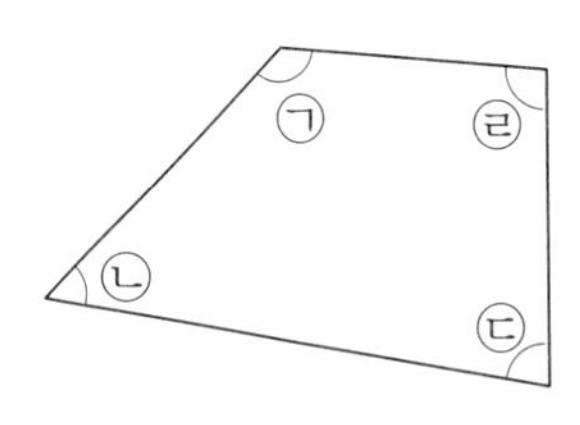

각	㉠	㉡	㉢	㉣
각도	130°			

(　　　　　　)

3-1 ㉠의 각도를 구하세요.

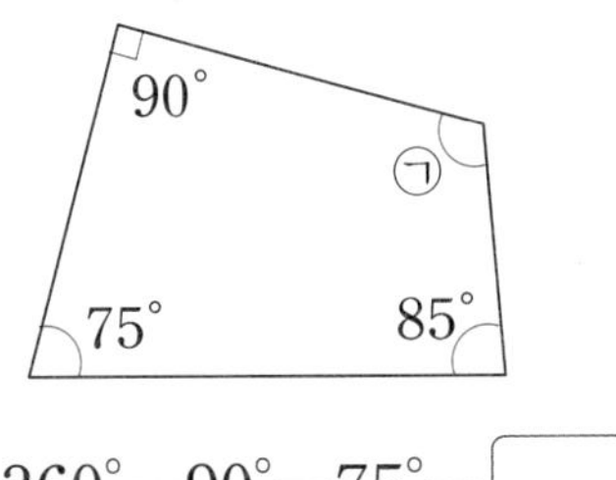

㉠=360°−90°−75°−□°
=□°

3-2 ㉠의 각도를 구하세요.

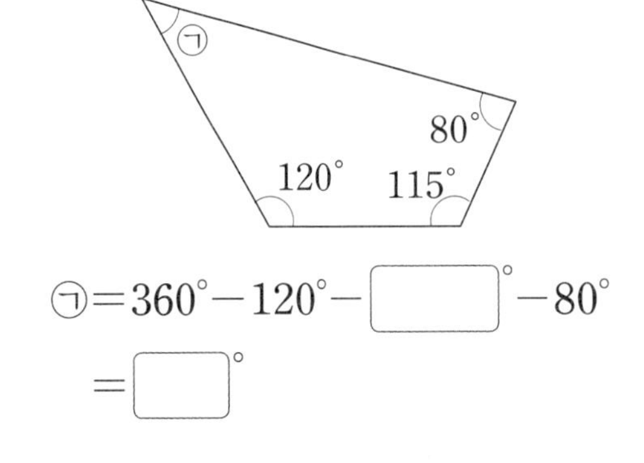

㉠=360°−120°−□°−80°
=□°

2주 3일

3일

기초 집중 연습

기본 문제 연습

[1-1~1-2] □ 안에 알맞은 수를 써넣으세요.

1-1

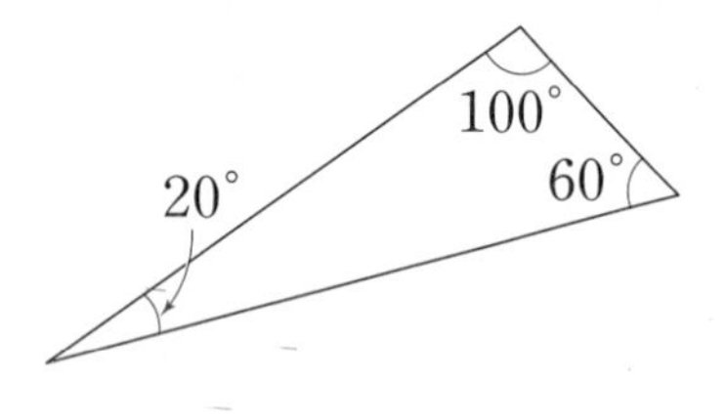

$100° + 20° + 60° = \square°$

1-2

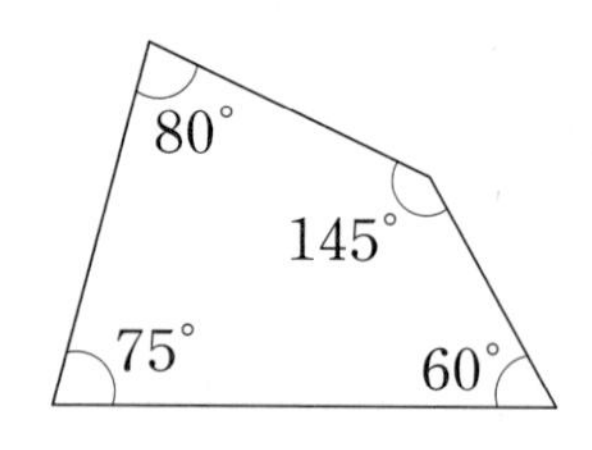

$80° + 75° + 60° + 145° = \square°$

2-1 □ 안에 알맞은 수를 써넣으세요.

(1)

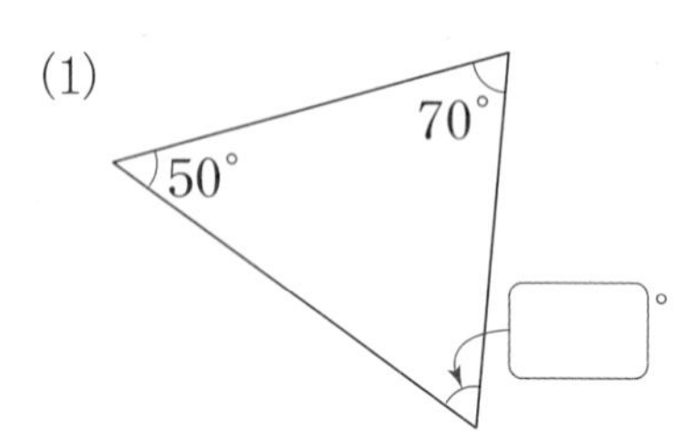

(2)

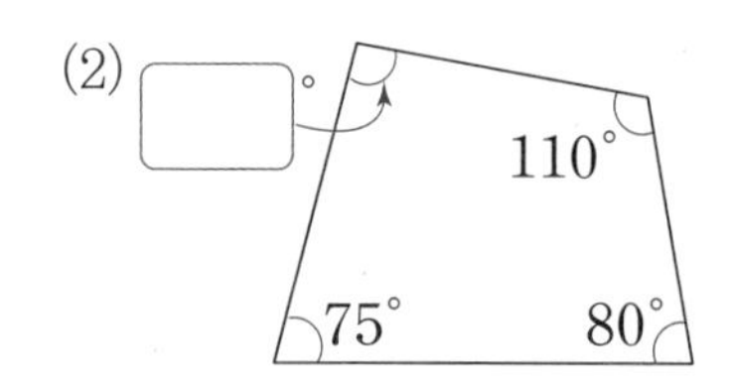

2-2 □ 안에 알맞은 수를 써넣으세요.

(1)

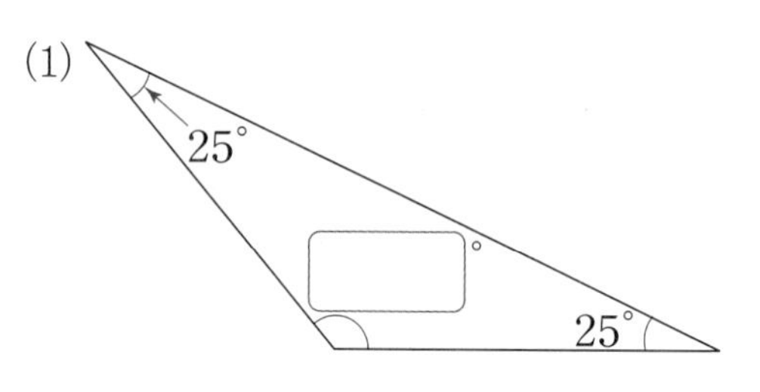

(2)

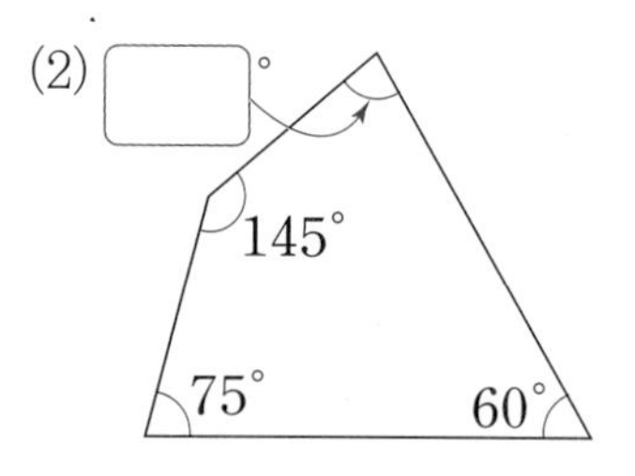

3-1 삼각형에서 ㉠과 ㉡의 각도의 합을 구하세요.

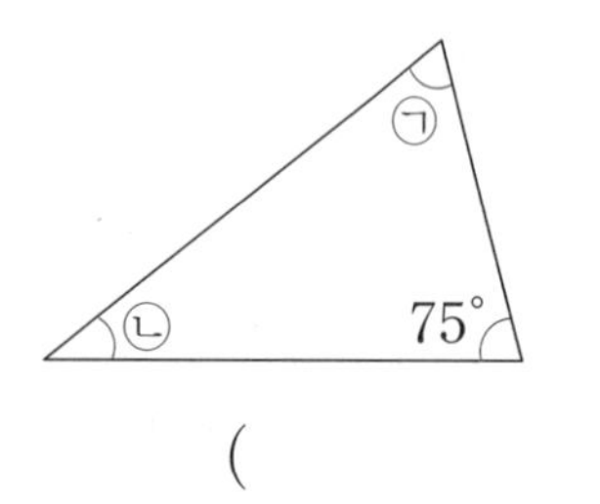

(　　　　　　　　)

3-2 사각형에서 ㉠과 ㉡의 각도의 합을 구하세요.

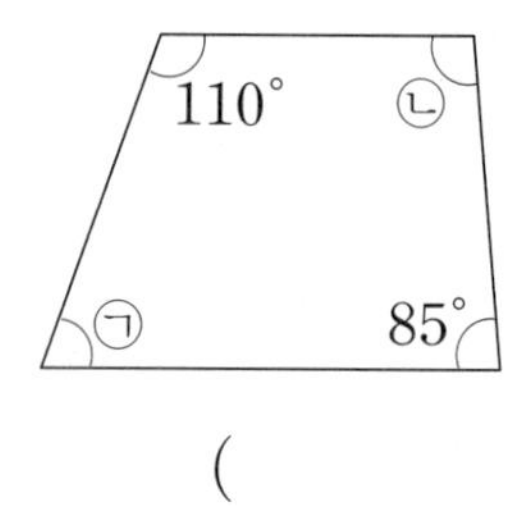

(　　　　　　　　)

▶정답 및 풀이 10쪽

기본 → 문장제 연습 직각 삼각자에서 한 각이 90°임을 이용하여 나머지 각을 뺄셈으로 구하자.

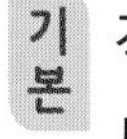

기본 직각 삼각자에서 □ 안에 알맞은 수를 써넣으세요.

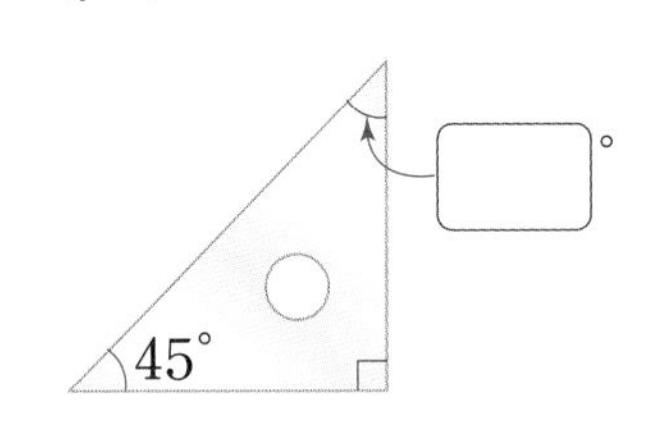

4-1 지은이가 가지고 있는 직각 삼각자의 한 각의 크기는 45°입니다. 나머지 두 각의 크기는 각각 몇 도인가요?

답 ______________________

4-2 태형이가 가지고 있는 직각 삼각자의 한 각의 크기는 60°입니다. 나머지 두 각의 크기는 각각 몇 도인가요?

답 ______________________

2주 3일

4-3 각 ㄱㄷㄹ의 크기는 몇 도인지 구하세요.

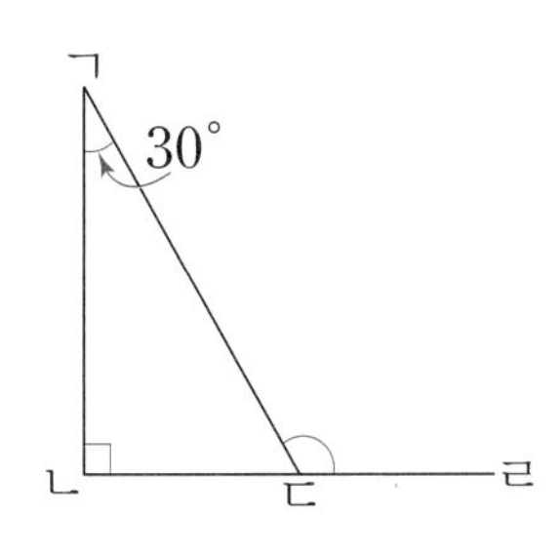

직선이 이루는 각도는 180°야.

답 ______________________

곱셈과 나눗셈 (몇백)×(몇십)

교과서 기초 개념

- **(몇백)×(몇십)**

㉠ 600×30의 계산

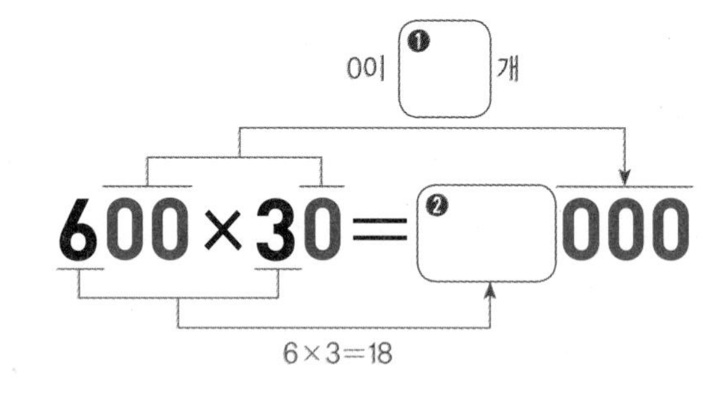

(몇)×(몇)의 값에
곱하는 두 수의 0의 개수만큼
0을 붙여.

주의 다음과 같이 (몇)×(몇)의 계산에서 0이 생기는 경우에 주의합니다.

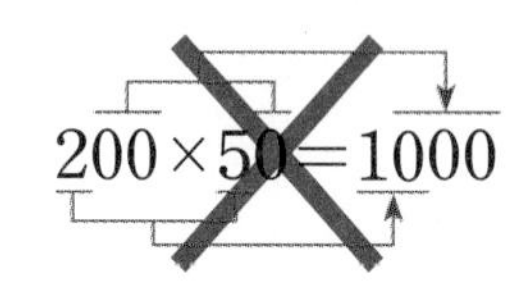

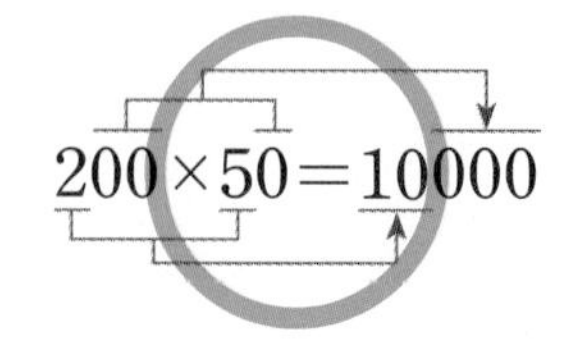

정답 ❶ 3 ❷ 18

▶정답 및 풀이 11쪽

1-1 □ 안에 알맞은 수를 써넣으세요.

$200 \times 4 = \square$

$200 \times 40 = \square$

10배

1-2 □ 안에 알맞은 수를 써넣으세요.

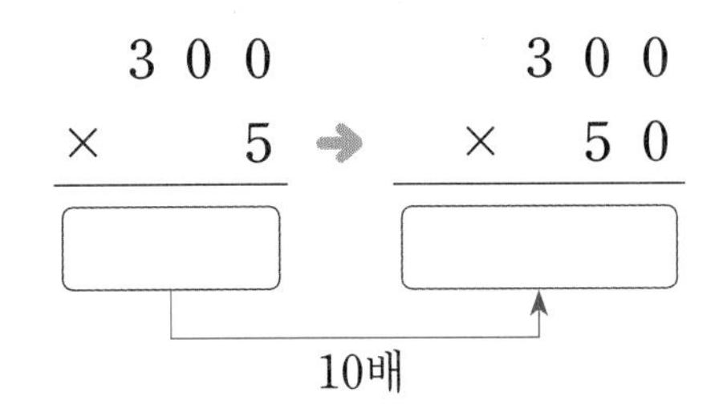

[2-1~2-2] □ 안에 알맞은 수를 써넣으세요.

2-1 (1) $800 \times 30 = \square000$

$8 \times 3 = \square$

(2) $400 \times 70 = 28\square$

2-2 (1) $700 \times 20 = \square000$

$7 \times 2 = \square$

(2) $600 \times 40 = 24\square$

3-1 계산해 보세요.

(1) $\begin{array}{r} 500 \\ \times \ 60 \\ \hline \end{array}$

(2) $\begin{array}{r} 900 \\ \times \ 30 \\ \hline \end{array}$

3-2 계산해 보세요.

(1) 200×90

(2) 400×80

4-1 빈칸에 알맞은 수를 써넣으세요.

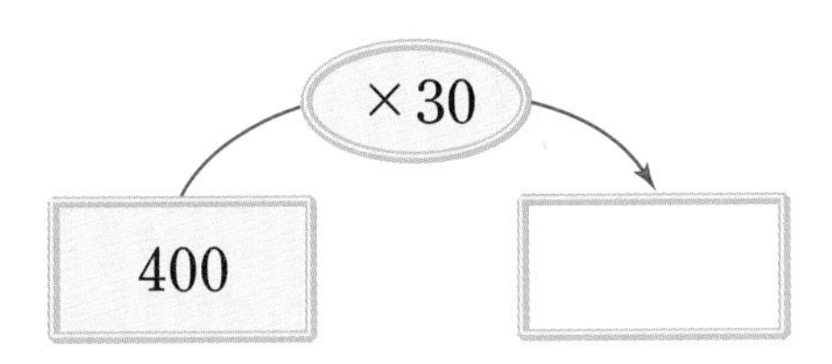

4-2 빈칸에 알맞은 수를 써넣으세요.

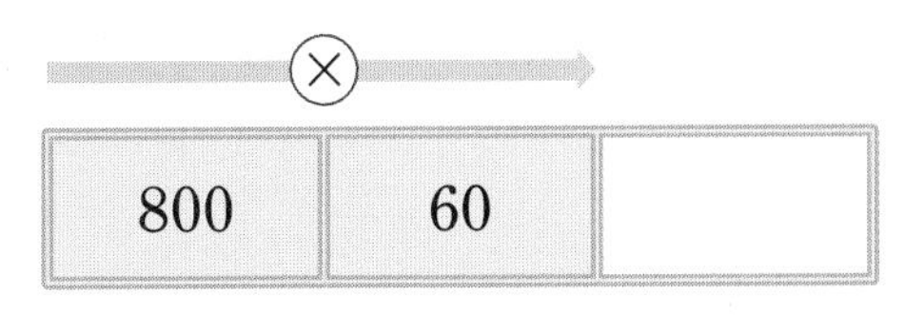

(세 자리 수) × (몇십)

$$\begin{array}{r} 550 \\ \times \ \ 80 \\ \hline 44000 \end{array}$$

교과서 기초 개념

- **(세 자리 수) × (몇십)**

  ㉠ 315 × 90의 계산

$$\begin{array}{r} 315 \\ \times \quad 9 \\ \hline 2835 \end{array} \rightarrow \begin{array}{r} 315 \\ \times \quad 90 \\ \hline \text{❶}\square\ 0 \end{array}$$

(세 자리 수) × (몇십)은 (세 자리 수) × (몇)을 계산하고 10배한 것과 같습니다.

(세 자리 수) × (몇)의 값에 0을 1개 붙여.

정답 ❶ 2835

▶정답 및 풀이 11쪽

1-1 □ 안에 알맞은 수를 써넣으세요.

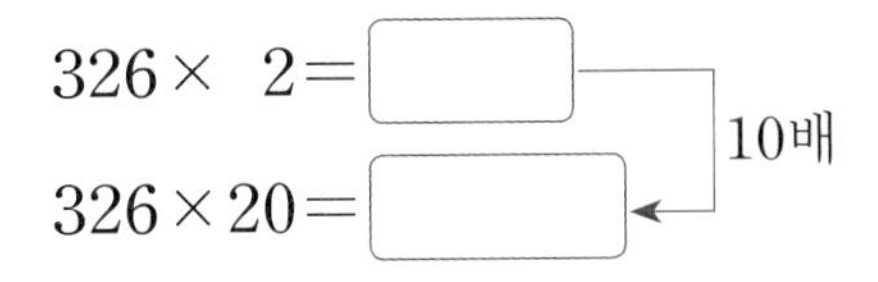

1-2 □ 안에 알맞은 수를 써넣으세요.

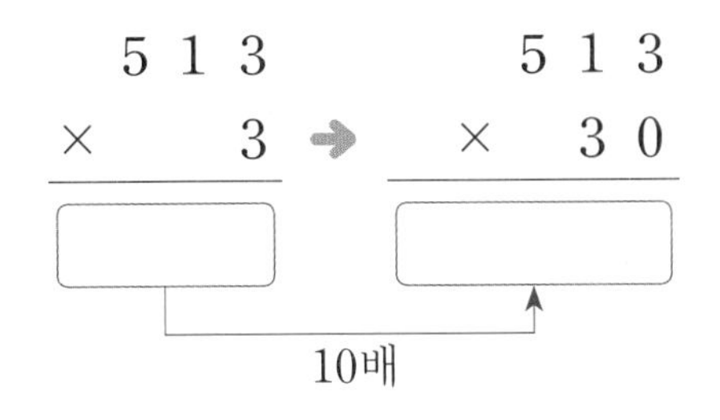

[2-1~2-2] □ 안에 알맞은 수를 써넣으세요.

2-1 $476 \times 30 = \square 0$

$476 \times 3 = \square$

2-2 $682 \times 40 = \square 0$

$682 \times 4 = \square$

3-1 계산해 보세요.

(1)
$$\begin{array}{r} 433 \\ \times\ \ 20 \\ \hline \end{array}$$

(2)
$$\begin{array}{r} 180 \\ \times\ \ 40 \\ \hline \end{array}$$

3-2 계산해 보세요.

(1) 820×30

(2) 492×70

4-1 빈칸에 알맞은 수를 써넣으세요.

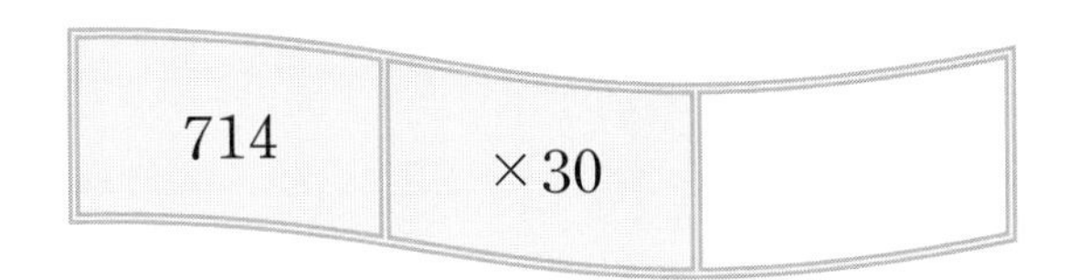

4-2 빈칸에 알맞은 수를 써넣으세요.

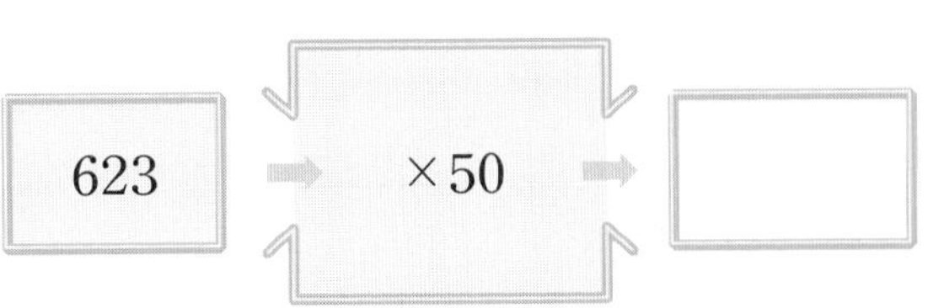

4일 기초 집중 연습

기본 문제 연습

[1-1~1-2] □ 안에 알맞은 수를 써넣으세요.

1-1 (1) $500 \times 70 =$ □

(2) $320 \times 30 =$ □

1-2 (1) $900 \times 40 =$ □

(2) $543 \times 60 =$ □

2-1 계산 결과에 맞게 선으로 이어 보세요.

500×80 •	• 20000
	• 30000
600×50 •	• 40000

2-2 계산 결과에 맞게 선으로 이어 보세요.

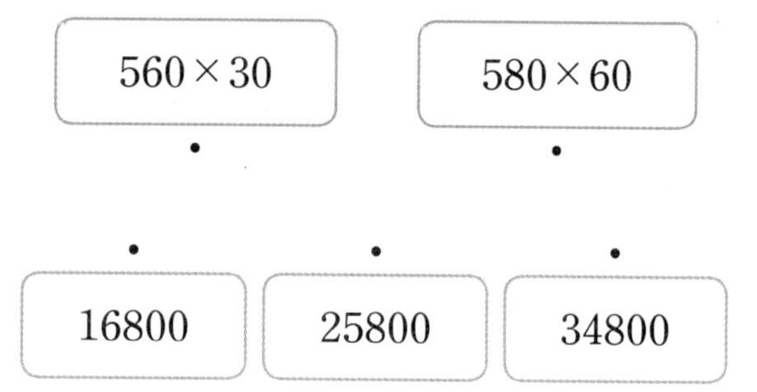

3-1 빈칸에 두 수의 곱을 써넣으세요.

700	80

3-2 빈칸에 두 수의 곱을 써넣으세요.

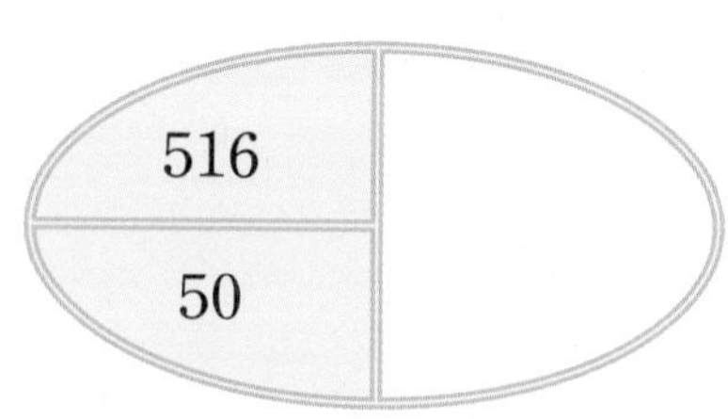

4-1 크기를 비교하여 ○ 안에 >, =, <를 알맞게 써넣으세요.

428×50 ○ 25000

4-2 계산 결과가 더 큰 것의 기호를 써 보세요.

㉠ 300×70 ㉡ 352×50

( )

▶정답 및 풀이 11쪽

연산 → 문장제 연습 | 한 묶음에 ■씩 ▲묶음은 곱셈으로 구하자.

연산 계산해 보세요.

200×60

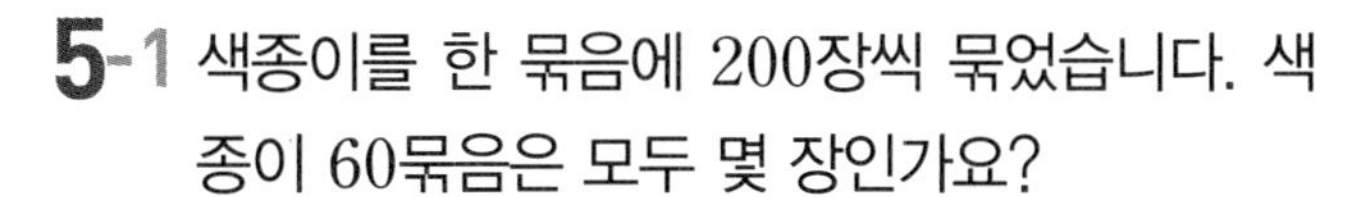

5-1 색종이를 한 묶음에 200장씩 묶었습니다. 색종이 60묶음은 모두 몇 장인가요?

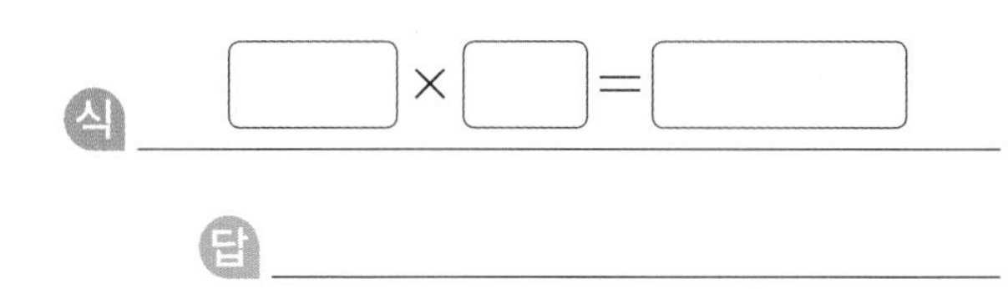

식 $\square \times \square = \square$

답 ______

5-2 지민이는 매일 380 mL짜리 오렌지 주스 한 병을 마십니다. 지민이가 20일 동안 마신 오렌지 주스는 모두 몇 mL인가요?

식 ______

답 ______

5-3 민하가 저금통에 모은 돈은 모두 얼마인가요?

식 ______

답 ______

(세 자리 수)×(몇십몇)

한지 한 장에 216원인데…… 45장 사 오면 돼. 그럼 얼마지?

$$\begin{array}{r} 216 \\ \times\ 45 \\ \hline 1080 \\ 864\ \\ \hline 9720 \end{array}$$

9720원 이야.

잠시 후

응? 왜 이거 밖에 안돼?

꺼억

음, 그게 사실은…… 배고파서 떡꼬치를 사먹다보니 돈이 모자랐어.

교과서 기초 개념

• **(세 자리 수)×(몇십몇)**

㉠ 234×24의 계산

$$\begin{array}{c} 234\times4 \quad 234\times20 \\ \downarrow \qquad\quad \downarrow \end{array}$$

234×24=936+❶ ☐

=5616

$$\begin{array}{rrrrl} & 2 & 3 & 4 & \\ \times & & 2 & 4 & \leftarrow 20+4 \\ \hline & 9 & 3 & 6 & \leftarrow 234\times4 \\ 4 & 6 & 8 & 0 & \leftarrow 234\times20 \\ \hline \end{array}$$

❷ ☐

234×24는 234×4**와** 234×20**을 더한 값**이야.

● 부분은 계산상 편리함을 위해 일의 자리 0의 표시를 생략할 수 있어.

정답 ❶ 4680 ❷ 5616

개념 · 원리 확인

▶정답 및 풀이 12쪽

[1-1~1-2] □ 안에 알맞은 수를 써넣으세요.

1-1 $256 \times 34 = 256 \times 30 + 256 \times 4$

$= \square + \square$

$= \square$

1-2 $316 \times 52 = 316 \times 50 + 316 \times 2$

$= \square + \square$

$= \square$

2-1 □ 안에 알맞은 수를 써넣으세요.

$$\begin{array}{r} 2\ 7\ 3 \\ \times \quad 4\ 2 \\ \hline \square \\ \square\ 0 \\ \hline \square \end{array}$$

2-2 □ 안에 알맞은 수를 써넣으세요.

(1)
$$\begin{array}{r} 1\ 5\ 2 \\ \times \quad 2\ 5 \\ \hline \square \\ \square\ \ \\ \hline \square \end{array}$$

(2)
$$\begin{array}{r} 5\ 2\ 8 \\ \times \quad 3\ 3 \\ \hline \square \\ \square\ \ \\ \hline \square \end{array}$$

3-1 계산해 보세요.

(1)
$$\begin{array}{r} 1\ 8\ 3 \\ \times \quad 2\ 3 \\ \hline \end{array}$$

(2)
$$\begin{array}{r} 2\ 6\ 9 \\ \times \quad 4\ 8 \\ \hline \end{array}$$

3-2 계산해 보세요.

(1) 128×17

(2) 214×31

4-1 두 수의 곱을 구하세요.

126 56

(　　　　　　　)

4-2 두 수의 곱을 구하세요.

(　　　　　　　)

(세 자리 수) × (두 자리 수)

$$\begin{array}{r} 980 \\ \times \quad 85 \\ \hline 4900 \\ 7840 \\ \hline 83300 \end{array}$$

교과서 기초 개념

• **(세 자리 수)×(두 자리 수)**

① (몇백)×(몇십)

$$\begin{array}{r} 5\ 0\ 0 \\ \times \qquad 3\ 0 \\ \hline \boxed{❶}\ 0\ 0\ 0 \end{array}$$

(몇백)×(몇십)은 0의 개수가 3개이지만 (몇)×(몇)의 계산에서 0이 생기는 경우가 있어.

② (세 자리 수)×(몇십)

$$\begin{array}{r} 2\ 3\ 4 \\ \times \qquad 2\ 0 \\ \hline \boxed{❷}\ 0 \end{array}$$

(세 자리 수)×(몇)을 계산한 다음 0을 1개 붙이면 돼.

③ (세 자리 수)×(몇십몇)

$$\begin{array}{r} 1\ 4\ 7 \\ \times \qquad 2\ 3 \\ \hline 4\ 4\ 1 \\ 2\ 9\ 4 \\ \hline \boxed{❸} \end{array}$$

정답 ❶ 15 ❷ 468 ❸ 3381

개념·원리 확인

▶정답 및 풀이 12쪽

1-1 □ 안에 알맞은 수를 써넣으세요.

$700 \times 9 = \square$

➔ $700 \times 90 = \square$

1-2 □ 안에 알맞은 수를 써넣으세요.

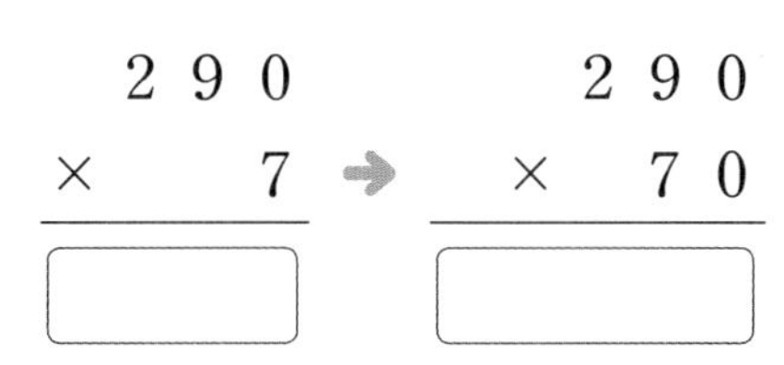

2-1 계산해 보세요.

(1) 500×20

(2) 681×40

2-2 계산해 보세요.

(1) $\begin{array}{r} 196 \\ \times \ \ 24 \\ \hline \end{array}$

(2) $\begin{array}{r} 423 \\ \times \ \ 86 \\ \hline \end{array}$

3-1 빈칸에 알맞은 수를 써넣으세요.

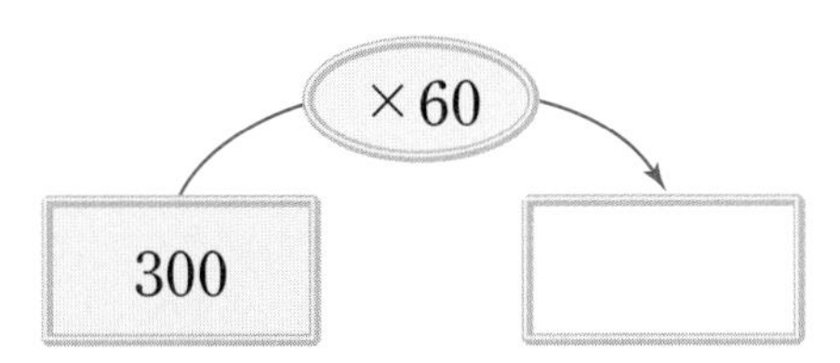

3-2 빈칸에 알맞은 수를 써넣으세요.

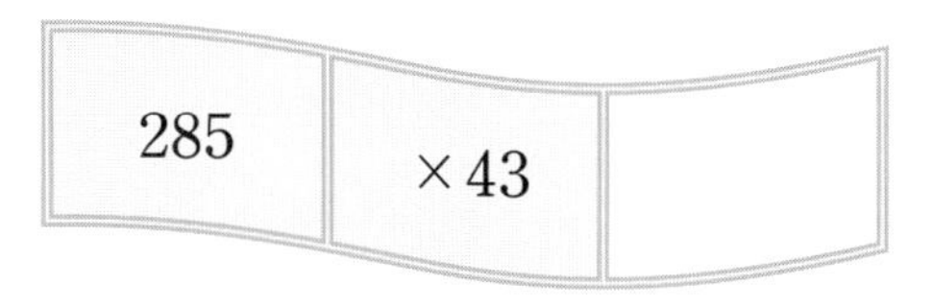

4-1 두 수의 곱을 구하세요.

721 80

(　　　　　　　　)

4-2 두 수의 곱을 구하세요.

23 684

(　　　　　　　　)

2주 5일

기초 집중 연습

기본 문제 연습

[1-1~1-2] 계산해 보세요.

1-1 (1) 700×30

(2) 230×80

1-2 (1) 285×50

(2) 612×43

2-1 600×30과 계산 결과가 같은 것을 모두 찾아 ○표 하세요.

900×20 400×30 60×300

2-2 계산 결과가 다른 하나를 찾아 기호를 써 보세요.

㉠ 900×40
㉡ 60×600
㉢ 600×50

( )

[3-1~3-2] 가장 큰 수와 가장 작은 수의 곱을 구하세요.

3-1 390 83 216

( )

3-2 85 24 318

( )

4-1 계산 결과가 더 큰 것에 ○표 하세요.

813×36 735×42

( ) ( )

4-2 계산 결과가 더 작은 것의 기호를 써 보세요.

㉠ 569×82 ㉡ 912×46

( )

▶ 정답 및 풀이 12쪽

연산 → 문장제 연습 '■원씩 ●개', '■개씩 ●상자'는 곱셈으로 구하자.

계산해 보세요.

850×24

5-1 마트에서 한 개에 850원인 아이스크림을 24개 샀습니다. 아이스크림 24개의 값은 모두 얼마인가요?

식 $\square \times \square = \square$

답 ______

5-2 한 상자에 250개씩 들어 있는 사탕이 85상자 있습니다. 사탕은 모두 몇 개인가요?

식 ______

답 ______

5-3 정우는 5월 한 달 동안 줄넘기를 모두 몇 번 하게 되나요?

식 ______

답 ______

누구나 100점 맞는 테스트

1 계산해 보세요.

$$\begin{array}{r} 2\ 3\ 1 \\ \times \quad 2\ 0 \\ \hline \end{array}$$

2 각도기와 자를 이용하여 각도가 80°인 각 ㄱㄴㄷ을 그려 보세요.

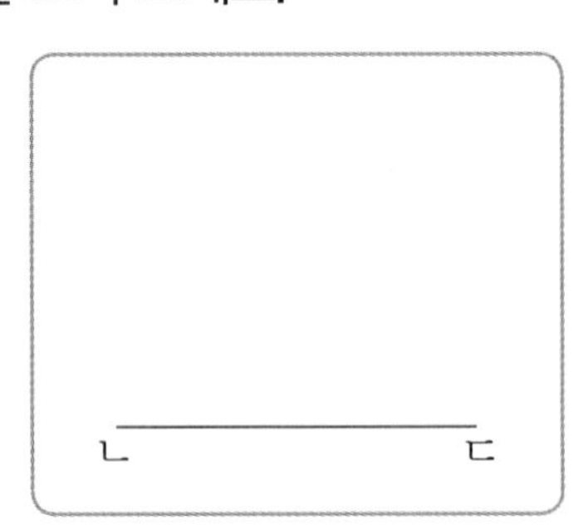

3 다음과 같이 각도가 0°보다 크고 직각보다 작은 각을 무엇이라고 하나요?

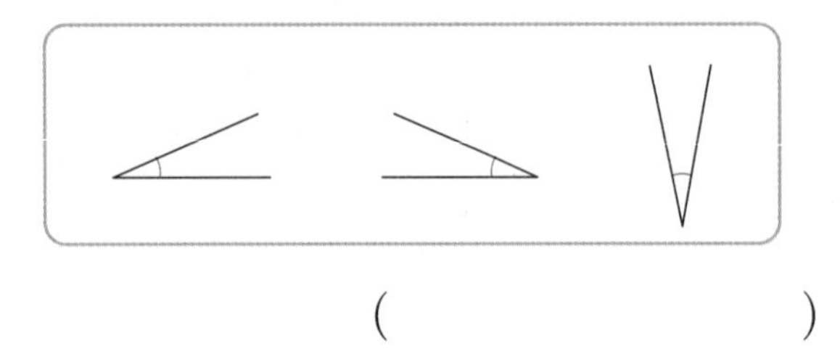

(　　　　　　　　　)

4 윤수와 아라가 말한 두 각도의 합을 구하세요.

(　　　　　　　　　)

5 □ 안에 알맞은 수를 써넣으세요.

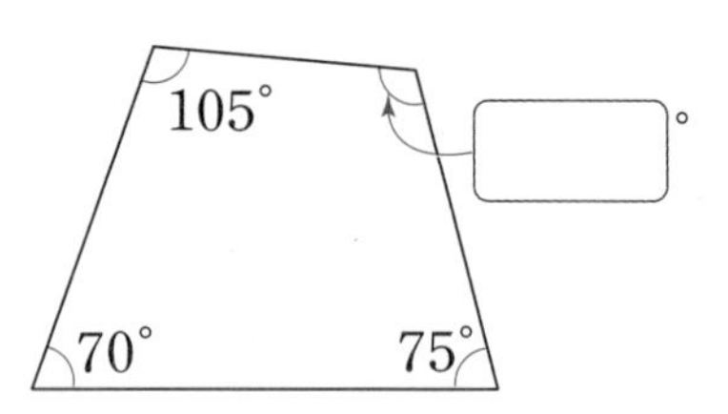

▶정답 및 풀이 12쪽

6 삼각형에서 ㉠과 ㉡의 각도의 합을 구하세요.

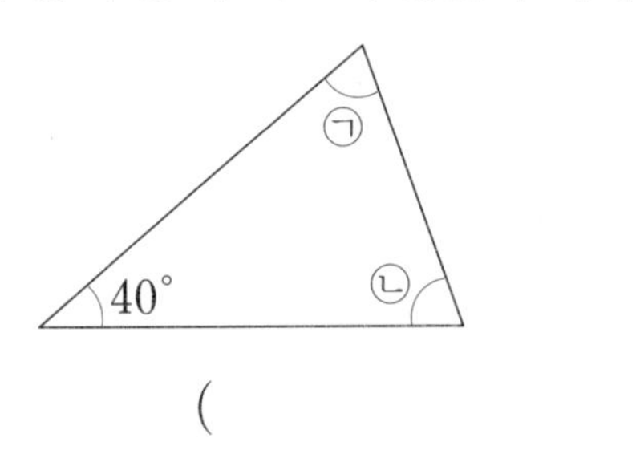

( )

7 가장 큰 수와 가장 작은 수의 곱을 구하세요.

21	179	16

( )

8 계산 결과가 다른 하나를 찾아 기호를 써 보세요.

㉠ 400×90	㉡ 800×40	㉢ 600×60

( )

9 호두가 한 자루에 200개씩 들어 있습니다. 80자루에 들어 있는 호두는 모두 몇 개인가요?

( )

10 하루에 비누를 240개씩 만드는 가게가 있습니다. 이 가게에서 21일 동안 만든 비누는 모두 몇 개인가요?

( )

석진, 태형, 윤기가 자신이 키우고 있는 반려동물 고양이, 토끼, 라쿤에 대해 이야기하고 있습니다. 세 사람이 키우는 반려동물과 키운지 몇 년이 되었는지 각각 알아보세요.

이름	석진	태형	윤기
키우는 동물			
키운 기간			

▶정답 및 풀이 13쪽

지호, 윤서, 지훈이가 그리고 싶은 각을 각자 그렸습니다. 세 사람이 그린 각을 보고 각도가 큰 사람부터 차례로 알아보세요.

각도가 큰 사람부터
이름을 써넣어 봐~

각의 두 변이 벌어진 정도가 클수록 큰 각이야~

2주 특강

입력한 각이 예각인지, 둔각인지 구별하는 과정을 나타낸 순서도입니다. 예각과 둔각 중 □ 안에 알맞은 말을 써넣어 순서도를 완성해 보세요.

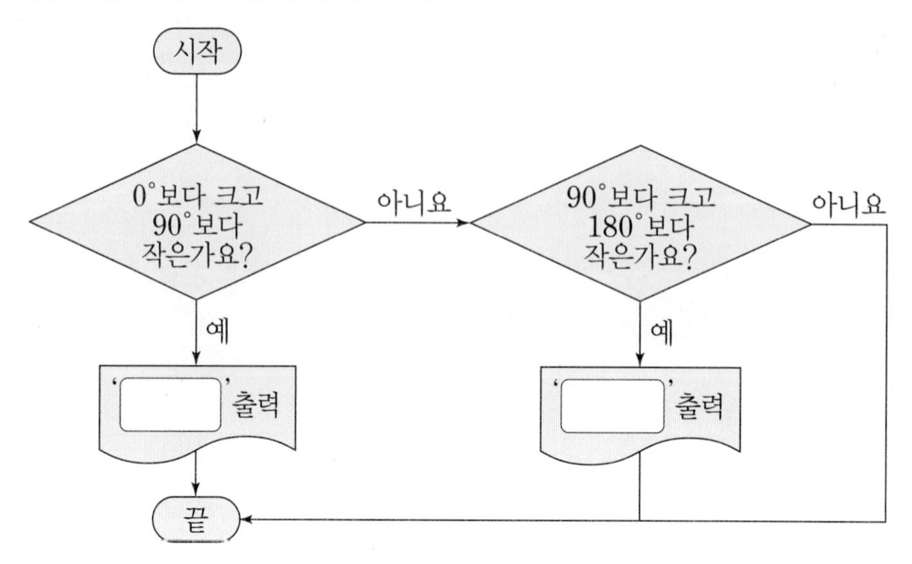

교통 표지판의 한 각의 크기를 재어 보니 60°였습니다. 나머지 두 각의 크기의 합은 몇 도인지 구하세요.

답 ______________

매년 3월 22일은 UN이 정한 세계 물의 날입니다. 윤기네 집에서는 한 달 동안 다음과 같이 물 절약을 실천했습니다. 윤기네 집에서 빨랫감을 모아서 세탁하여 한 달 동안 절약한 물은 모두 몇 L인가요?

물 절약 방법	빨랫감 모아서 세탁하기	설거지통에 모아서 설거지하기
1회에 절약되는 물의 양(L)	176	70
한 달 동안 실천 횟수(회)	15	104

다음은 봄에 주로 관찰되는 별자리 중 하나인 사자 자리입니다. 사자 자리를 선으로 이어 나타낸 그림에서 찾을 수 있는 예각은 모두 몇 개인가요?

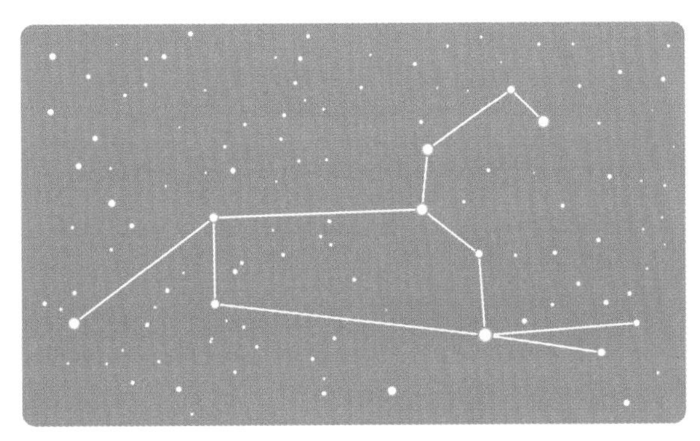

코딩 7 삼각형의 세 각도를 ㉠, ㉡, ㉢이라 하고, 두 각의 크기를 알 때 한 각의 크기를 구하는 과정입니다. 다음 상자에 ㉠, ㉡의 각도를 넣으면 나오는 ㉢의 각도를 구하세요.

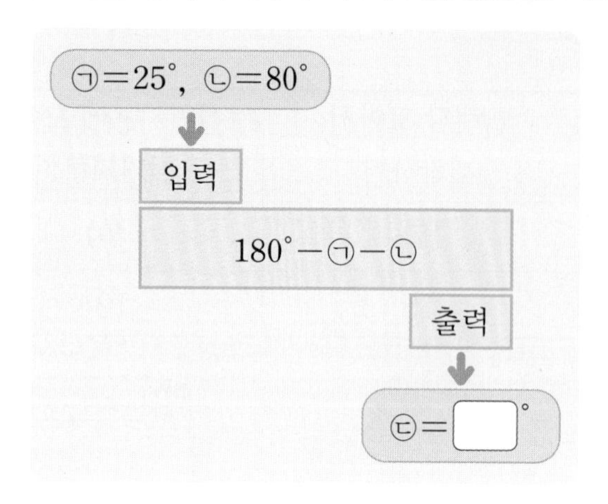

삼각형의 세 각의 크기의 합이 180°임을 이용해.

답 ____________

융합 8 다음은 로마 숫자의 표기 방법으로 수를 나타낸 것입니다. 보기 를 보고 준희와 영탁이가 나타낸 로마 숫자의 곱을 구하세요.

Ⅰ	Ⅱ	Ⅲ	Ⅳ	Ⅴ	Ⅵ	Ⅶ	Ⅷ	Ⅸ	Ⅹ
1	2	3	4	5	6	7	8	9	10
XX	XXX	XL	L	LX	LXX	LXXX	XC	C	D
20	30	40	50	60	70	80	90	100	500

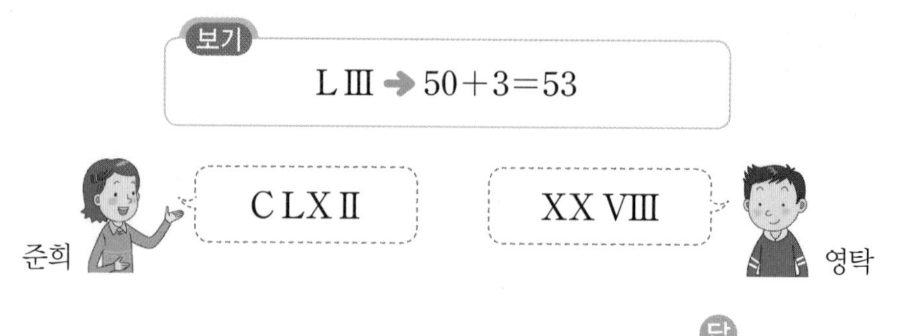

답 ____________

어느 날 홍콩과 우리나라 사이의 환율이 다음과 같았습니다. 이날 수현이가 가진 홍콩 돈은 우리나라 돈으로 얼마인가요?

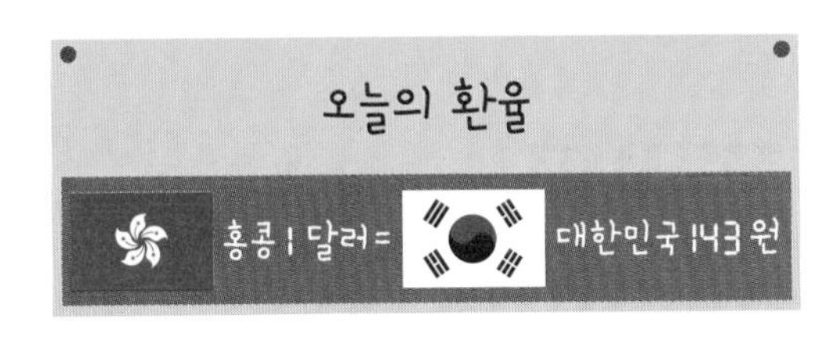

가족들과 홍콩 여행을 다녀와서 남은 돈을 모아 보니 홍콩 달러로 모두 40달러였어.

답 ____________

우유 1갑은 200 mL입니다. 성재네 가족이 먹은 우유의 양을 알아보기 위해 다음과 같이 입력하였습니다. 결괏값을 구하세요.

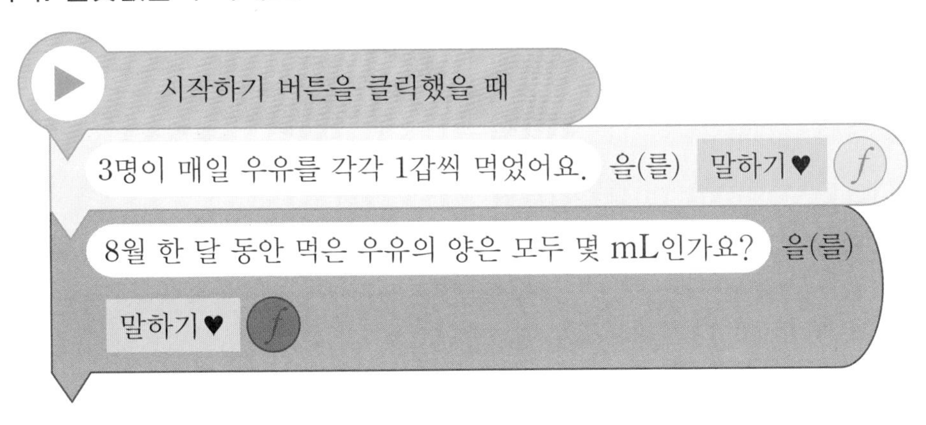

답 ____________

곱셈과 나눗셈 ~ 평면도형의 이동

오이 60조각을 12조각
씩 나누면

$$\begin{array}{r} 5 \\ 12\overline{)60} \\ 60 \\ \hline 0 \end{array}$$

➜ 샌드위치: 5개

이번 주에는 무엇을 공부할까?①

- 1일 몇십으로 나누기, 몇십몇으로 나누기
- 2일 세 자리 수를 두 자리 수로 나누기
- 3일 평면도형 밀기, 평면도형 뒤집기
- 4일 평면도형 돌리기 (1), (2)
- 5일 평면도형 뒤집고 돌리기, 무늬 꾸미기

아몬드 132개를 11개씩 나누면

$$\begin{array}{r} 12 \\ 11\overline{)132} \\ \underline{11} \\ 22 \\ \underline{22} \\ 0 \end{array}$$

➔ 핫 케이크: 12개

3-2 나눗셈

32÷2=16

32÷2를 세로 형식으로 계산해 봐.

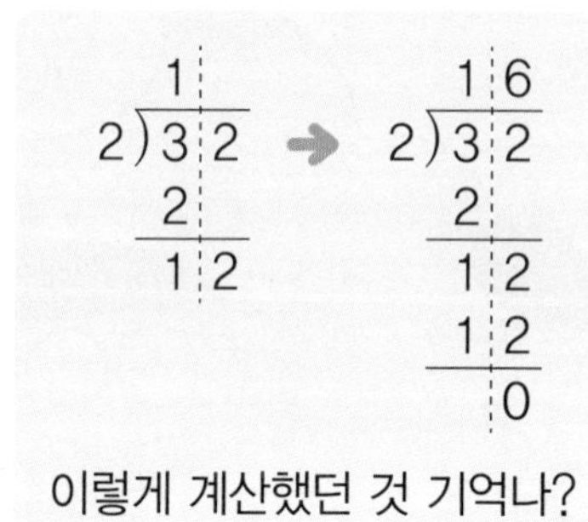

이렇게 계산했던 것 기억나?

1-1 □ 안에 알맞은 수를 써넣으세요.

$60 \div 3 = \square$

1-2 □ 안에 알맞은 수를 써넣으세요.

$70 \div 2 = \square$

2-1 계산해 보세요.

$4\overline{)48}$

2-2 계산해 보세요.

$3\overline{)96}$

3-1 빈칸에 알맞은 수를 써넣으세요.

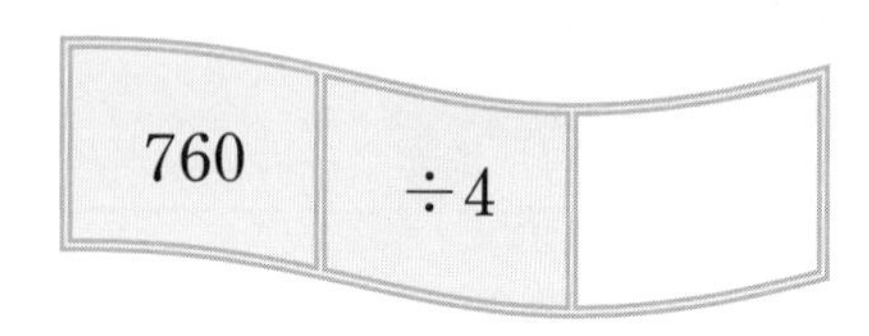

3-2 빈칸에 알맞은 수를 써넣으세요.

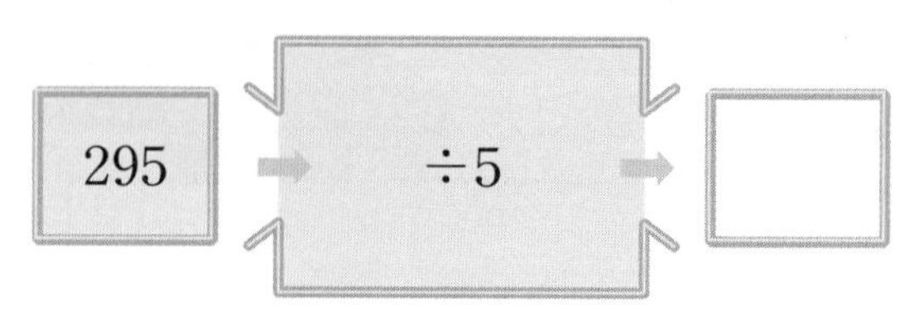

▶정답 및 풀이 14쪽

3-2 나눗셈

무말랭이를 만들기 위해 무 51조각을 꿰고 있습니다.

실 한 줄에 꿴 무: 12조각, 남은 무: 3조각 ➔ $51 \div 4 = 12 \cdots 3$

51÷4를 계산해 봐~

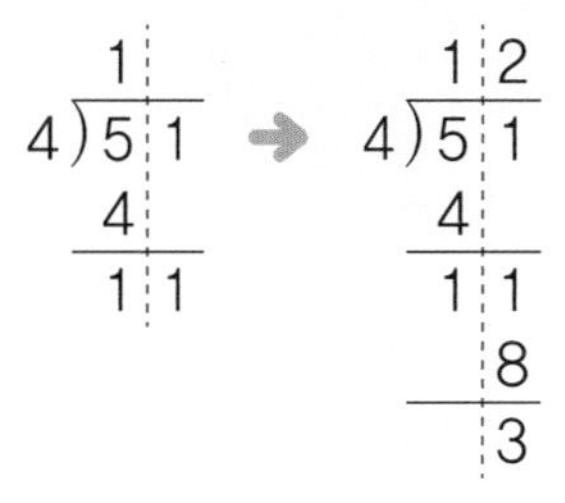

몫은 12, 나머지는 3이야~

4-1 계산해 보세요.

$6\overline{)82}$

4-2 계산해 보세요.

$4\overline{)53}$

5-1 큰 수를 작은 수로 나누어 몫과 나머지를 구하세요.

629	3

몫 (　　　　　　　　)
나머지 (　　　　　　　　)

5-2 큰 수를 작은 수로 나누어 몫과 나머지를 구하세요.

521	4

몫 (　　　　　　　　)
나머지 (　　　　　　　　)

(세 자리 수)÷(몇십)

120 나누기 40을
계산하면 음……
3개씩 넣으면 되겠다~

몇십으로 나누기

$$\begin{array}{r} 3 \\ 40\overline{)120} \\ 120 \\ \hline 0 \end{array}$$

➔ $120 \div 40 = 3$

교과서 기초 개념

1. 나머지가 없는 (세 자리 수)÷(몇십)

$120 \div 30 = 4$

$12 \div 3 = 4$

$$\begin{array}{r} 4 \\ 30\overline{)120} \\ 120 \\ \hline 0 \end{array}$$

4 — 몫

0 — 나머지

2. 나머지가 있는 (세 자리 수)÷(몇십)

$50 \times 2 = 100$

$50 \times \boxed{3} = 150$

$50 \times 4 = 200$

$$\begin{array}{r} 3 \\ 50\overline{)156} \\ 150 \\ \hline ❶\square \end{array}$$

3 — 몫

150 ← 156을 넘지 않으면서 가장 큰 수

❶ — 나머지

정답 ❶ 6

개념 · 원리 확인

▶정답 및 풀이 15쪽

1-1 수 모형을 보고 □ 안에 알맞은 수를 써넣으세요.

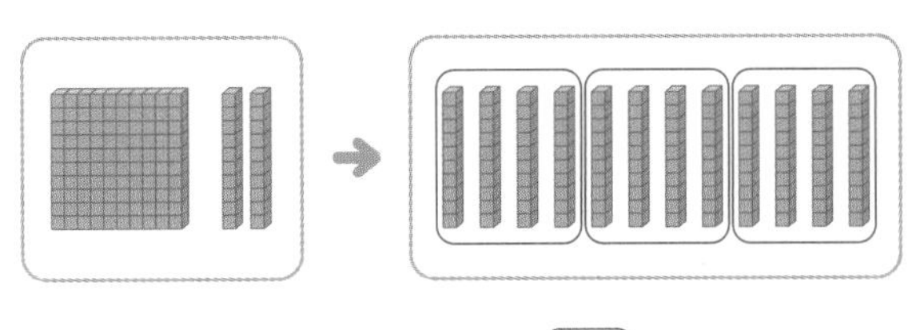

$120 \div 40 = \square$

1-2 수 모형을 보고 □ 안에 알맞은 수를 써넣으세요.

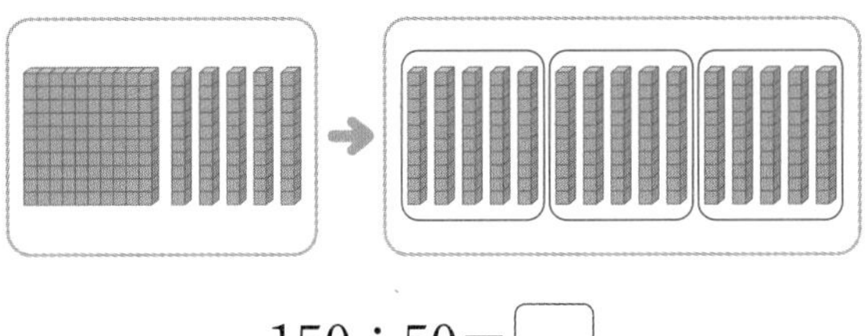

$150 \div 50 = \square$

2-1 □ 안에 알맞은 수를 써넣으세요.

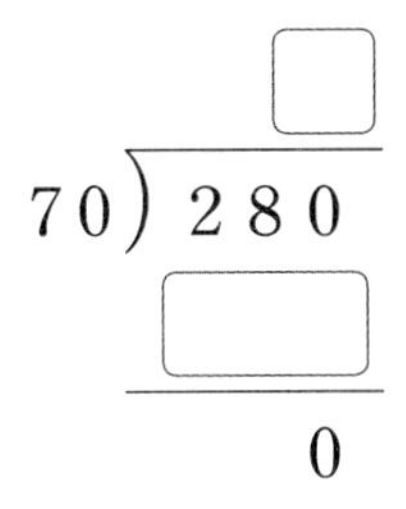

2-2 □ 안에 알맞은 수를 써넣으세요.

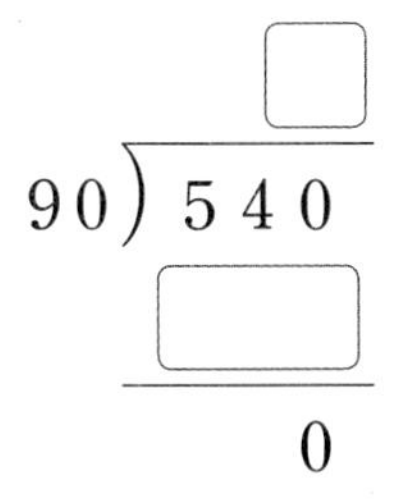

3-1 계산해 보세요.

$60\overline{)452}$

3-2 계산해 보세요.

$80\overline{)603}$

4-1 빈칸에 알맞은 수를 써넣으세요.

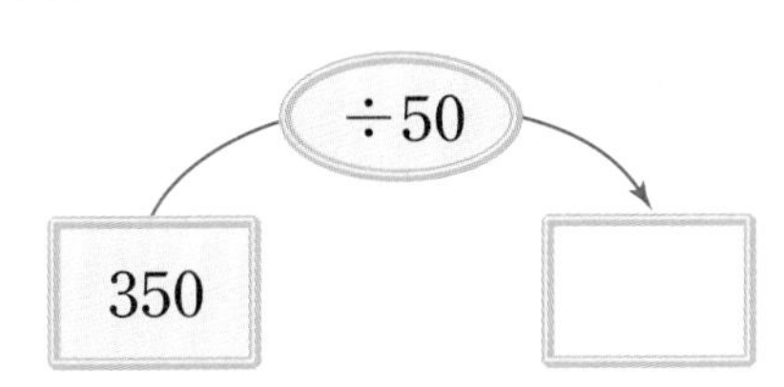

4-2 빈칸에 알맞은 수를 써넣으세요.

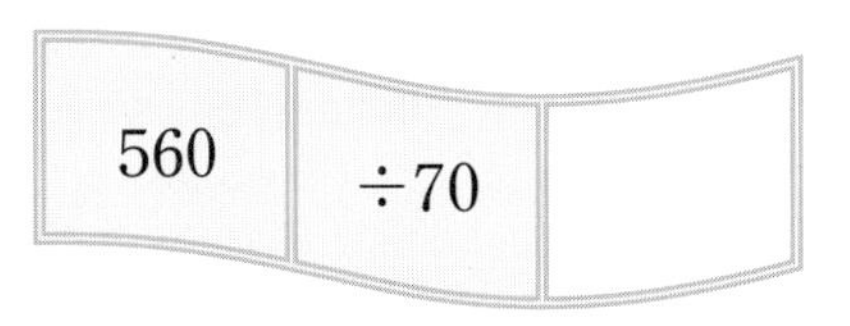

몇십몇으로 나누기

$$\begin{array}{r} 4 \\ 12\overline{)48} \\ \underline{48} \\ 0 \end{array}$$

➔ $48 \div 12 = 4$

교과서 기초 개념

1. 몫이 한 자리 수인 (두 자리 수)÷(두 자리 수)

$16 \times 3 = 48$
$16 \times \boxed{4} = 64$
$16 \times 5 = 80$

$$\begin{array}{r} 4 \\ 16\overline{)64} \\ \underline{64} \\ \square \end{array}$$

몫 — 4, 나머지 — ❶

2. 몫이 한 자리 수인 (세 자리 수)÷(두 자리 수)

$25 \times 4 = 100$
$25 \times \boxed{5} = 125$
$25 \times 6 = 150$

$$\begin{array}{r} 5 \\ 25\overline{)130} \\ \underline{125} \\ \square \end{array}$$

몫 — 5, 나머지 — ❷

정답 ❶ 0 ❷ 5

▶정답 및 풀이 15쪽

1-1 □ 안에 알맞은 수를 써넣으세요.

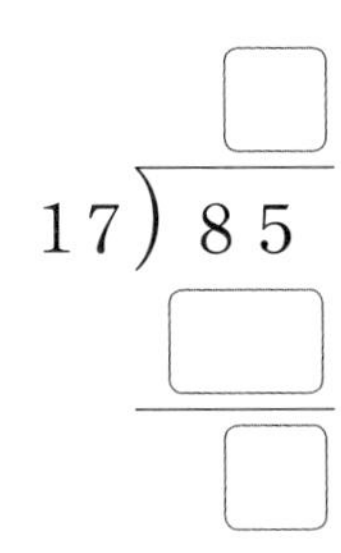

1-2 □ 안에 알맞은 수를 써넣으세요.

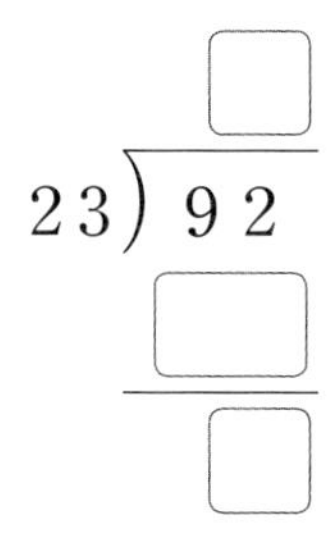

2-1 계산해 보세요.

(1) $15\overline{)95}$

(2) $26\overline{)190}$

2-2 계산해 보세요.

(1) $28\overline{)86}$

(2) $19\overline{)117}$

3-1 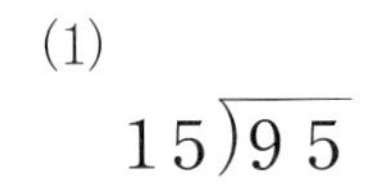 안에 몫을 쓰고 ○ 안에 나머지를 써넣으세요.

3-2 나눗셈의 몫과 나머지를 각각 구하세요.

$131 \div 14$

몫 (　　　　　　)

나머지 (　　　　　　)

4-1 잘못 계산한 곳을 찾아 바르게 계산해 보세요.

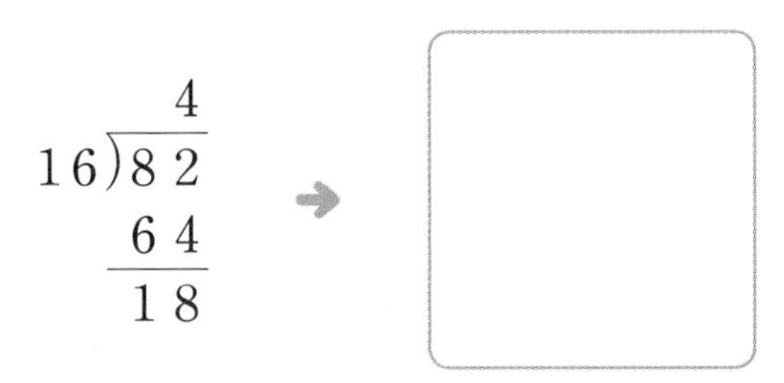

4-2 잘못 계산한 곳을 찾아 바르게 계산해 보세요.

$$\begin{array}{r} 2 \\ 29\overline{)90} \\ 58 \\ \hline 32 \end{array}$$

➜ □

기초 집중 연습

기본 문제 연습

1-1 □ 안에 알맞은 수를 써넣으세요.

(1) $240 \div 60 = \square$

(2) $175 \div 25 = \square$

1-2 □ 안에 알맞은 수를 써넣으세요.

(1) $180 \div 30 = \square$

(2) $144 \div 24 = \square$

2-1 계산을 하고 결과를 확인해 보세요.

$18\overline{)74}$

확인 ____________________

2-2 계산을 하고 결과를 확인해 보세요.

$27\overline{)112}$

확인 ____________________

3-1 나눗셈의 몫을 찾아 선으로 이어 보세요.

$126 \div 21$ •	• 8
$104 \div 13$ •	• 6

3-2 나눗셈의 몫을 찾아 선으로 이어 보세요.

$90 \div 15$ • $161 \div 23$ •

• 7   • 6   • 5

4-1 몫의 크기를 비교하여 ○ 안에 >, =, <를 알맞게 써넣으세요.

$138 \div 23$  $119 \div 17$

4-2 몫이 더 큰 것을 찾아 기호를 써 보세요.

㉠ $114 \div 19$ ㉡ $130 \div 26$

(　　　　　　)

▶정답 및 풀이 15쪽

연산 → 문장제 연습 똑같이 나눌 때는 나눗셈으로 구하자.

연산 계산해 보세요.

$120 \div 20 = \square$

5-1 곶감 120개를 한 상자에 20개씩 담으려고 합니다. 곶감을 몇 상자에 나누어 담을 수 있나요?

식 $\square \div \square = \square$

답 ______

5-2 색종이 72장을 18명에게 똑같이 나누어 주려고 합니다. 한 사람에게 몇 장씩 주면 되나요?

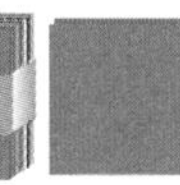

식 ______

답 ______

5-3 연필 110자루를 한 상자에 12자루씩 담아 포장하려고 합니다. 몇 상자까지 포장할 수 있나요?

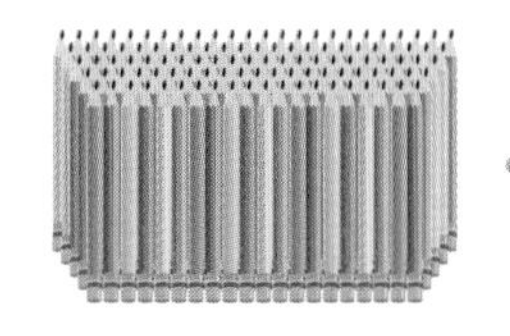

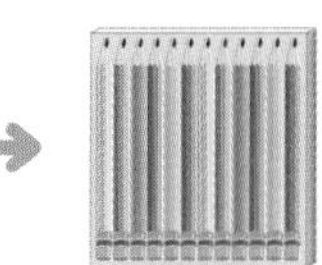

……

식 ______

답 ______

나머지가 없는 (세 자리 수)÷(두 자리 수)

$$\begin{array}{r} 12 \\ 16\overline{)192} \\ \underline{16} \\ 32 \\ \underline{32} \\ 0 \end{array}$$

몫: 12, 나머지: 0

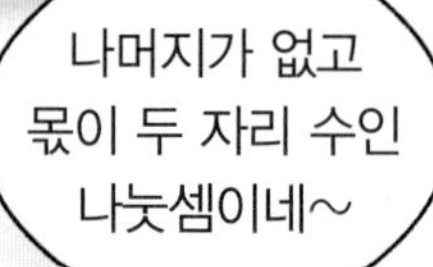

교과서 기초 개념

• 몫이 두 자리 수인 (세 자리 수)÷(두 자리 수)

$$\begin{array}{r} 3 \\ 20 \\ 24\overline{)552} \\ \underline{480} \\ 72 \\ \underline{72} \\ \boxed{❶} \end{array}$$

← 24×20 (480)

← 552−480 (72)

← 24×3 (72)

← 72−72 (❶)

552÷24 → 몫은 두 자리 수
55＞24

➜

$$\begin{array}{r} 23 \\ 24\overline{)552} \\ \underline{480} \\ 72 \\ \underline{72} \\ \boxed{❷} \end{array}$$

정답 ❶ 0 ❷ 0

▶정답 및 풀이 16쪽

1-1 □ 안에 알맞은 수를 써넣으세요.

$$\begin{array}{r} 16 \\ 24\overline{)384} \\ 240 \leftarrow 24\times 10 \\ \hline 144 \leftarrow 384-\square \\ 144 \leftarrow \square\times\square \\ \hline 0 \end{array}$$

1-2 □ 안에 알맞은 수를 써넣으세요.

$$\begin{array}{r} 23 \\ 19\overline{)437} \\ 380 \leftarrow 19\times\square \\ \hline 57 \leftarrow 437-380 \\ 57 \leftarrow \square\times\square \\ \hline 0 \end{array}$$

2-1 □ 안에 알맞은 수를 써넣으세요.

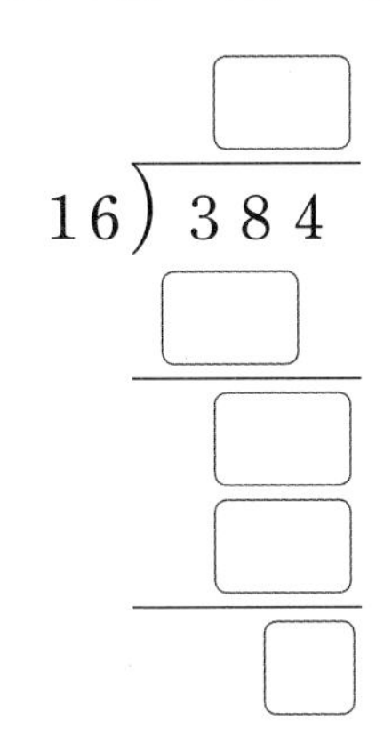

2-2 □ 안에 알맞은 수를 써넣으세요.

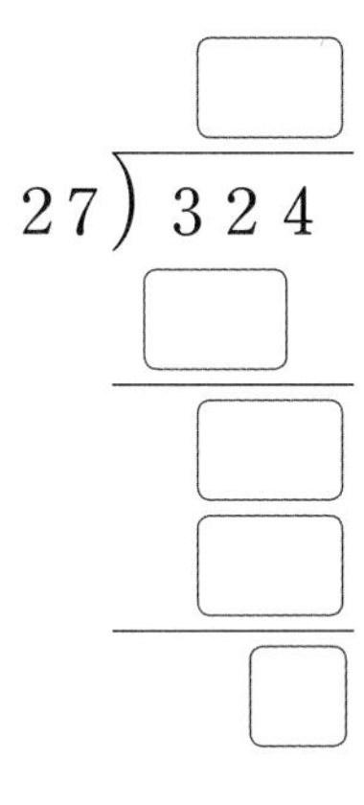

3-1 계산해 보세요.

(1) $14\overline{)378}$

(2) $28\overline{)448}$

3-2 계산해 보세요.

(1) $25\overline{)650}$

(2) $17\overline{)425}$

4-1 빈칸에 알맞은 수를 써넣으세요.

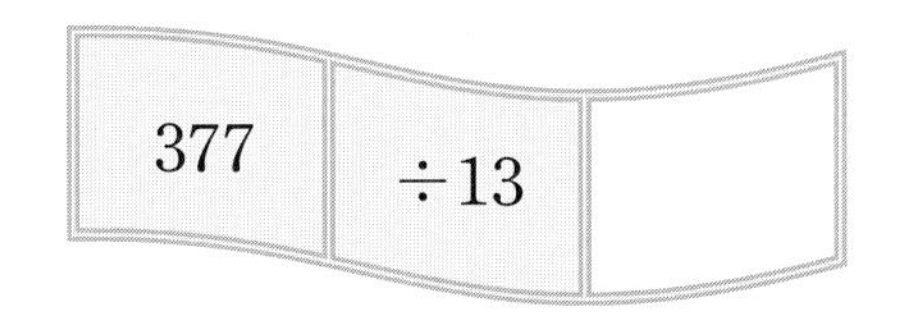

4-2 빈칸에 알맞은 수를 써넣으세요.

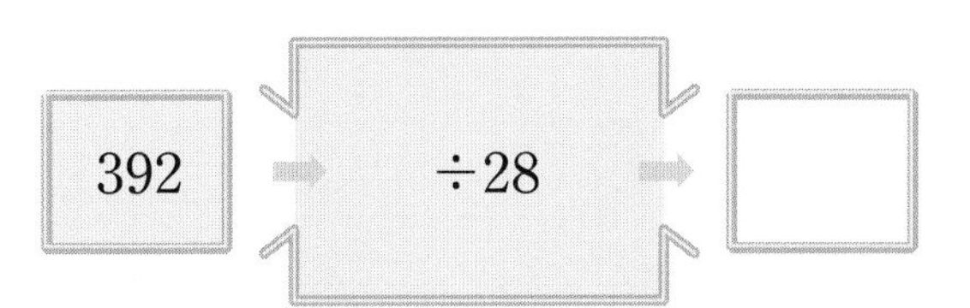

나머지가 있는 (세 자리 수)÷(두 자리 수)

$$\begin{array}{r} 11 \\ 16\overline{)178} \\ \underline{16} \\ 18 \\ \underline{16} \\ 2 \end{array}$$

몫: 11, 나머지: 2

교과서 기초 개념

• **몫이 두 자리 수인 (세 자리 수)÷(두 자리 수)**

$$\begin{array}{r} 35 \\ 18\overline{)632} \\ \underline{540} \\ 92 \\ \underline{90} \\ 2 \end{array}$$

- 35 ← 30+5
- 540 ← 18×30 (0은 생략할 수 있습니다.)
- 92 ← 632−540
- 90 ← 18×5
- 2 ← 92−90

➔

$$\begin{array}{r} 35 \\ 18\overline{)632} \\ \underline{54} \\ 92 \\ \underline{90} \\ ❶ \end{array}$$

나머지는 항상 나누는 수보다 작아야 해.

정답 ❶ 2

▶정답 및 풀이 16쪽

1-1 □ 안에 알맞은 수를 써넣으세요.

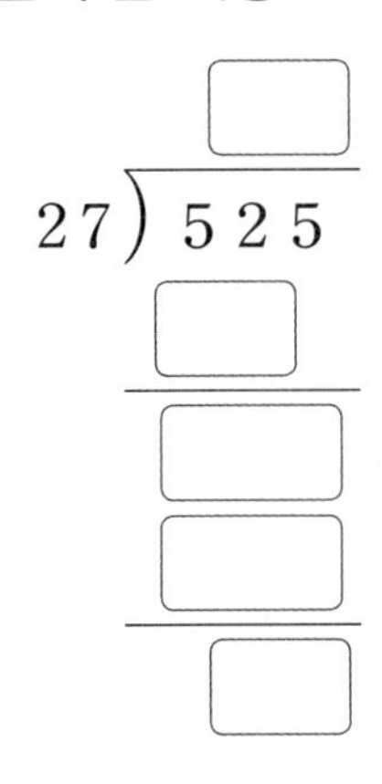

1-2 □ 안에 알맞은 수를 써넣으세요.

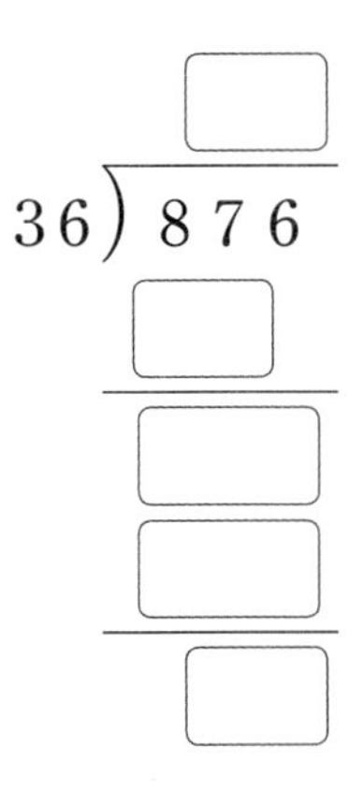

2-1 계산해 보세요.

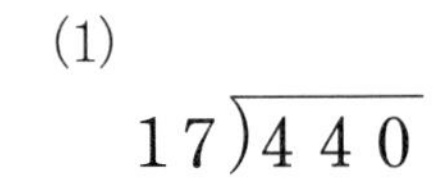

(1) 17)440

(2) 21)515

2-2 계산해 보세요.

(1) 14)333

(2) 42)760

3-1 나눗셈의 몫과 나머지를 각각 구하세요.

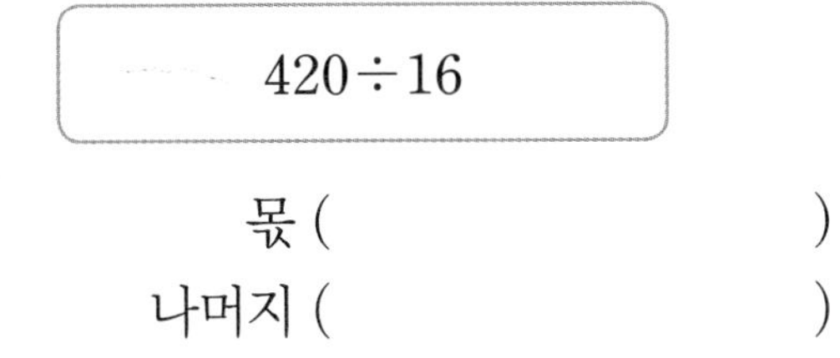

$420 \div 16$

몫 (　　　　　　　)

나머지 (　　　　　　　)

3-2 나눗셈의 몫과 나머지를 각각 구하세요.

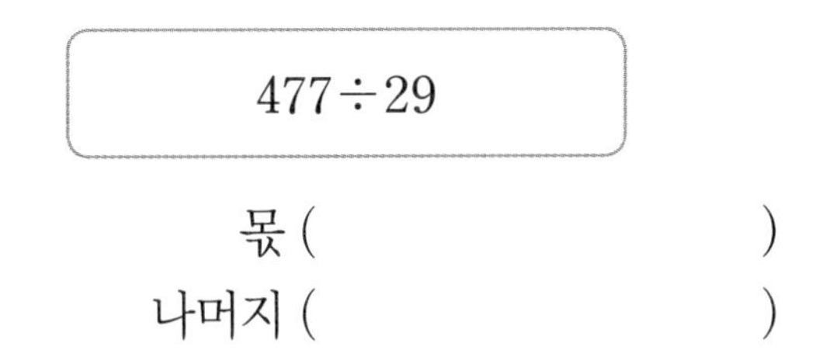

$477 \div 29$

몫 (　　　　　　　)

나머지 (　　　　　　　)

4-1 □ 안에 몫을 쓰고 ○ 안에 나머지를 써넣으세요.

4-2 □ 안에 몫을 쓰고 ○ 안에 나머지를 써넣으세요.

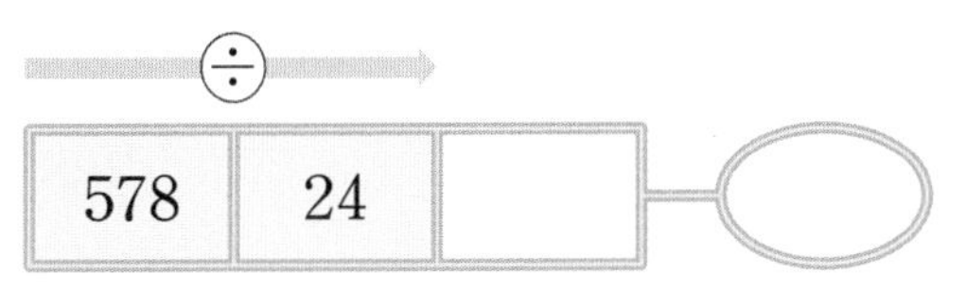

기초 집중 연습

기본 문제 연습

1-1 □ 안에 알맞은 수를 써넣으세요.

(1) $266 \div 14 = \square$

(2) $437 \div 25 = \square \cdots \square$

1-2 □ 안에 알맞은 수를 써넣으세요.

(1) $345 \div 23 = \square$

(2) $450 \div 16 = \square \cdots \square$

2-1 계산을 하고 결과를 확인해 보세요.

$21\overline{)380}$

확인 ______________________

2-2 계산을 하고 결과를 확인해 보세요.

$13\overline{)453}$

 ______________________

3-1 어떤 수를 19로 나누었을 때 나머지가 될 수 없는 수는 어느 것인가요? ············ (   )

① 7　② 10　③ 13　④ 15　⑤ 19

3-2 어떤 수를 25로 나누었을 때 나머지가 될 수 없는 수는 어느 것인가요? ············ (   )

① 12　② 15　③ 16　④ 20　⑤ 30

4-1 몫의 크기를 비교하여 ○ 안에 $>$, $=$, $<$를 알맞게 써넣으세요.

$540 \div 15$  $888 \div 24$

4-2 몫이 더 큰 것을 찾아 기호를 써 보세요.

㉠ $234 \div 13$　㉡ $494 \div 26$

(   )

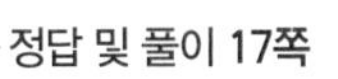

연산 → 문장제 연습 똑같이 나눌 때는 나눗셈으로 구하자.

연산 계산해 보세요.

$600 \div 12 = \square$

5-1 색 고무줄을 12개 사고 600원을 냈습니다. 색 고무줄 한 개의 값은 얼마인가요?

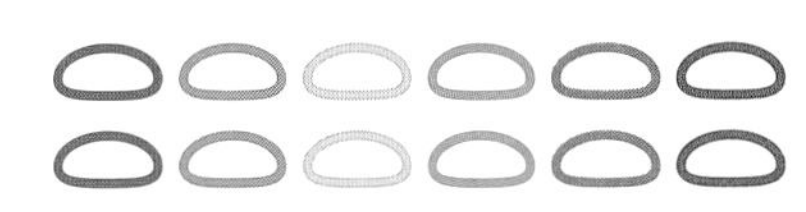

 식 $\square \div \square = \square$

 답 ______________________

5-2 정우가 182쪽인 동화책을 매일 같은 쪽수씩 읽어서 14일 동안 다 읽으려고 합니다. 하루에 몇 쪽씩 읽으면 되나요?

식 ______________________

 답 ______________________

5-3 사과 365개를 한 상자에 15개씩 담으려고 합니다. 몇 상자까지 담을 수 있고, 남는 사과는 몇 개인지 차례로 써 보세요.

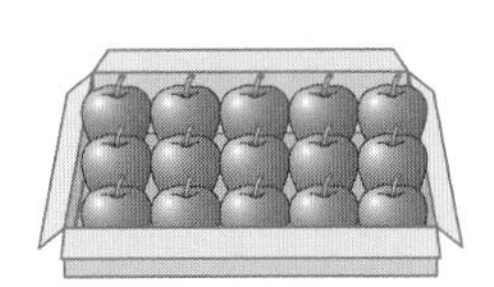 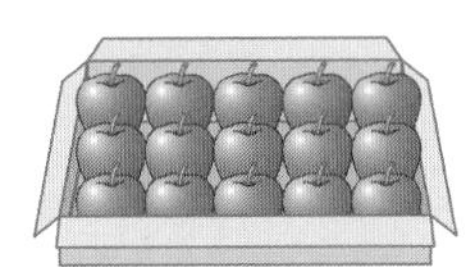 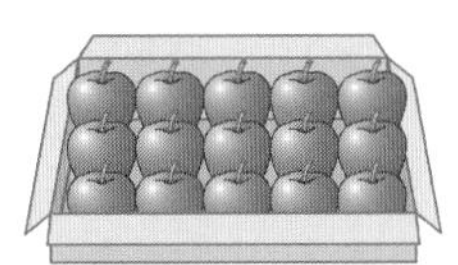 ……

식 ______________________

 답 ____________, ____________

3주 2일

평면도형을 밀기

교과서 기초 개념

• **평면도형을 밀기**

모양 조각을 밀면 미는 방향에 따라 조각의 위치는 바뀌어.

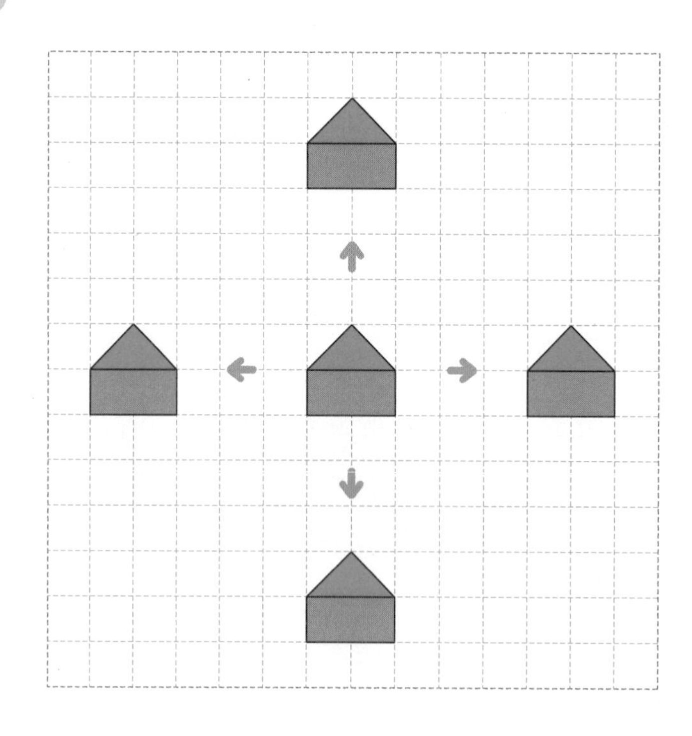

근데 모양은 변하지 않고 그대로야~

개념 · 원리 확인

▶정답 및 풀이 17쪽

1-1 오른쪽 도형을 왼쪽으로 밀었을 때의 도형을 완성해 보세요.

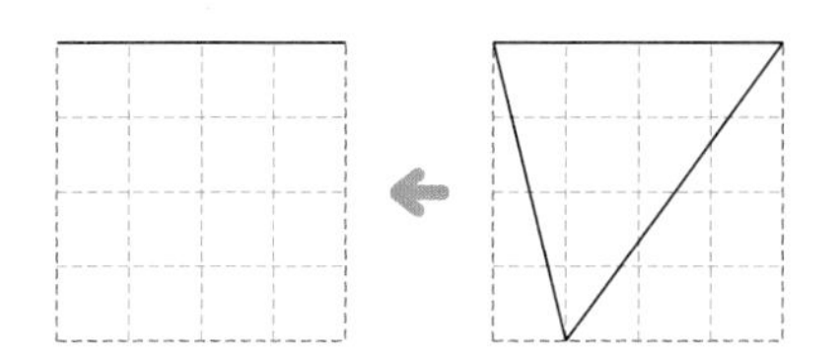

1-2 왼쪽 도형을 오른쪽으로 밀었을 때의 도형을 완성해 보세요.

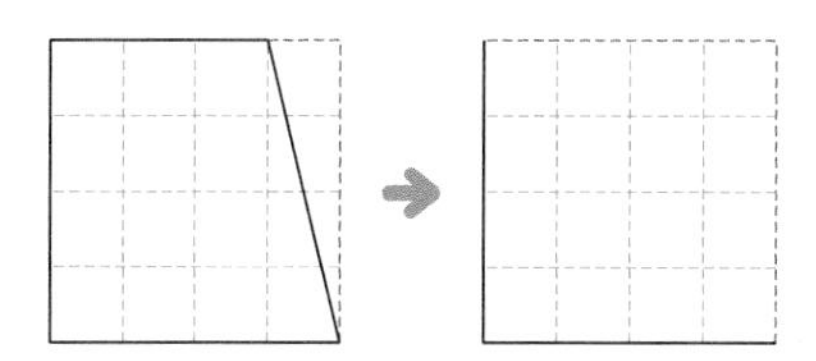

2-1 도형을 아래쪽으로 밀었을 때의 도형을 그려 보세요.

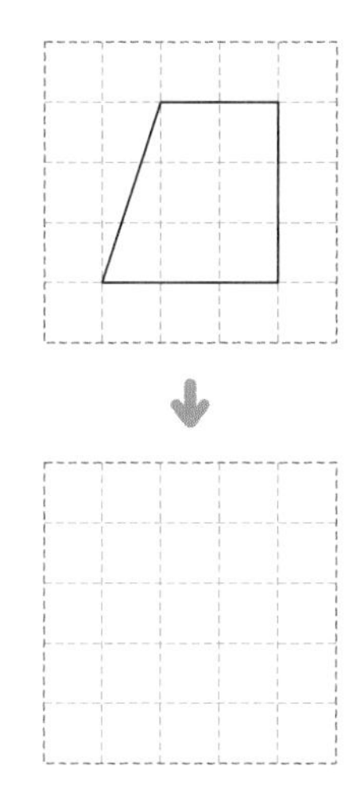

2-2 도형을 위쪽으로 밀었을 때의 도형을 그려 보세요.

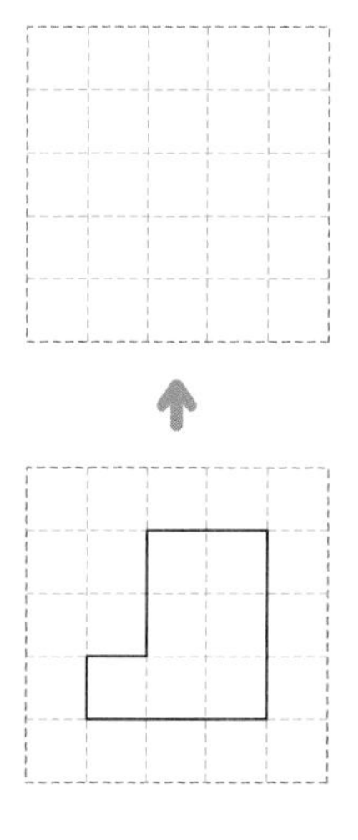

3-1 도형을 오른쪽으로 6 cm 밀었을 때의 도형을 그려 보세요.

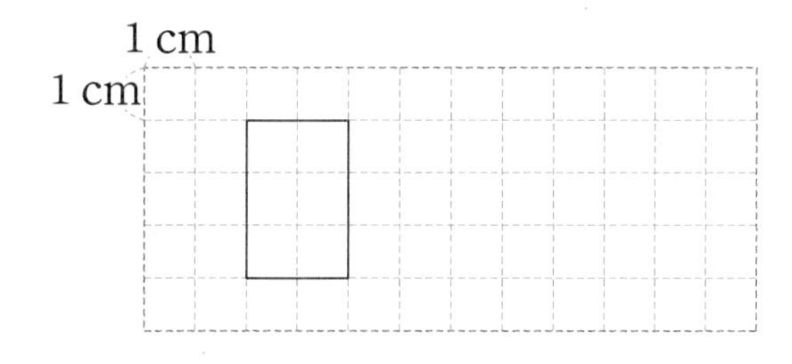

3-2 도형을 왼쪽으로 7 cm 밀었을 때의 도형을 그려 보세요.

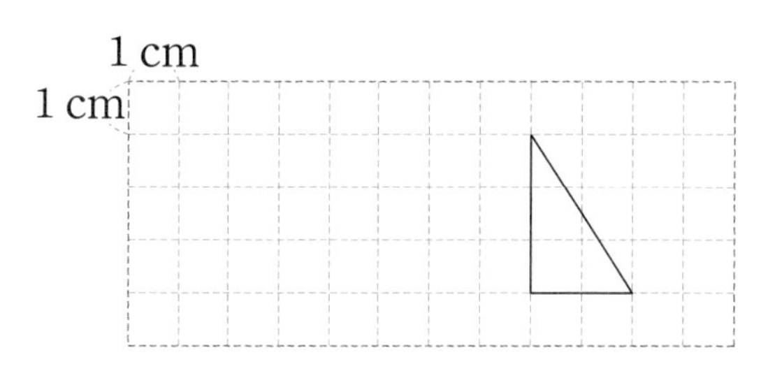

평면도형을 뒤집기

교과서 기초 개념

- **평면도형을 뒤집기**

왼쪽으로 뒤집으면 왼쪽과 오른쪽이 바뀌어.

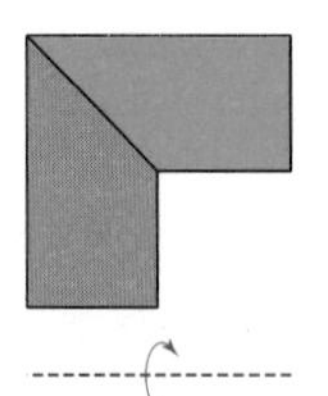

위쪽으로 뒤집어도 위쪽과 아래쪽이 바뀌어.

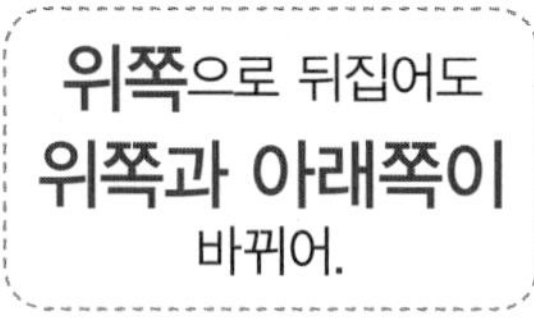

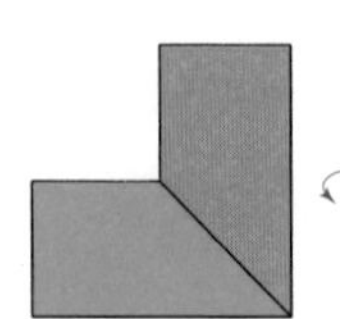

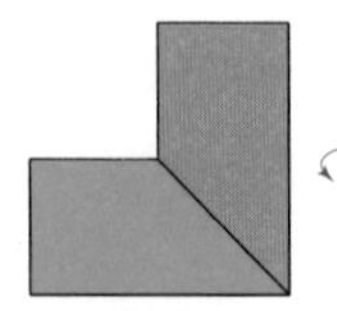

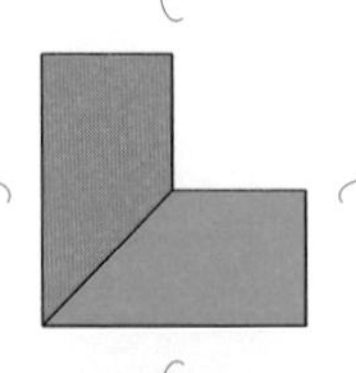

오른쪽으로 뒤집어도 왼쪽과 오른쪽이 바뀌네~.

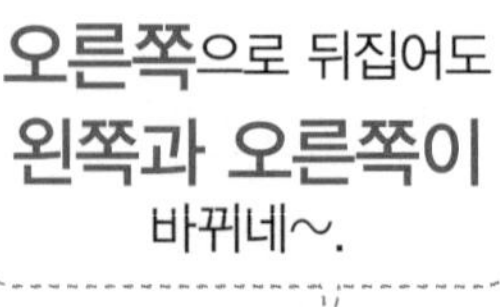

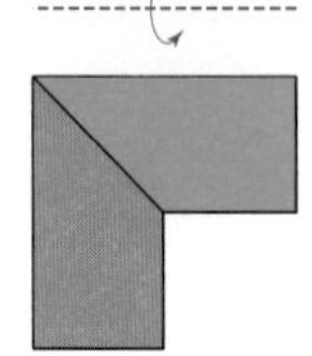

아래쪽으로 뒤집으면 위쪽과 아래쪽이 바뀌어.

▶정답 및 풀이 18쪽

1-1 오른쪽 도형을 왼쪽으로 뒤집었을 때의 도형을 완성해 보세요.

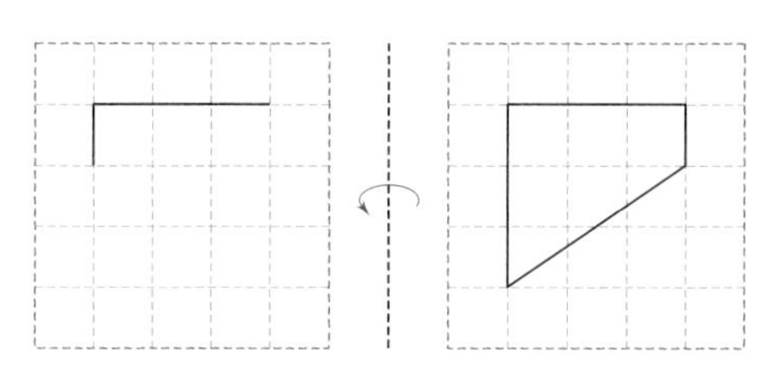

1-2 오른쪽 도형을 왼쪽으로 뒤집었을 때의 도형을 완성해 보세요.

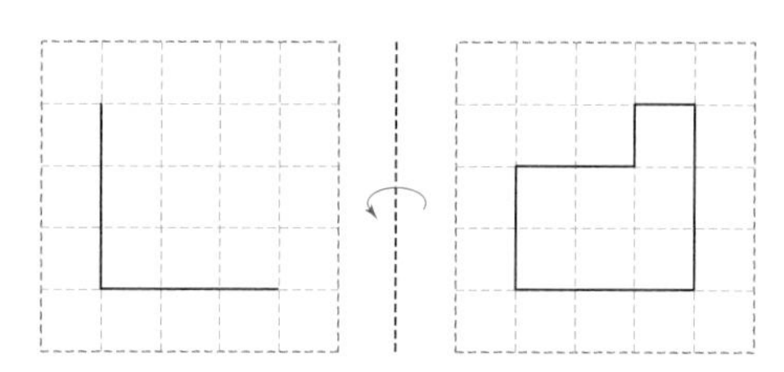

2-1 도형을 오른쪽으로 뒤집었을 때의 도형을 그려 보세요.

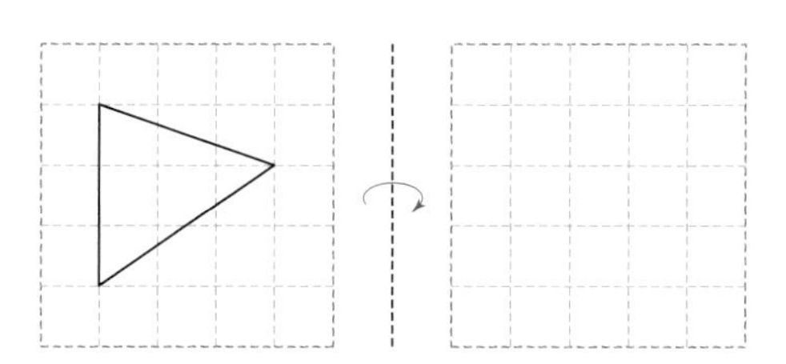

2-2 도형을 오른쪽으로 뒤집었을 때의 도형을 그려 보세요.

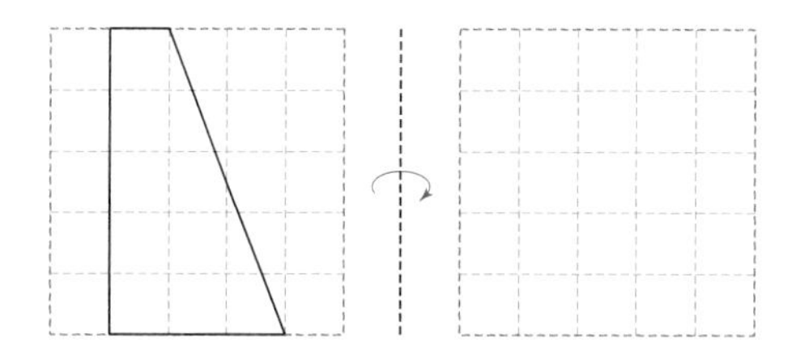

3-1 도형을 아래쪽으로 뒤집었을 때의 도형을 그려 보세요.

(1)

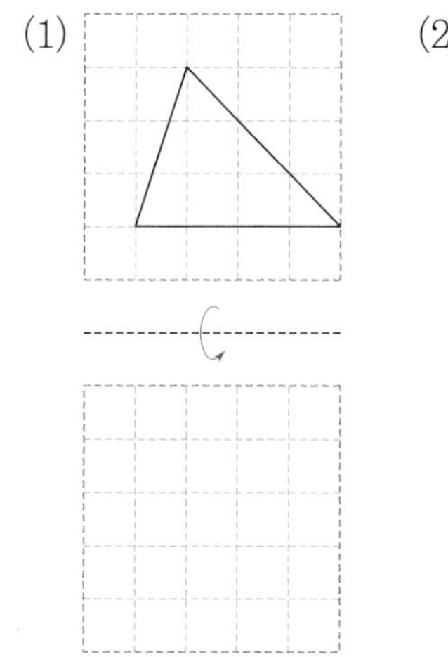

(2)

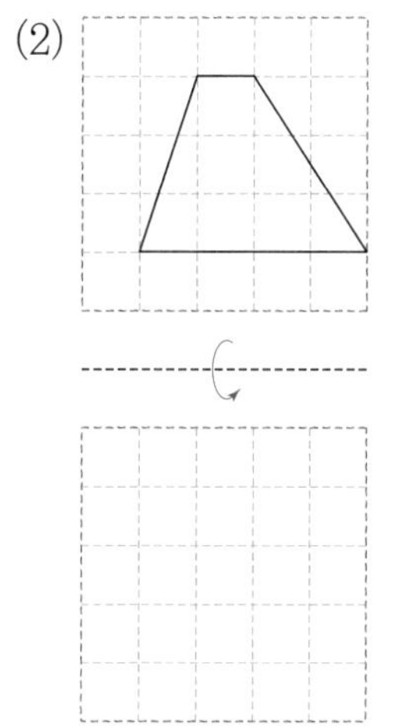

3-2 도형을 주어진 방향으로 뒤집었을 때의 도형을 그려 보세요.

(1) 위쪽 (2) 아래쪽

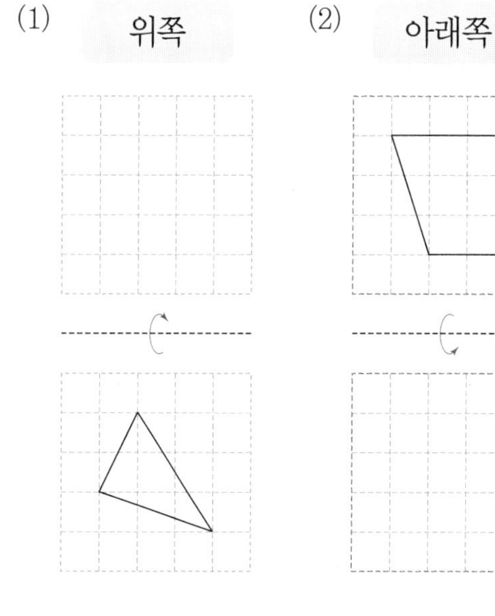

3일

기초 집중 연습

기본 문제 연습

1-1 왼쪽 도형을 위쪽으로 밀었을 때의 도형에 ○표 하세요.

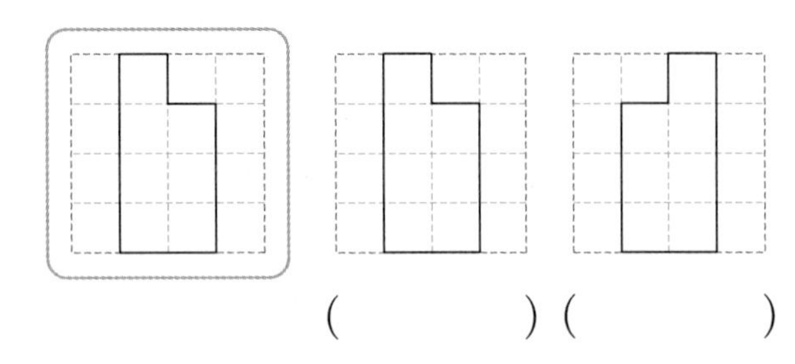

( ) ( )

1-2 오른쪽 도형을 왼쪽으로 밀었을 때의 도형을 찾아 기호를 써 보세요.

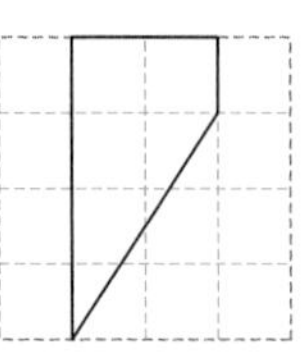

㉠ 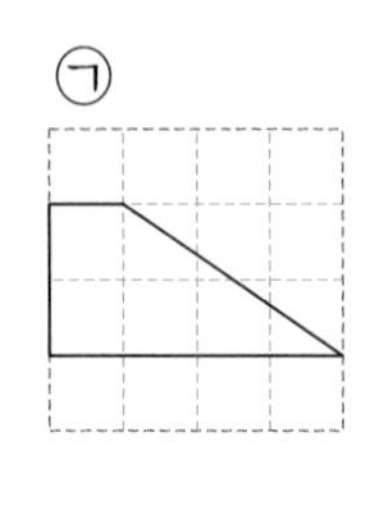 ㉡ 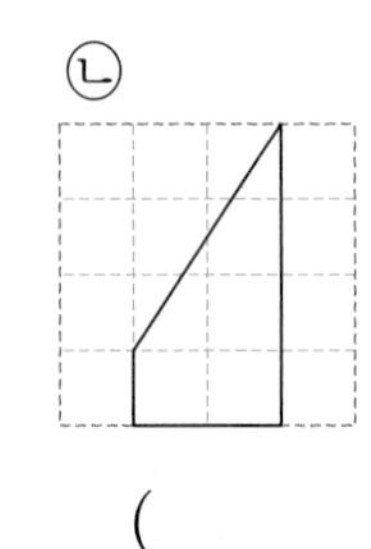 ㉢ 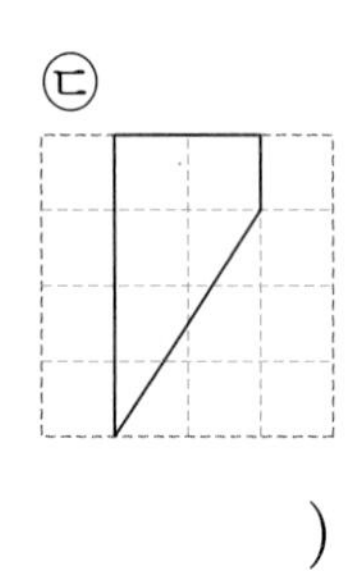

( )

2-1 도형을 왼쪽으로 뒤집었을 때의 도형을 그려 보세요.

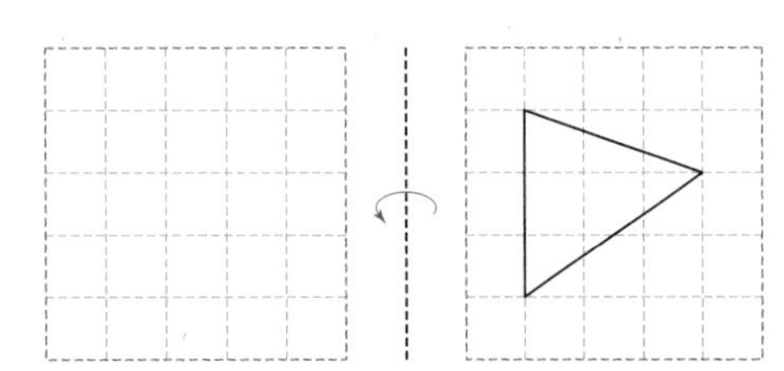

2-2 도형을 오른쪽으로 뒤집었을 때의 도형을 그려 보세요.

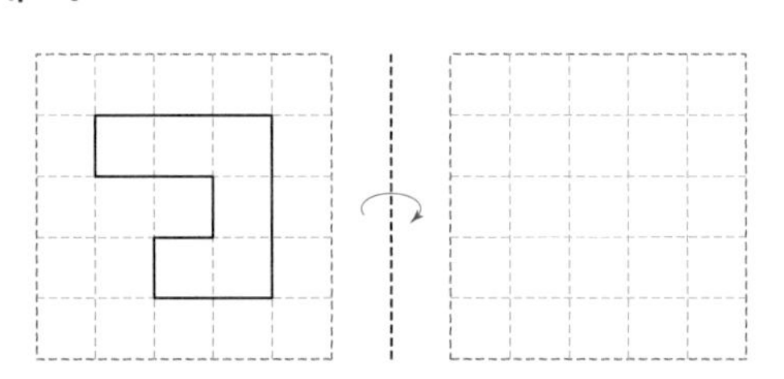

3-1 왼쪽 모양 조각을 오른쪽으로 뒤집었을 때의 모양에 ○표 하세요.

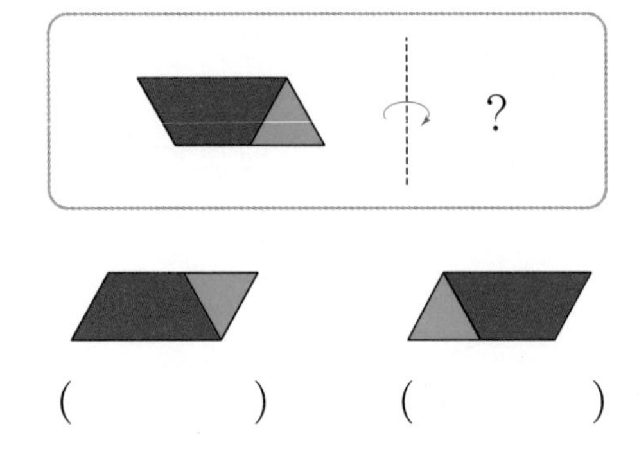

( ) ( )

3-2 모양 조각을 왼쪽으로 뒤집었을 때의 모양을 찾아 기호를 써 보세요.

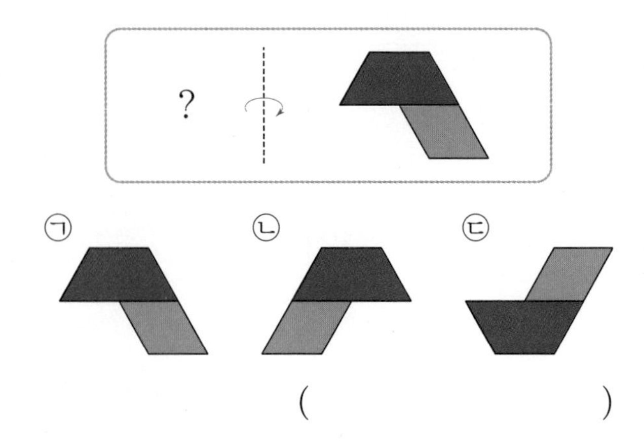

( )

▶정답 및 풀이 18쪽

기초 → 기본 연습 밀기와 뒤집기의 특징을 생각해 보자.

기초 가운데 도형을 왼쪽으로 뒤집은 도형과 오른쪽으로 뒤집은 도형을 각각 그려 보세요.

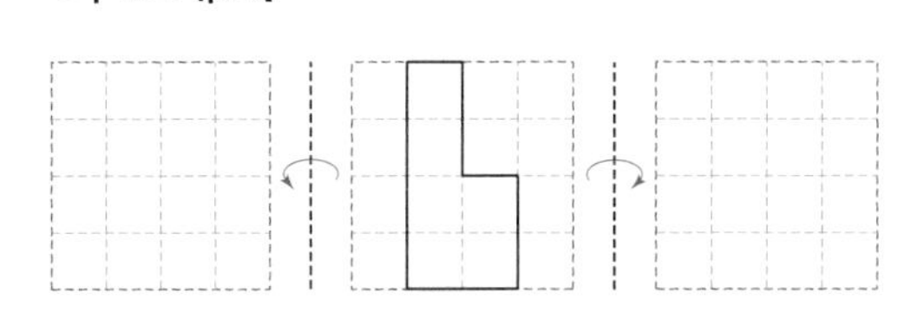

도형을 왼쪽, 오른쪽으로 뒤집은 도형을 비교해 볼까요?

4-1 도형을 왼쪽으로 뒤집은 도형과 오른쪽으로 뒤집은 도형을 비교하여 알맞은 말에 ○표 하세요.

도형을 왼쪽으로 뒤집은 도형과 오른쪽으로 뒤집은 도형은 서로 (같습니다 , 다릅니다).

4-2 ㉮ 도형을 뒤집어서 ㉯ 도형이 되었습니다. 어떻게 뒤집은 것인지 써 보세요.

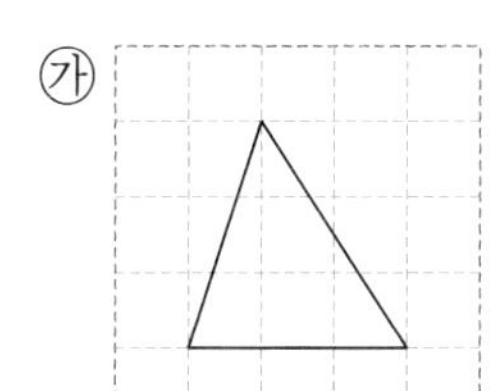

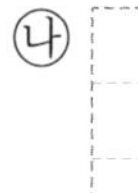

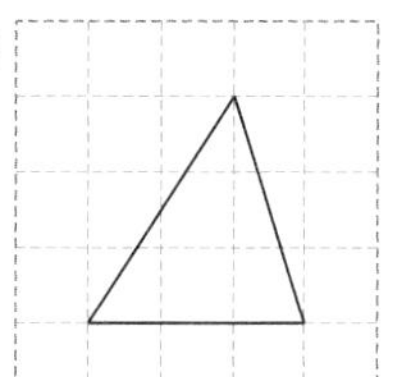

4-3 ㉯ 도형은 ㉮ 도형을 어느 쪽으로 몇 cm 밀어서 이동한 것인지 써 보세요.

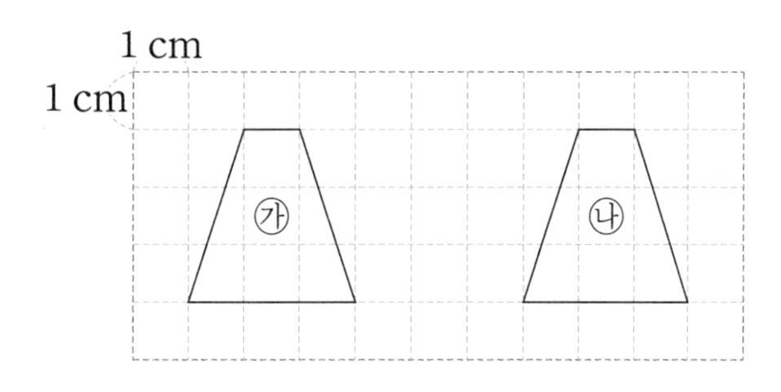

3주 3일

평면도형의 이동

평면도형을 돌리기 (1) – 시계 방향

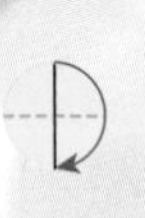

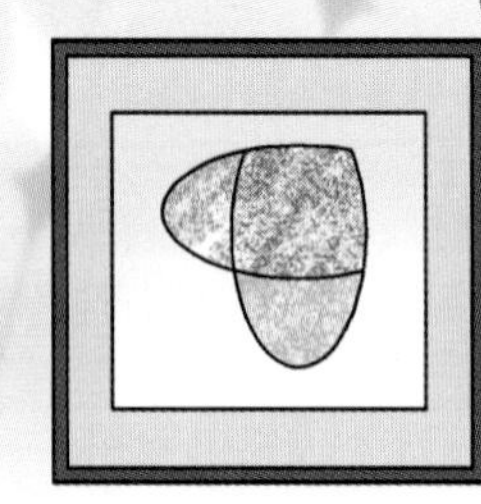

교과서 기초 개념

• **평면도형을 시계 방향으로 돌리기**

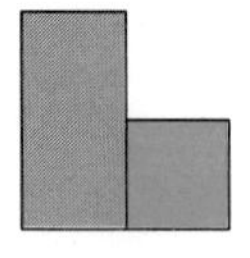

360°

위쪽이 왼쪽으로 오른쪽이 위쪽으로 바뀝니다.

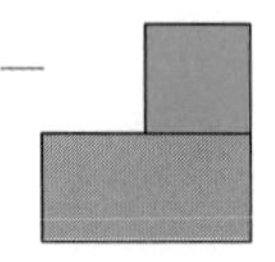

270°

90°

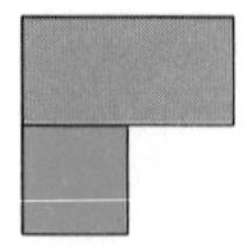

위쪽이 오른쪽으로 오른쪽이 아래쪽으로 바뀝니다.

180°

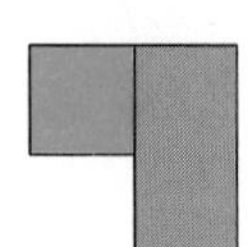

180° 돌리면 **위쪽, 아래쪽, 왼쪽, 오른쪽이 모두** 바뀐다~

개념 · 원리 확인

▶정답 및 풀이 18쪽

1-1 도형을 시계 방향으로 90°만큼 돌렸을 때의 도형을 그려 보세요.

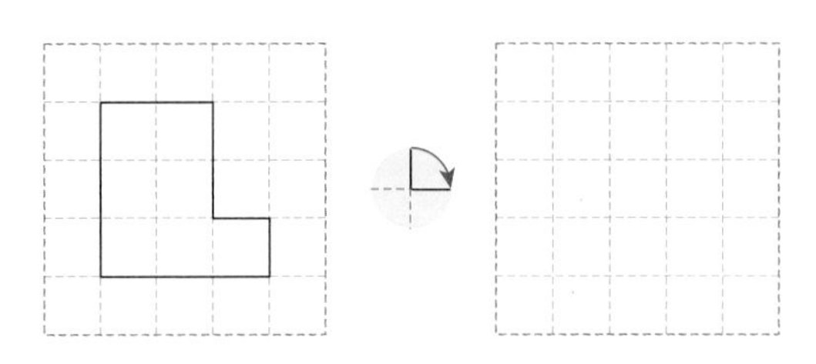

1-2 도형을 시계 방향으로 90°만큼 돌렸을 때의 도형을 그려 보세요.

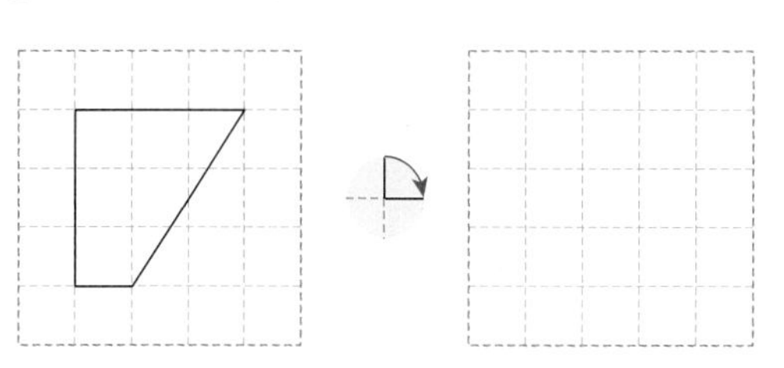

2-1 도형을 시계 방향으로 180°만큼 돌렸을 때의 도형을 그려 보세요.

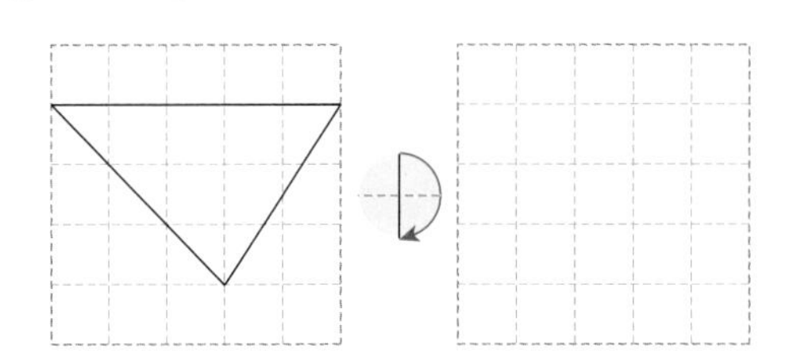

2-2 도형을 시계 방향으로 180°만큼 돌렸을 때의 도형을 그려 보세요.

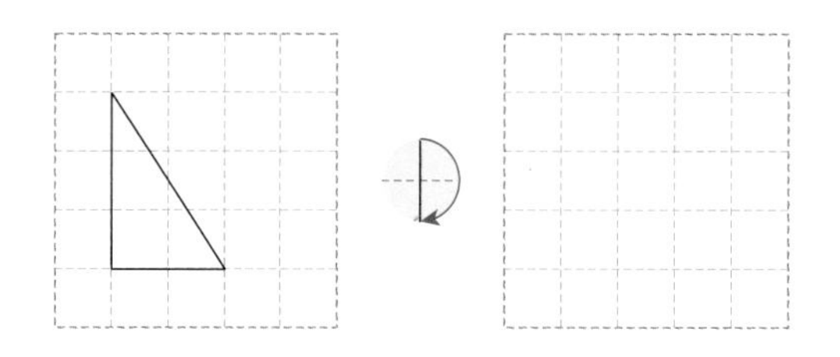

3-1 도형을 시계 방향으로 270°만큼 돌렸을 때의 도형을 그려 보세요.

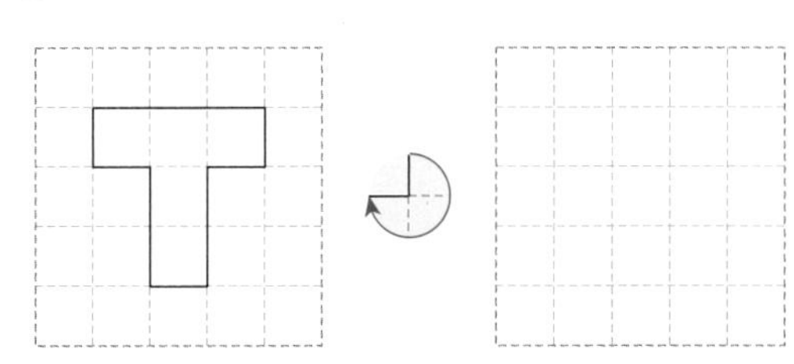

3-2 도형을 시계 방향으로 270°만큼 돌렸을 때의 도형을 그려 보세요.

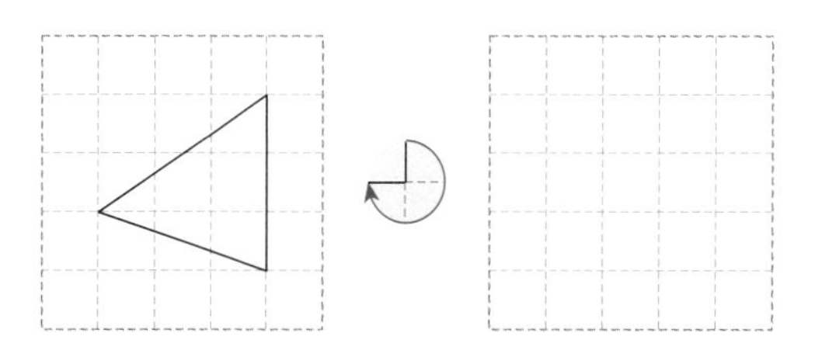

4-1 도형을 시계 방향으로 360°만큼 돌렸을 때의 도형을 그려 보세요.

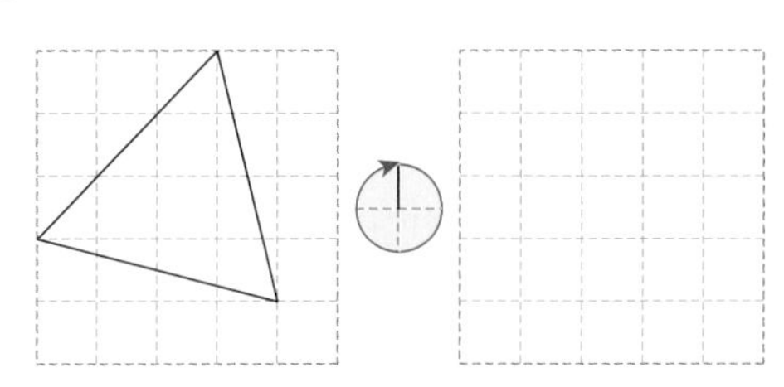

4-2 도형을 시계 방향으로 360°만큼 돌렸을 때의 도형을 그려 보세요.

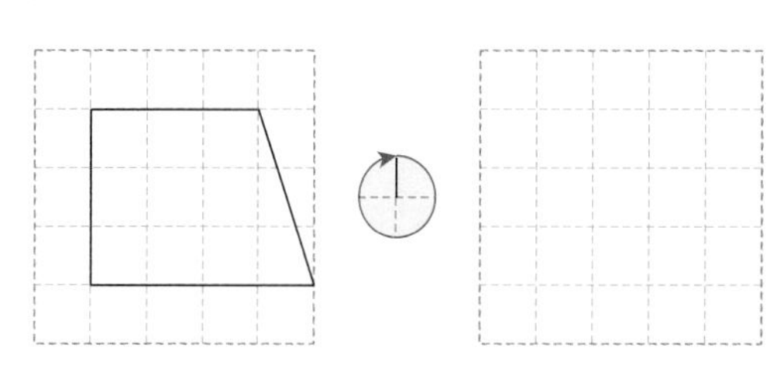

평면도형을 돌리기 (2) – 시계 반대 방향

교과서 기초 개념

• 평면도형을 시계 반대 방향으로 돌리기

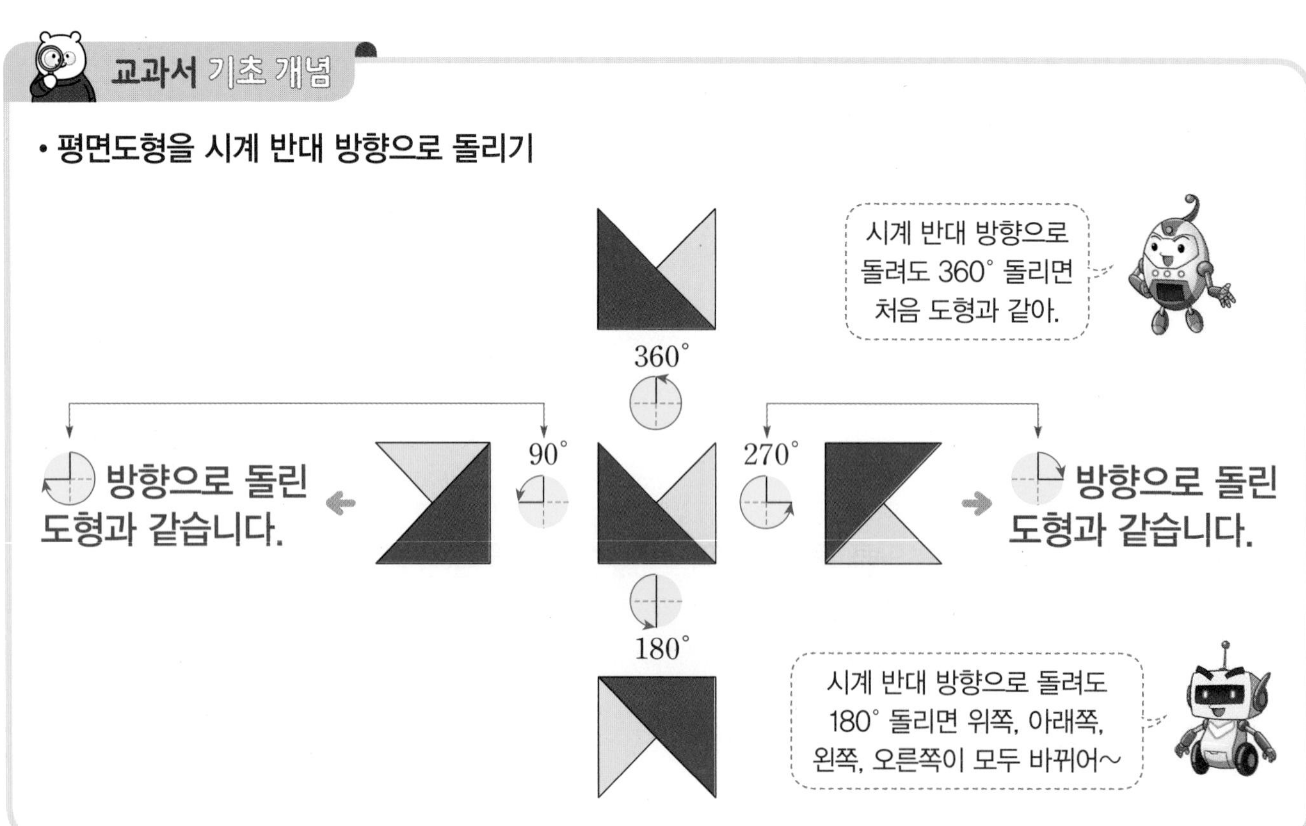

개념 · 원리 확인

▶정답 및 풀이 19쪽

1-1 도형을 시계 반대 방향으로 90°만큼 돌렸을 때의 도형을 그려 보세요.

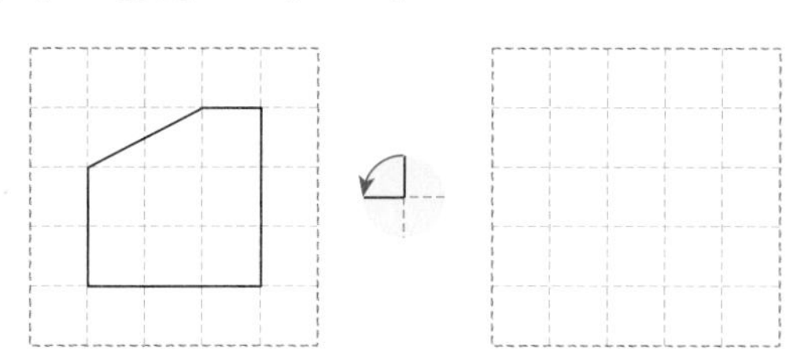

1-2 도형을 시계 반대 방향으로 90°만큼 돌렸을 때의 도형을 그려 보세요.

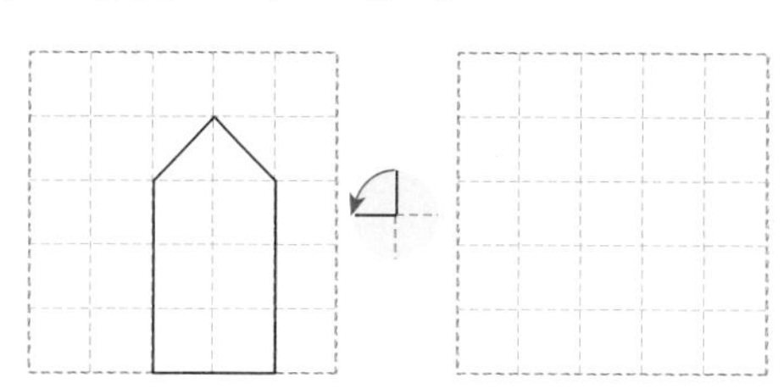

2-1 도형을 시계 반대 방향으로 180°만큼 돌렸을 때의 도형을 그려 보세요.

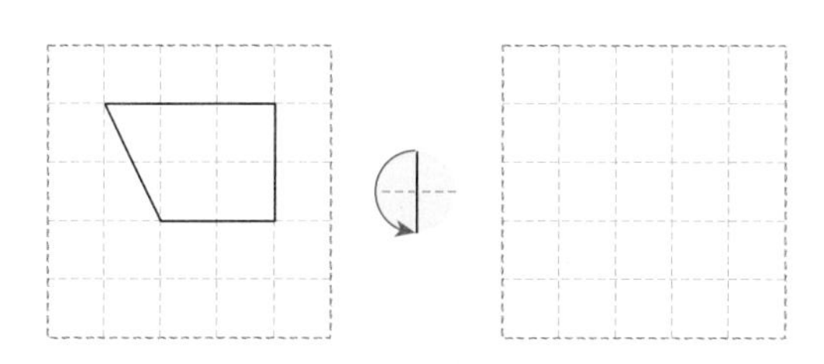

2-2 도형을 시계 반대 방향으로 180°만큼 돌렸을 때의 도형을 그려 보세요.

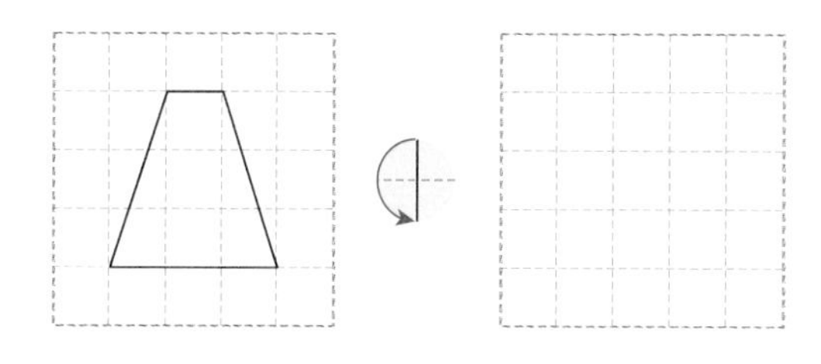

3-1 도형을 시계 반대 방향으로 270°만큼 돌렸을 때의 도형을 그려 보세요.

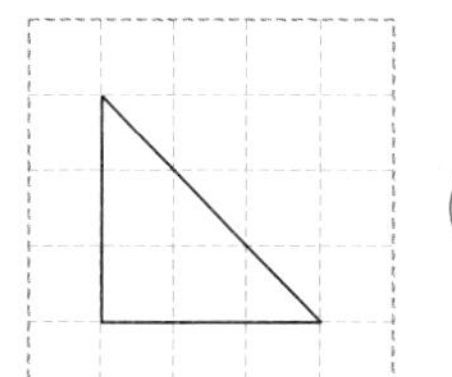

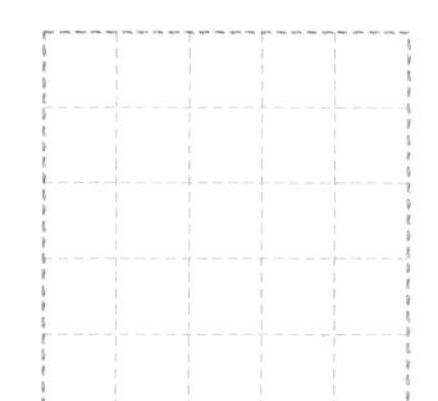

3-2 도형을 시계 반대 방향으로 270°만큼 돌렸을 때의 도형을 그려 보세요.

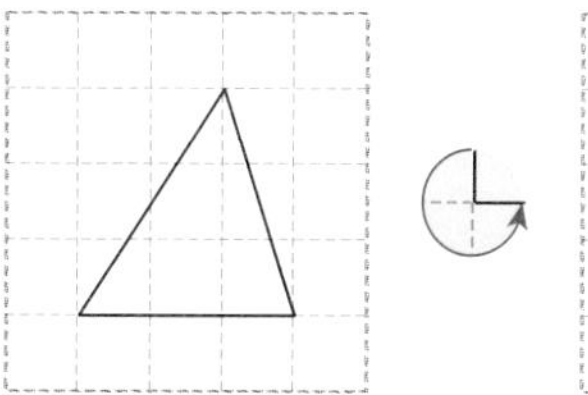

4-1 도형을 시계 반대 방향으로 360°만큼 돌렸을 때의 도형을 그려 보세요.

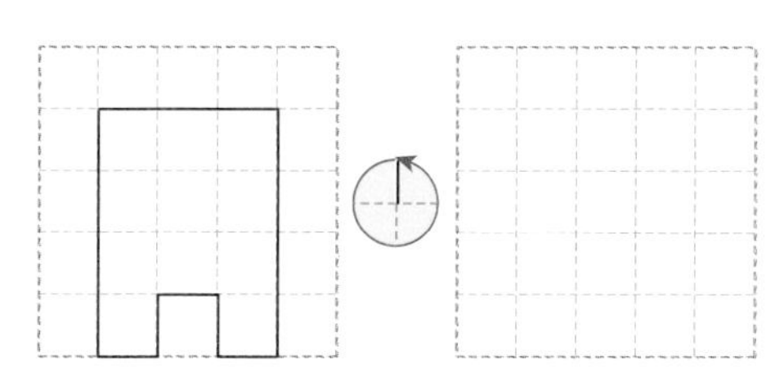

4-2 도형을 시계 반대 방향으로 360°만큼 돌렸을 때의 도형을 그려 보세요.

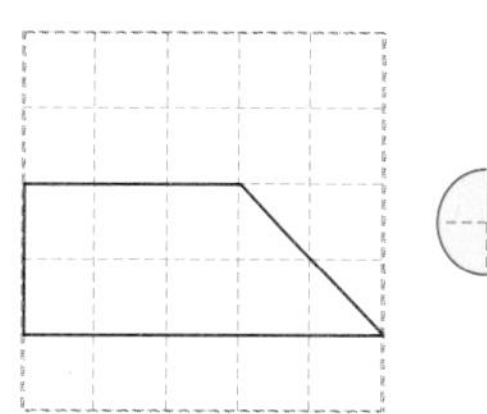

기초 집중 연습

기본 문제 연습

1-1 도형을 시계 방향으로 180°만큼 돌렸을 때의 도형을 그려 보세요.

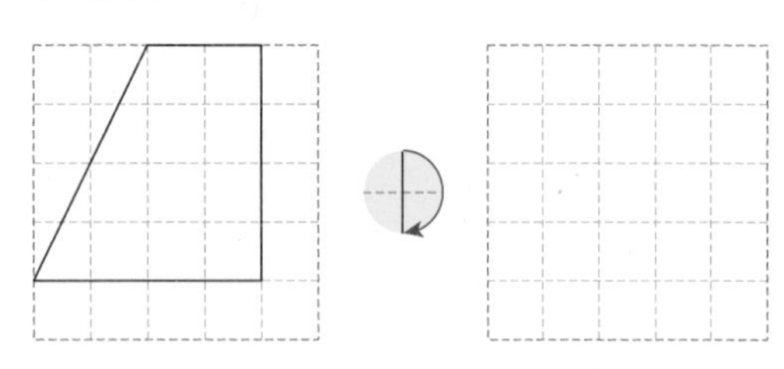

1-2 도형을 시계 반대 방향으로 180°만큼 돌렸을 때의 도형을 그려 보세요.

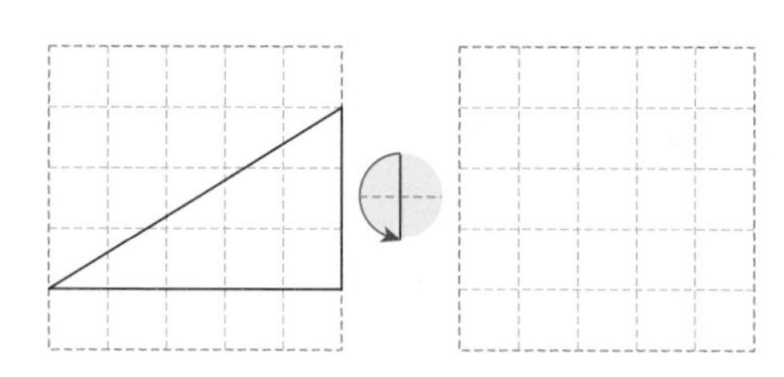

2-1 왼쪽 도형을 시계 반대 방향으로 90°만큼 돌렸을 때의 도형에 ○표 하세요.

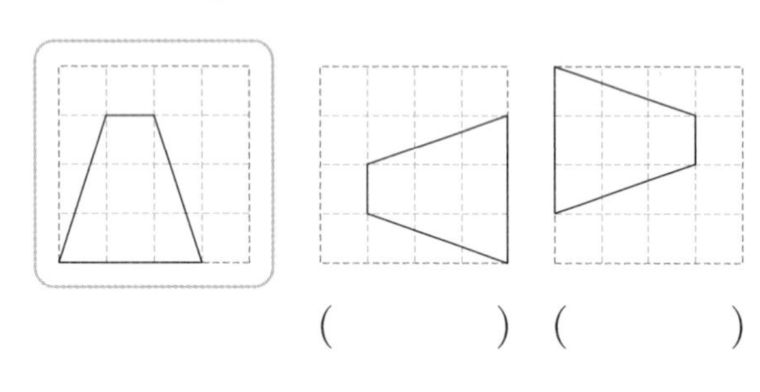

( ) ( )

2-2 왼쪽 도형을 시계 방향으로 90°만큼 돌렸을 때의 도형을 찾아 ○표 하세요.

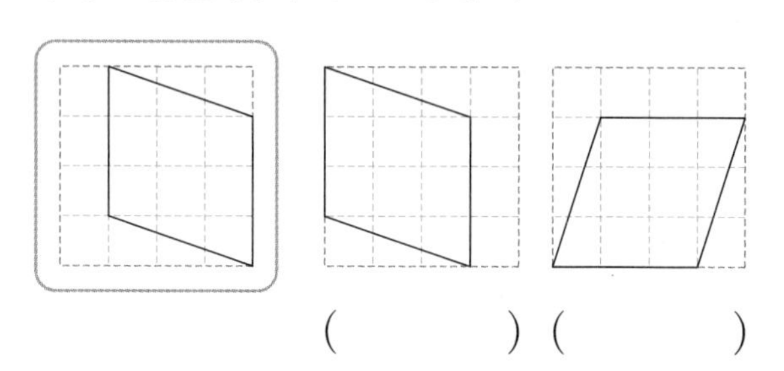

( ) ( )

3-1 오른쪽 글자 카드를 시계 반대 방향으로 270°만큼 바르게 돌린 사람은 누구일까요?

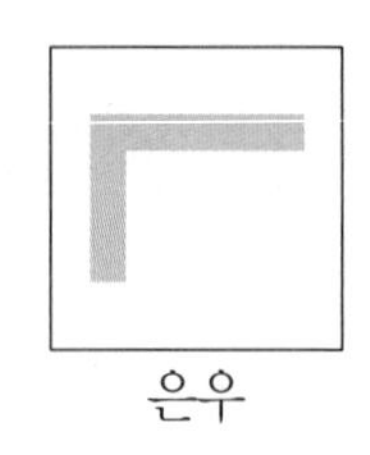

은우

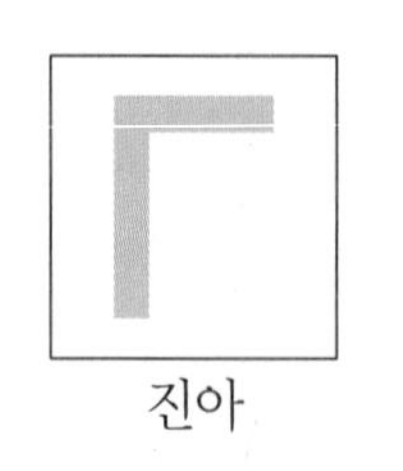

진아

( )

3-2 모양 조각을 시계 방향으로 270°만큼 돌렸을 때의 모양에 ○표 하세요.

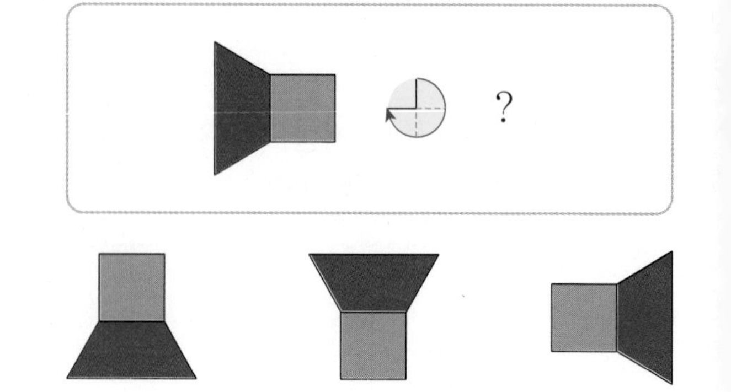

( ) ( ) ( )

▶정답 및 풀이 19쪽

기초 → 기본 연습 돌리기의 특징을 생각해 보자.

기초 도형을 시계 방향으로 360°만큼 돌렸을 때의 도형을 그려 보세요.

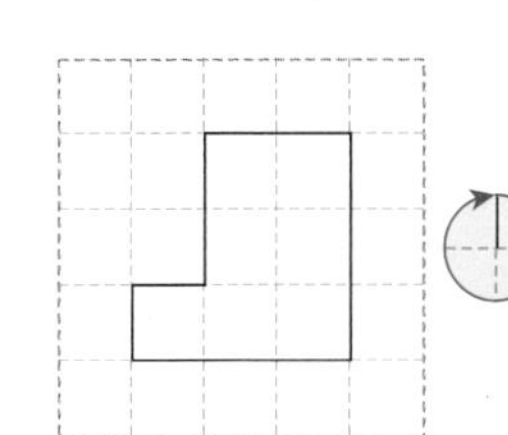

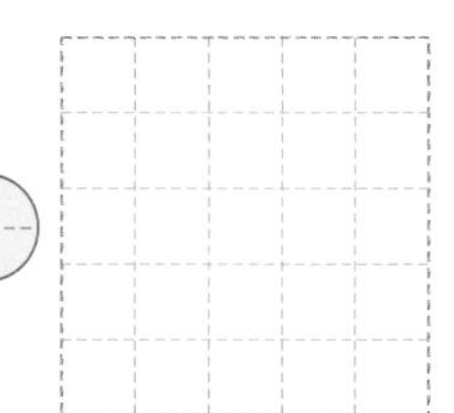

4-1 왼쪽의 두 도형을 비교해 보세요.

도형을 시계 방향으로 ☐°만큼

돌렸을 때의 모양은 처음 도형과

☐.

4-2 그림을 보고 도형 나는 도형 가를 어떻게 돌린 것인지 써 보세요.

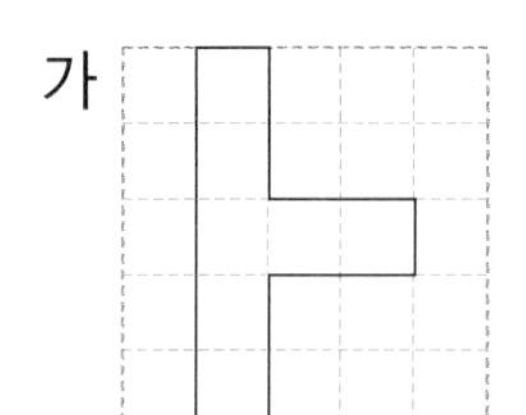

4-3 도형을 시계 방향으로 270°만큼, 시계 반대 방향으로 90°만큼 돌렸을 때의 도형을 각각 그리고 두 도형을 비교해 보세요.

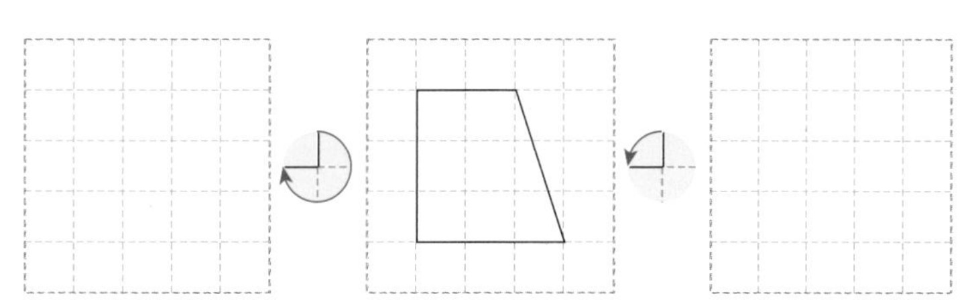

평면도형 뒤집고 돌리기

뒤집고 돌리기를 이용하여 생각해도
창의적인 작품을 만들 수 있죠^^

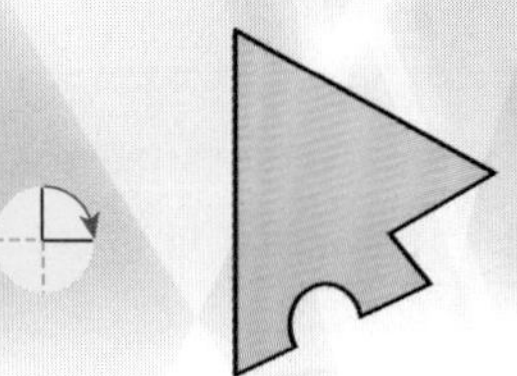

교과서 기초 개념

1. 도형을 뒤집고 돌리기

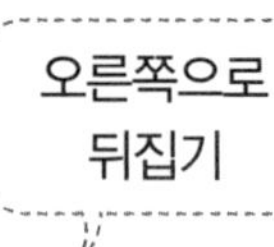

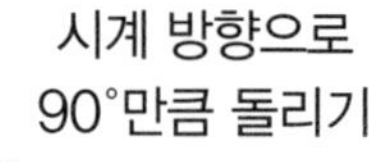

2. 도형을 돌리고 뒤집기

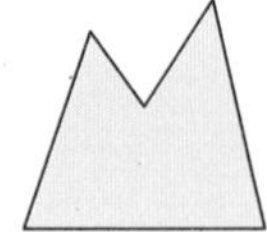

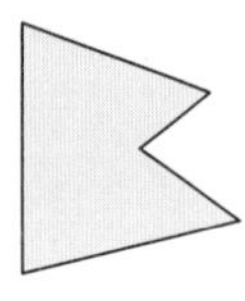
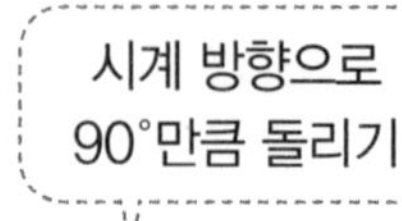

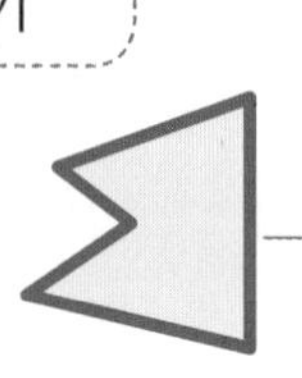

뒤집고 돌리기 한 도형과 돌리고 뒤집기 한 도형은 달라~

개념 · 원리 확인

▶정답 및 풀이 20쪽

1-1 도형을 오른쪽으로 뒤집고 시계 방향으로 90° 만큼 돌렸을 때의 도형을 각각 그려 보세요.

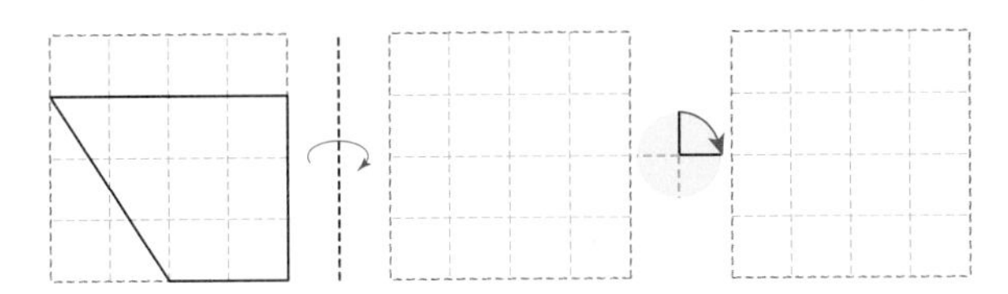

1-2 도형을 오른쪽으로 뒤집고 시계 방향으로 90° 만큼 돌렸을 때의 도형을 각각 그려 보세요.

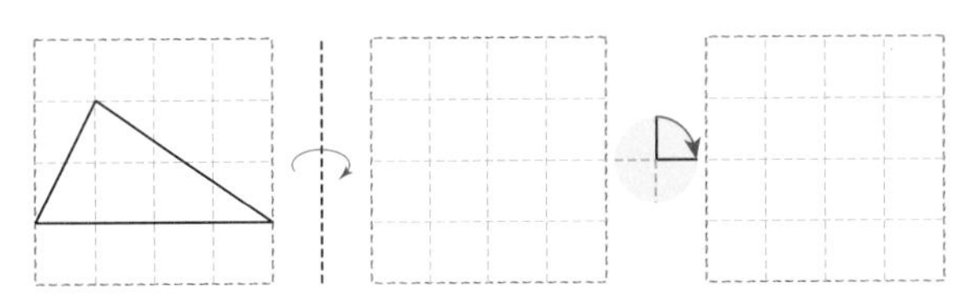

2-1 도형을 시계 반대 방향으로 180°만큼 돌리고 오른쪽으로 뒤집은 도형을 각각 그려 보세요.

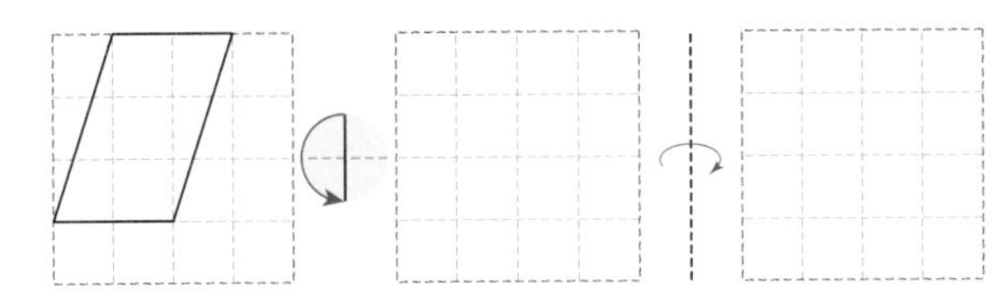

2-2 도형을 시계 반대 방향으로 180°만큼 돌리고 오른쪽으로 뒤집은 도형을 각각 그려 보세요.

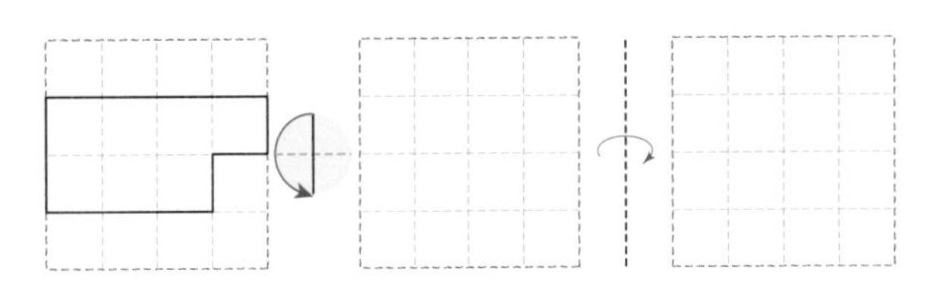

3-1 도형을 왼쪽으로 뒤집고 시계 방향으로 270° 만큼 돌렸을 때의 도형을 각각 그려 보세요.

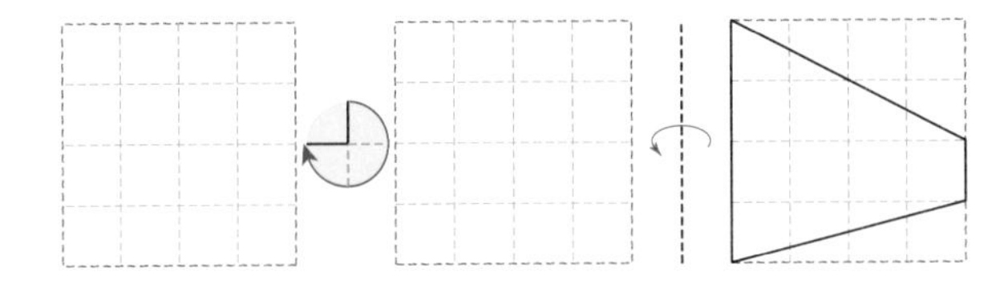

3-2 도형을 왼쪽으로 뒤집고 시계 방향으로 270° 만큼 돌렸을 때의 도형을 각각 그려 보세요.

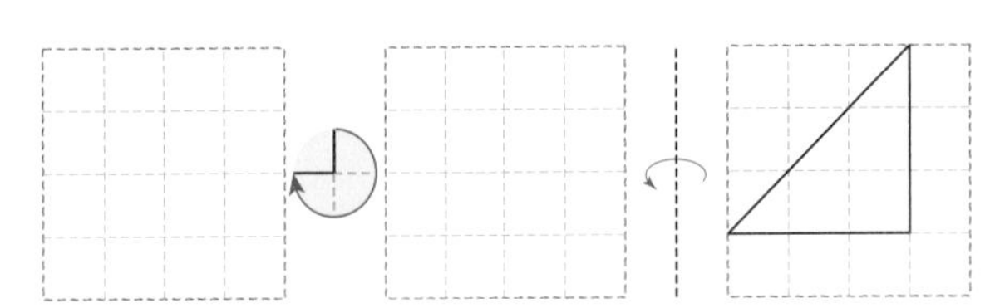

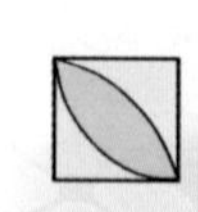

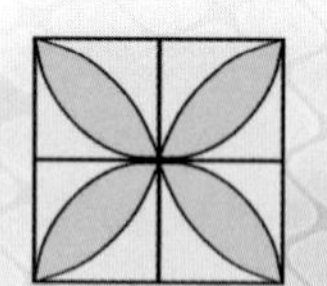

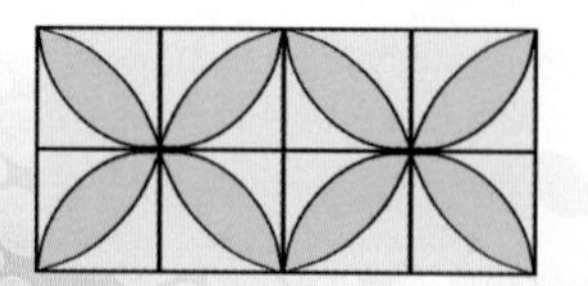

교과서 기초 개념

• 무늬 꾸미기

(1) 밀기 이용

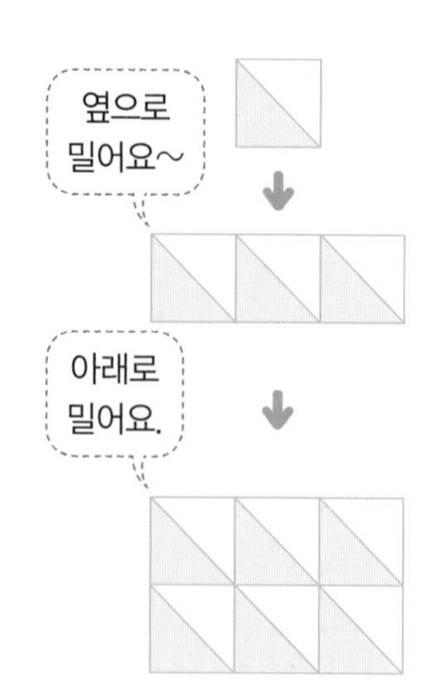

(2) 뒤집기 이용

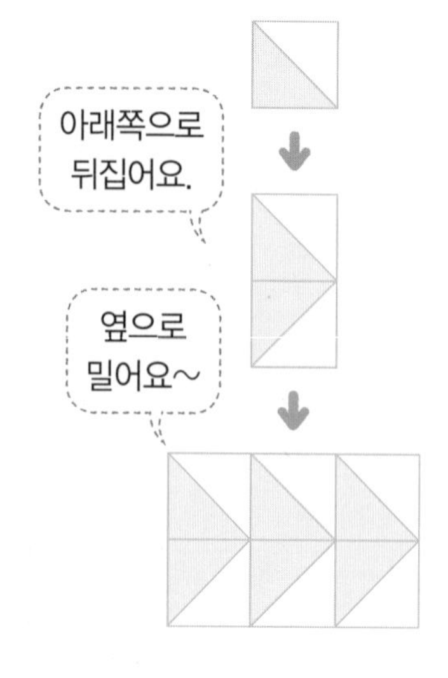

(3) 돌리기 이용

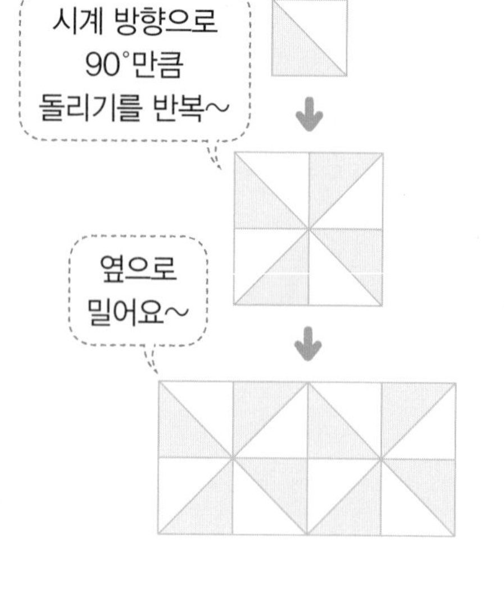

▶정답 및 풀이 20쪽

1-1 모양으로 밀기를 이용하여 규칙적인 무늬를 만들어 보세요.

1-2 모양으로 밀기를 이용하여 규칙적인 무늬를 만들어 보세요.

2-1 모양으로 뒤집기를 이용하여 규칙적인 무늬를 만들어 보세요.

2-2 모양으로 뒤집기를 이용하여 규칙적인 무늬를 만들어 보세요.

3-1 모양으로 돌리기를 이용하여 규칙적인 무늬를 만들어 보세요.

3-2 모양으로 돌리기를 이용하여 규칙적인 무늬를 만들어 보세요.

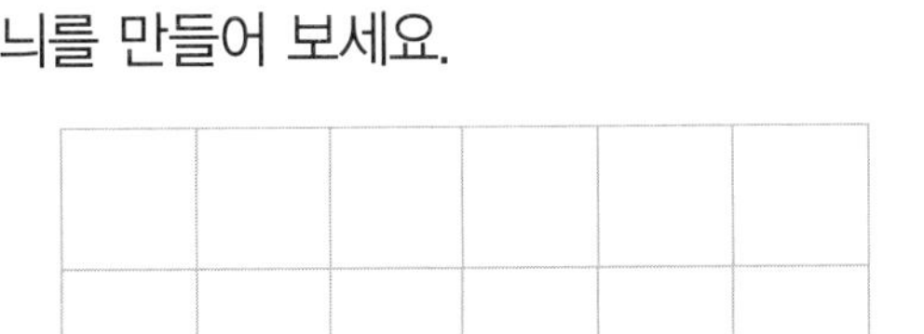

기초 집중 연습

기본 문제 연습

1-1 주어진 모양으로 밀기를 이용하여 규칙적인 무늬를 만들어 보세요.

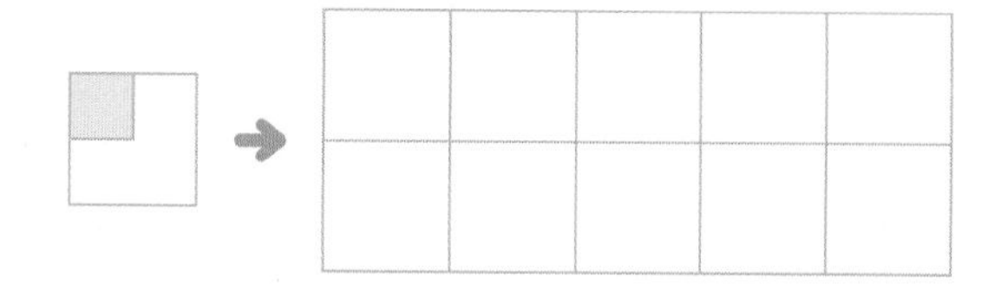

1-2 주어진 모양으로 뒤집기를 이용하여 규칙적인 무늬를 만들어 보세요.

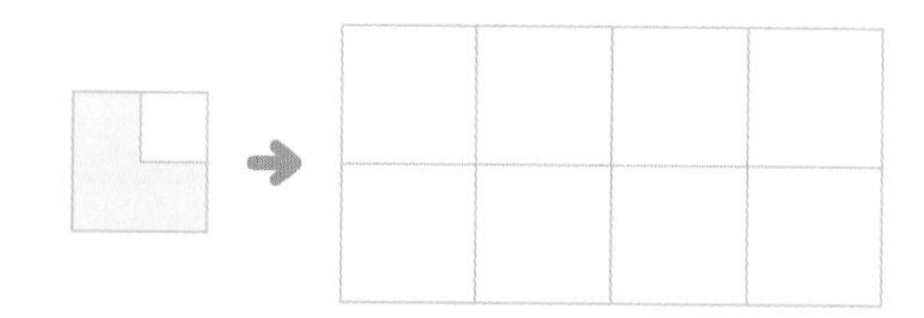

2-1 도형을 오른쪽으로 뒤집고 시계 방향으로 180°만큼 돌렸을 때의 도형을 그려 보세요.

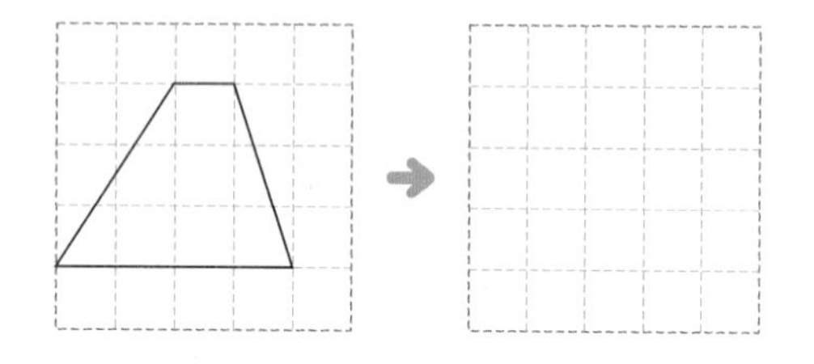

2-2 도형을 시계 방향으로 90°만큼 돌리고 오른쪽으로 뒤집었을 때의 도형을 그려 보세요.

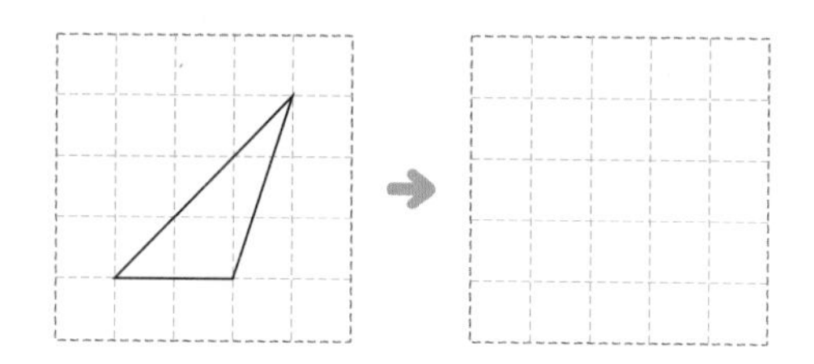

3-1 모양 조각을 아래쪽으로 뒤집고 시계 방향으로 180°만큼 돌렸을 때의 모양을 찾아 기호를 써 보세요.

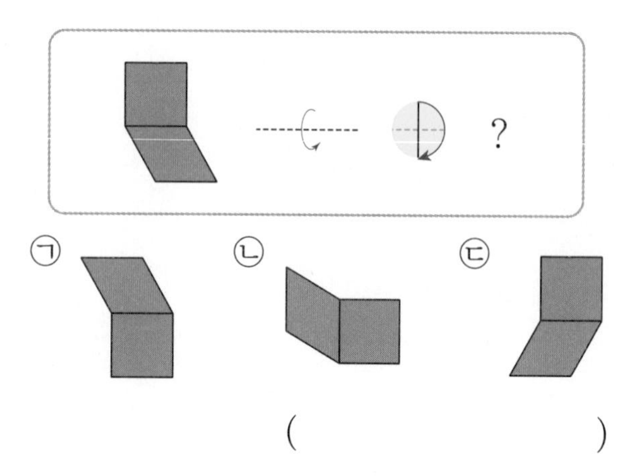

(　　　　　　)

3-2 모양 조각을 왼쪽으로 뒤집고 시계 방향으로 180°만큼 돌렸을 때의 모양을 찾아 기호를 써 보세요.

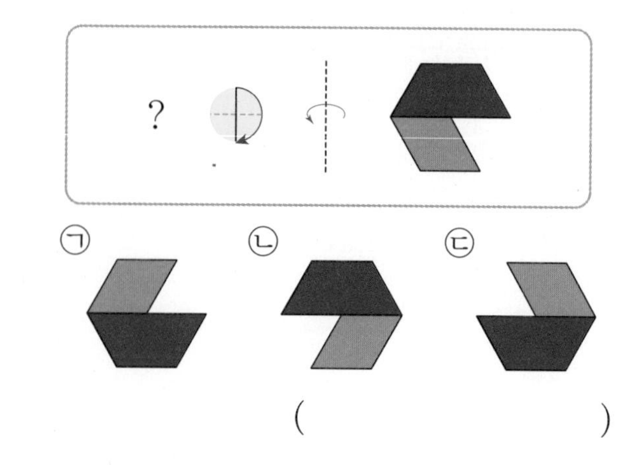

(　　　　　　)

▶정답 및 풀이 21쪽

기초 → 기본 연습 돌린 방향과 각도를 생각해 보자.

기초 조각을 주어진 방법으로 움직인 모양을 그려 보세요.

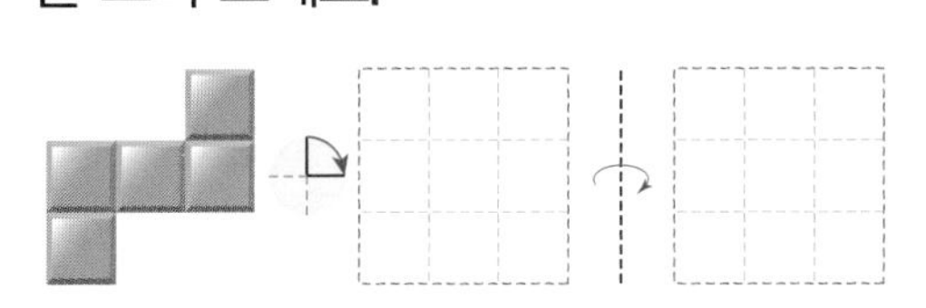

조각을 어떻게 움직였는지 써 볼까요?

4-1 기초 문제에서 조각을 움직인 방법을 설명해 보세요.

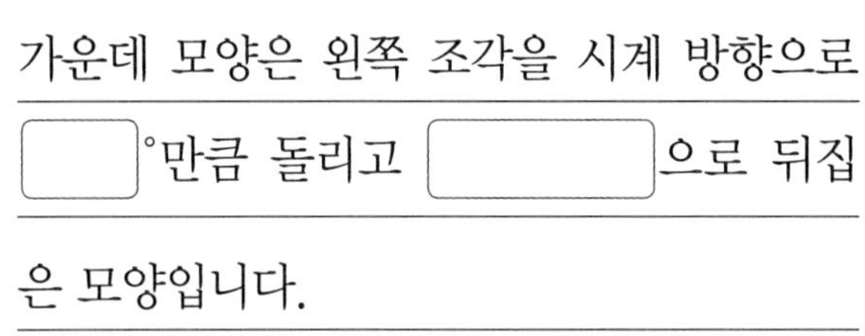

4-2 도형을 어떻게 움직인 것인지 써 보세요.

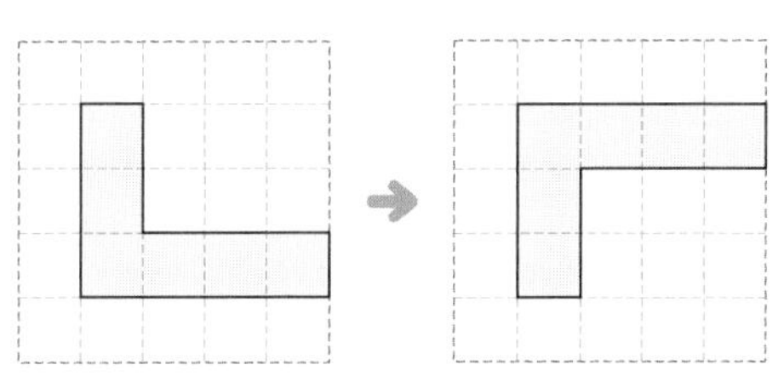

4-3 ◻ 모양을 한 가지 방법으로 규칙적인 무늬를 만들었습니다. 어떤 방법을 이용했는지 보기에서 골라 기호를 써 보세요.

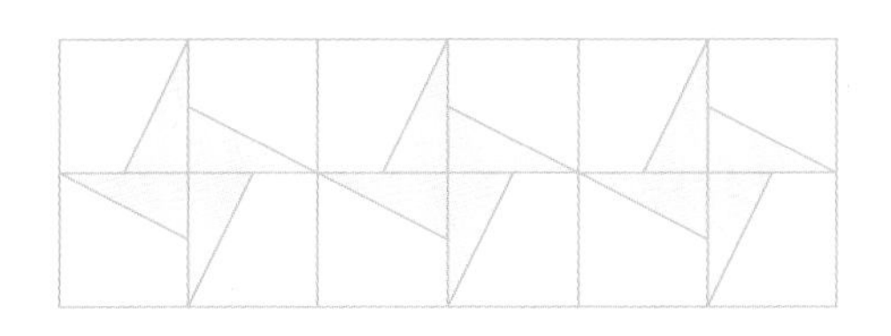

보기
㉠ 뒤집기 ㉡ 돌리기

(   )

누구나 100점 맞는 테스트

1 왼쪽 도형을 위쪽으로 밀었을 때의 모양을 찾아 ○표 하세요.

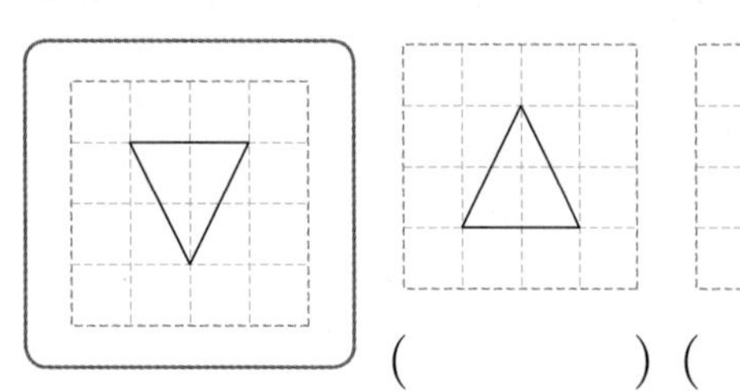

(　　　　) (　　　　)

2 □ 안에 알맞은 수를 써넣으세요.

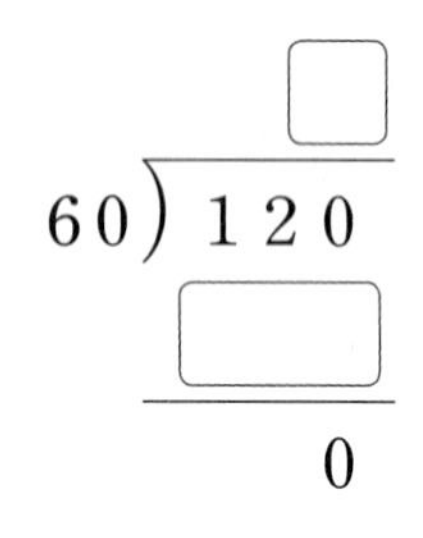

3 도형을 시계 반대 방향으로 180°만큼 돌렸을 때의 도형을 그려 보세요.

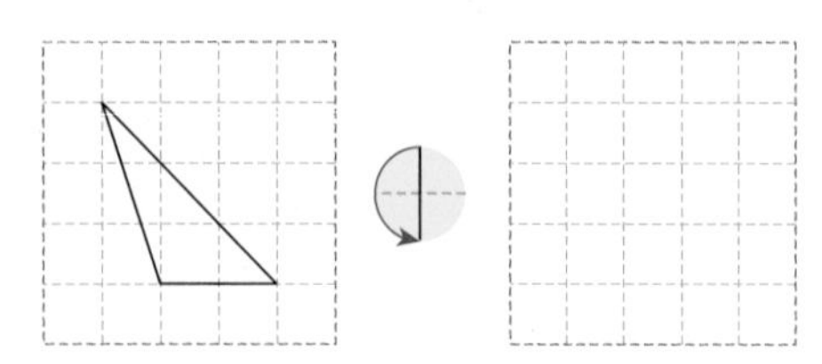

4 □ 안에 몫을 쓰고 ○ 안에 나머지를 써넣으세요.

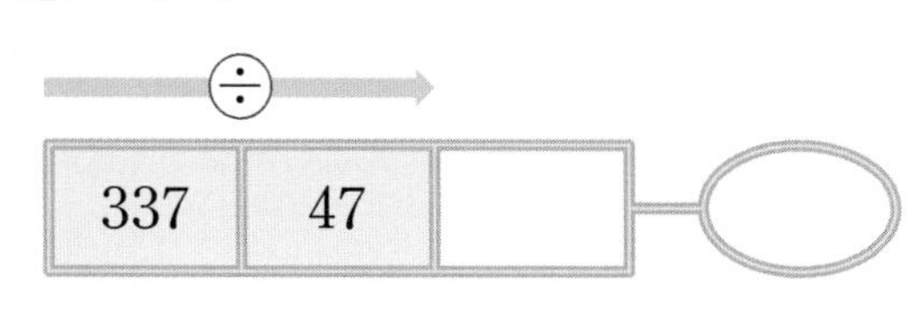

5 다음 그림을 시계 방향으로 270°만큼 돌렸을 때의 모양을 찾아 기호를 써 보세요.

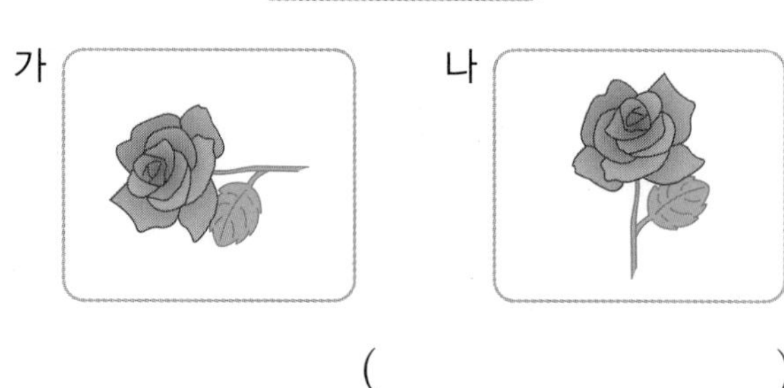

(　　　　　　　　)

시계 방향으로 270°만큼 돌린 모양과 시계 반대 방향으로 90°만큼 돌린 모양은 같아~

맞은 점수

/100점

▶정답 및 풀이 21쪽

6 어떤 자연수를 19로 나누었을 때 나머지가 될 수 없는 수를 찾아 써 보세요.

4	9	16	20

(　　　　　　　　)

7 도형을 오른쪽으로 뒤집었을 때의 도형을 그려 보세요.

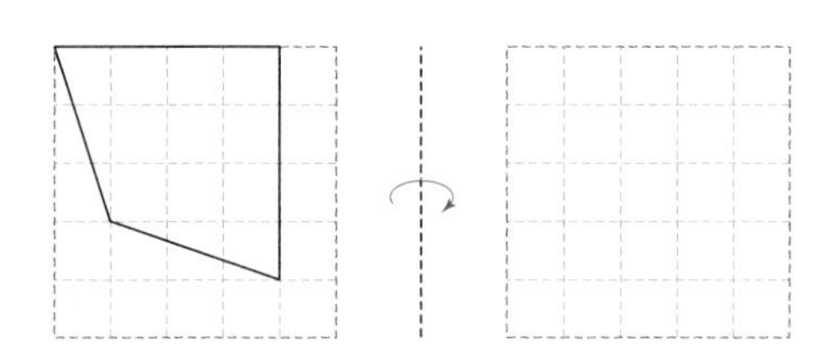

8 도형을 시계 반대 방향으로 90°만큼 돌렸을 때의 도형을 그려 보세요.

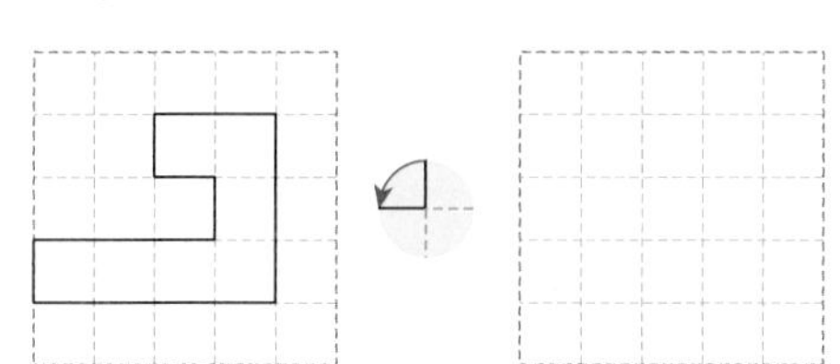

9 잘못 계산한 곳을 찾아 바르게 고쳐 계산해 보세요.

$$\begin{array}{r} 4 \\ 17\overline{)87} \\ 68 \\ \hline 19 \end{array} \rightarrow \boxed{}$$

10 펜토미노 조각을 오른쪽으로 뒤집고 시계 방향으로 90°만큼 돌렸을 때의 모양을 그려 보세요.

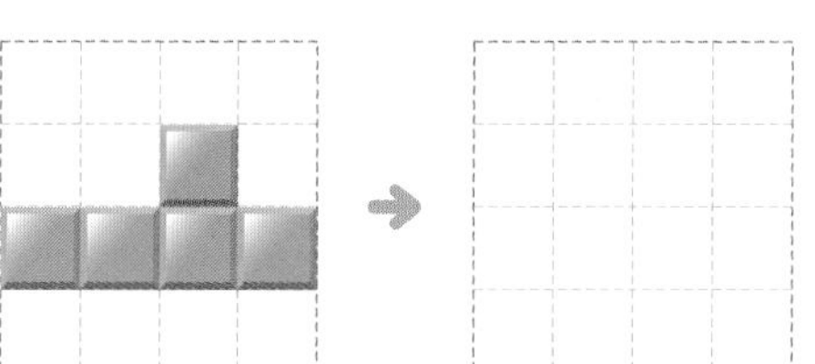

3주 평가

특강 창의·융합·코딩

[1~2] 봉사활동을 가기 위해 사탕을 포장하려고 합니다. 사탕이 200개 있을 때 한 봉지에 사탕을 15개씩 담는다면 몇 봉지가 되고 몇 개가 남는지 구하려고 합니다. 물음에 답하세요.

융합 1 사탕이 200개 있을 때 한 봉지에 사탕을 15개씩 담는다면 몇 봉지가 되고 몇 개가 남는지 구하는 식을 써 보세요.

식 ______________________

융합 2 담는 사탕의 봉지 수는 몇 봉지이고, 남는 사탕은 몇 개인가요?

답 담는 봉지 수: ______________

남는 사탕 수: ______________

▶정답 및 풀이 21쪽

[3~4] 진영이가 친구를 만나기 위해 나가려고 합니다. 그림은 진영이의 모습과 거울에 비친 모습입니다. 평면 도형으로 생각하여 움직인 이동 방법을 알아보세요.

창의 3 두 그림을 비교하여 바뀐 부분에 ○표 하세요.

위쪽 과 아래쪽 ( )　　　　왼쪽 과 오른쪽 ( )

창의 4 두 그림을 보고 찾을 수 있는 움직인 방법을 찾아 기호를 써 보세요.

보기
㉠ 밀기　　㉡ 뒤집기　　㉢ 돌리기

답 ______________

다음 수를 위쪽으로 뒤집기 한 수를 그려 보세요.

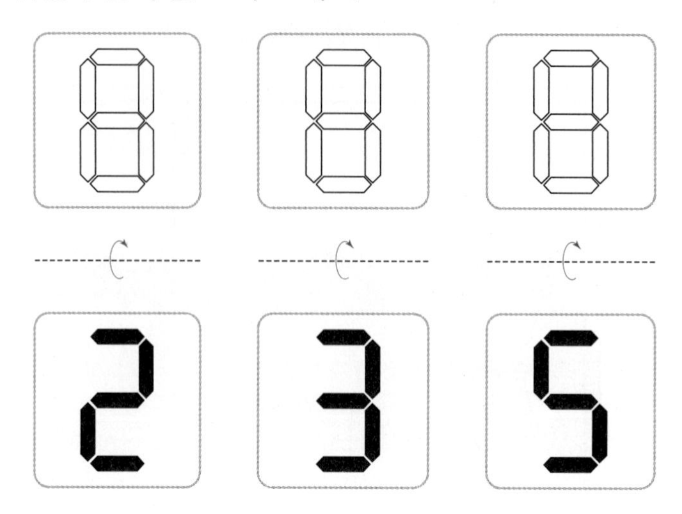

다음 코딩을 실행하였더니 왼쪽 모양이 오른쪽 모양으로 바뀌었습니다. □ 안에 알맞은 수를 써넣으세요.

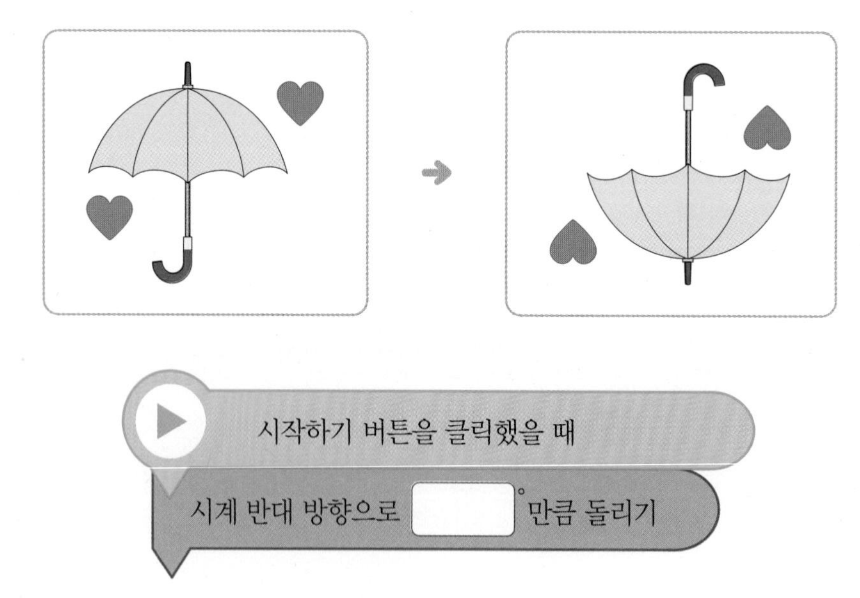

왼쪽 모양 조각을 움직여서 빈 곳에 딱맞게 넣으려고 합니다. 어떻게 움직여야 하는지 설명해 보세요.

(1)

모양 조각을 시계 방향으로 [   ]°만큼 돌리기 합니다.

(2)

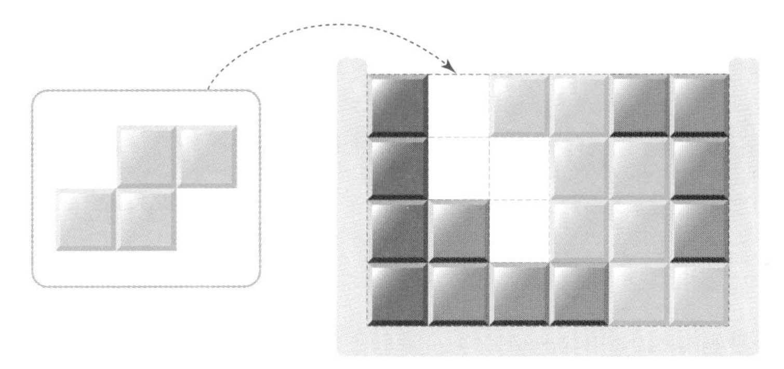

모양 조각을 시계 반대 방향으로 [   ]°만큼 돌리기 합니다.

(3)

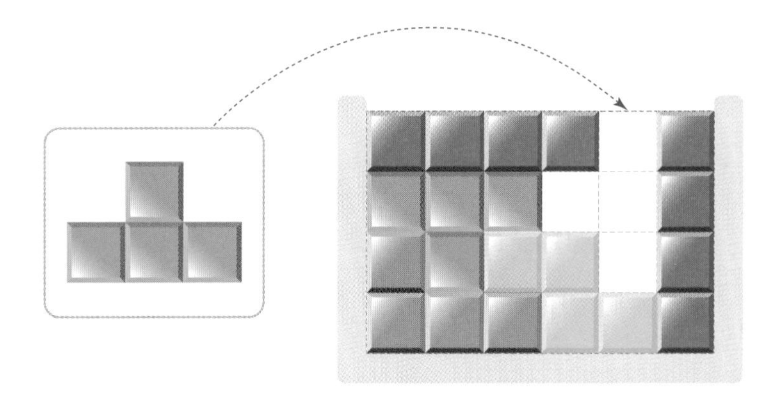

모양 조각을 시계 방향으로 [   ]°만큼 돌리기 합니다.

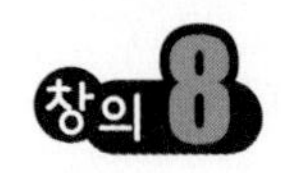

창의 8 민정이가 나눗셈식을 수 카드를 사용하여 나타냈습니다. 뒷면이 보이는 수 카드를 뒤집으면 어떤 수가 나올까요?

(나누는 수)×(몫)에 (나머지)를 더하면
(나누어지는 수)가 나와~

답 ________________

코딩 9 $125 \div 25$를 뺄셈을 이용하여 계산하는 순서도입니다. □ 안에 알맞은 수를 써넣고 몫을 구해 보세요.

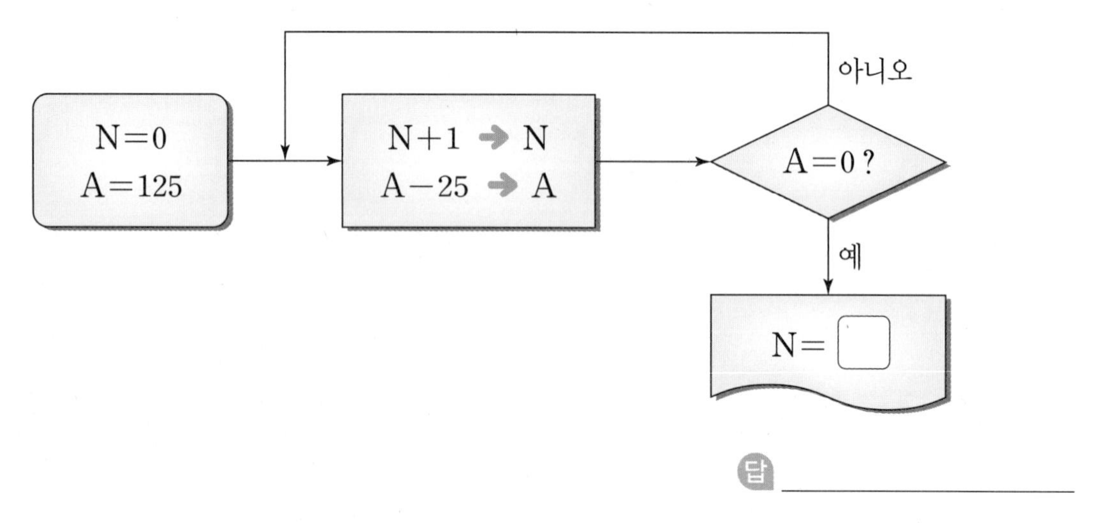

답 ________________

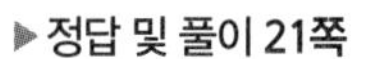

▶정답 및 풀이 21쪽

5장의 수 카드를 모두 한 번씩만 사용하여 몫이 가장 큰 (세 자리 수)÷(두 자리 수)를 만들려고 합니다. 빈 카드에 알맞은 수를 써넣으세요.

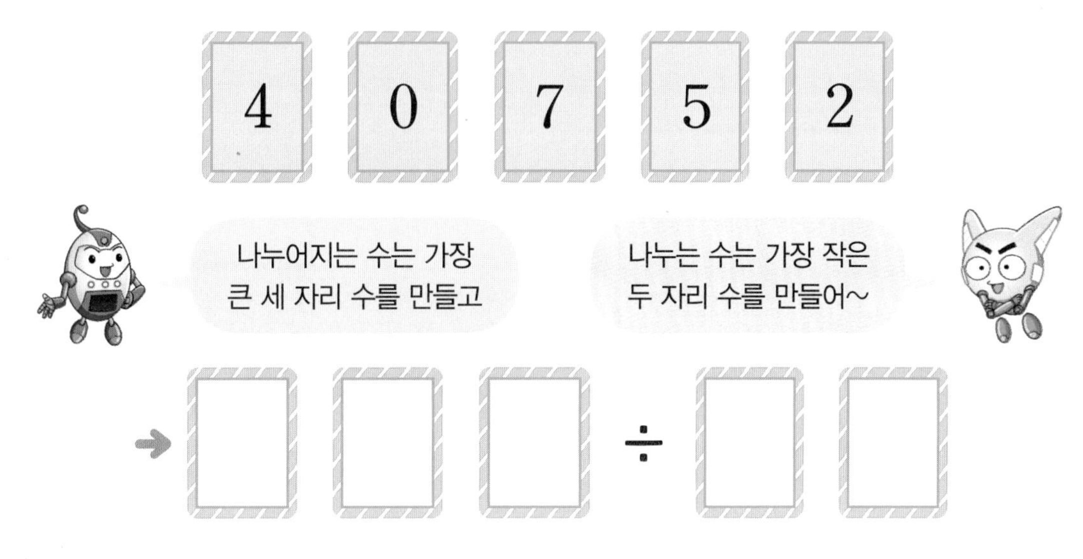

3주 특강

나눗셈을 하여 몫과 나머지를 구했습니다. 이 계산이 맞는지 확인하는 코딩입니다. □ 안에 알맞은 수를 써넣고, 출력되어 나오는 결과를 써 보세요.

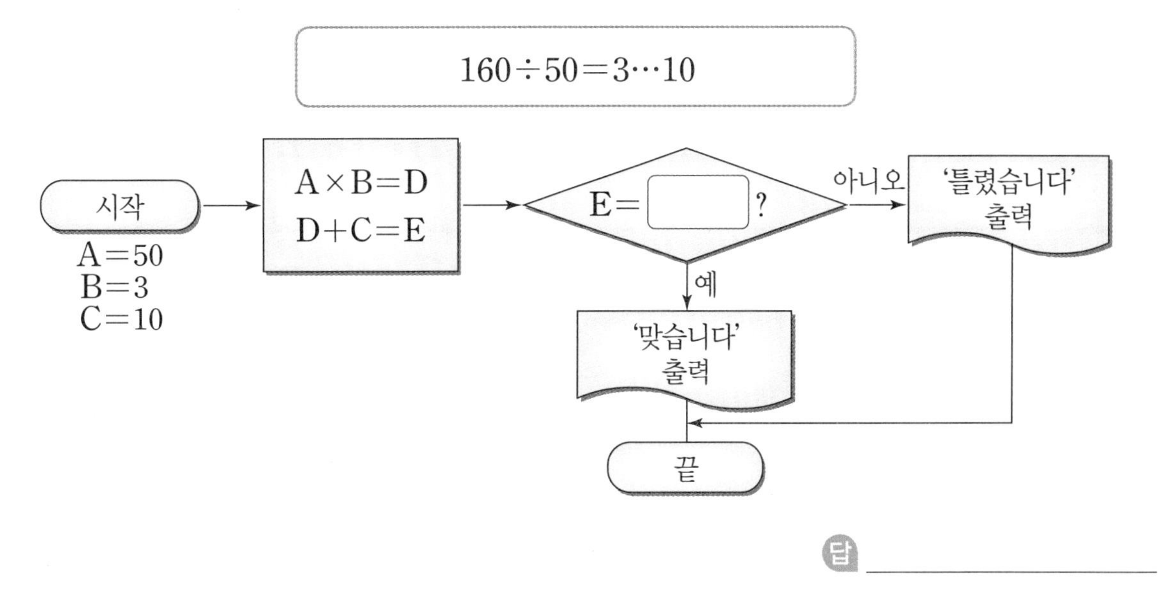

답 ______________

4주

막대그래프 ~ 규칙 찾기

오늘 회의의 주제는 체육 대회입니다.

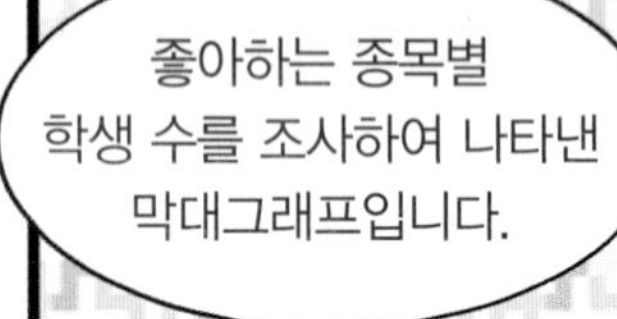
좋아하는 종목별 학생 수를 조사하여 나타낸 막대그래프입니다.

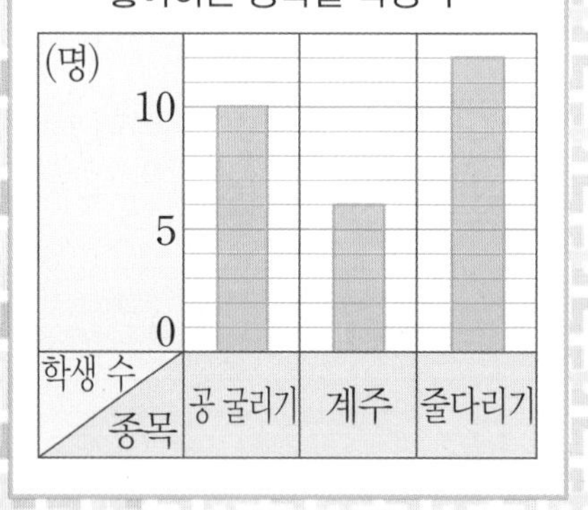
좋아하는 종목별 학생 수
(명)
10
5
0
학생 수
종목
공 굴리기
계주
줄다리기

가장 많은 표를 받은 종목은 줄다리기구나.
가장 적은 표를 받은 종목은 계주네.

내가 좋아하는 종목은 따로 있는데…….
뭔데?

'누가 아이스크림을 가장 많이 먹나'야.
그…… 그래.

이번 주에는 무엇을 공부할까? ①

- 1일 막대그래프 알아보기, 해석하기
- 2일 막대그래프 그리기
- 3일 수의 배열에서 규칙 찾기
- 4일 도형의 배열, 계산식에서 규칙 찾기
- 5일 계산식에서 규칙 찾기, 규칙적인 계산식 찾기

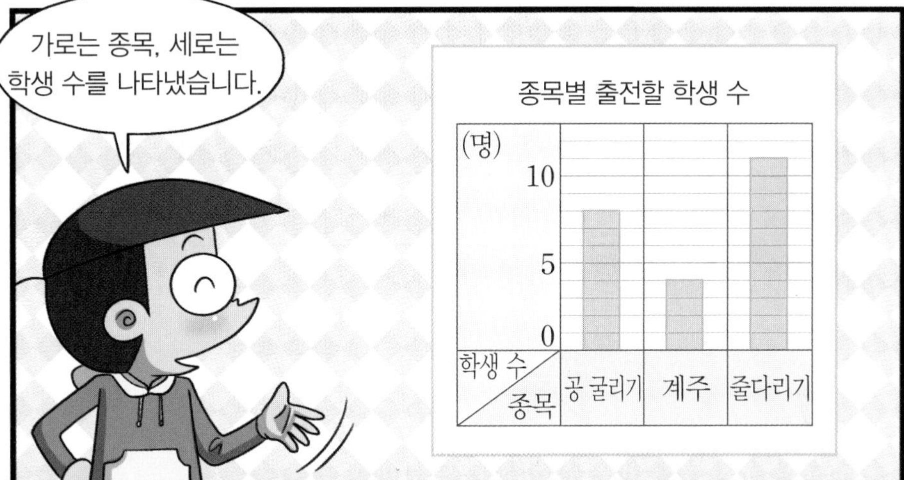

이번 주에는 무엇을 공부할까? ②

3-2 자료의 정리

그림그래프는 조사한 수를 그림으로 나타낸 그래프야.

자료를 한눈에 비교하기 쉽지.

1-1 은혜네 집에 있는 책의 수를 종류별로 조사하여 나타낸 그림그래프입니다. 과학책은 몇 권인가요?

종류별 책의 수

종류	책의 수
동화책	
위인전	
동시집	
과학책	

10권 / 1권

(　　　　　　　　)

1-2 꽃 가게에 있는 꽃의 수를 종류별로 조사하여 나타낸 그림그래프입니다. 장미는 몇 송이인가요?

종류별 꽃의 수

종류	꽃의 수
장미	
국화	
백합	
튤립	

10송이 / 1송이

(　　　　　　　　)

2-1 위 **1-1**의 그림그래프에서 수가 가장 많은 책의 종류는 무엇인가요?

(　　　　　　　　)

2-2 위 **1-2**의 그림그래프에서 수가 가장 적은 꽃의 종류는 무엇인가요?

(　　　　　　　　)

▶정답 및 풀이 22쪽

2-2 규칙 찾기

수 배열표에서 규칙을 어떻게 찾지?

주어진 방향으로 수가 얼마씩 커지거나 작아지는지 확인해.

3-1 덧셈표에서 ▬으로 칠해진 수에는 오른쪽으로 갈수록 몇씩 커지는 규칙이 있나요?

+	1	2	3	4
1	2	3	4	5
2	3	4	5	6
3	4	5	6	7
4	5	6	7	8

(　　　　　　　　)

3-2 곱셈표에서 ▬으로 칠해진 수에는 아래쪽으로 갈수록 몇씩 커지는 규칙이 있나요?

×	1	2	3	4
1	1	2	3	4
2	2	4	6	8
3	3	6	9	12
4	4	8	12	16

(　　　　　　　　)

4-1 덧셈표를 완성해 보세요.

+	2	3	4	5
2	4	5	6	7
3	5	6	7	8
4	6	7		
5	7	8		

4-2 곱셈표를 완성해 보세요.

×	2	3	4	5
2	4	6	8	10
3	6	9	12	15
4	8	12		
5	10	15		

환경 문제	대기 오염	수질 오염	토양 오염	합계
동물 수 (마리)	3	5	4	12

교과서 기초 개념

• 막대그래프 알아보기

막대그래프: 조사한 자료를 막대 모양으로 나타낸 그래프

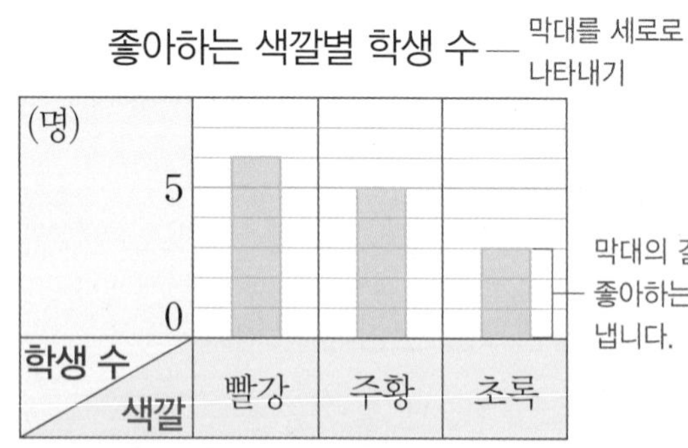

(1) 가로는 **색깔**, 세로는 **학생 수**를 나타냅니다.

(2) 세로 눈금 한 칸은 ❶ ☐ 명을 나타냅니다.

→ 세로 눈금 5칸이 5명을 나타내므로 세로 눈금 한 칸은 5÷5=1(명)을 나타냅니다.

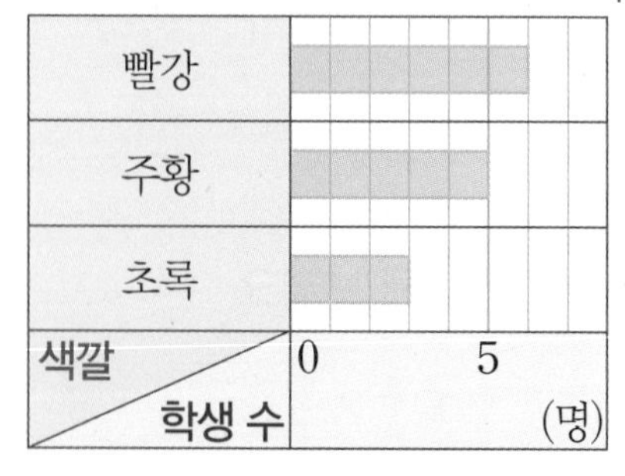

(1) 가로는 **학생 수**, 세로는 **색깔**을 나타냅니다.

(2) 가로 눈금 한 칸은 ❷ ☐ 명을 나타냅니다.

정답 ❶ 1 ❷ 1

개념·원리 확인

▶정답 및 풀이 22쪽

[1-1 ~ 4-1] 연아네 모둠 학생들이 좋아하는 동물을 조사하여 나타낸 표와 막대그래프입니다. 물음에 답하세요.

좋아하는 동물별 학생 수

동물	토끼	고양이	개	합계
학생 수(명)	6	2	5	13

좋아하는 동물별 학생 수

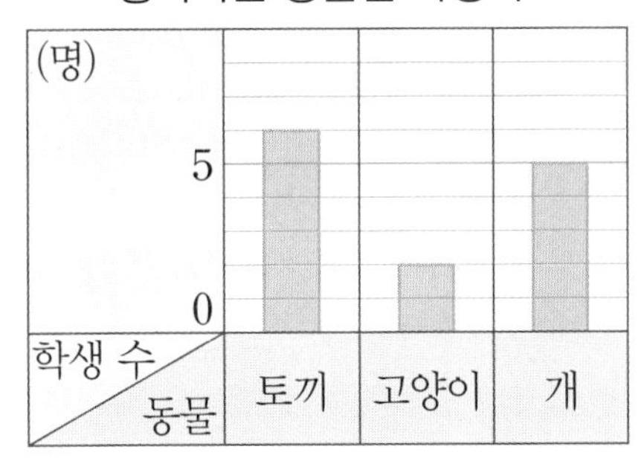

1-1 막대그래프에서 가로는 무엇을 나타내는지 알맞은 것에 ○표 하세요.

(동물 , 학생 수)

2-1 막대의 길이는 무엇을 나타내는지 알맞은 것에 ○표 하세요.

(동물 수 , 학생 수)

3-1 세로 눈금 한 칸은 몇 명을 나타내나요?

( )

4-1 표와 막대그래프 중 조사한 전체 학생 수를 알아보기 더 편리한 것에 ○표 하세요.

(표 , 막대그래프)

[1-2 ~ 4-2] 선우네 반 학생들이 좋아하는 꽃을 조사하여 나타낸 표와 막대그래프입니다. 물음에 답하세요.

좋아하는 꽃별 학생 수

꽃	장미	국화	튤립	합계
학생 수(명)	10	8	9	27

좋아하는 꽃별 학생 수

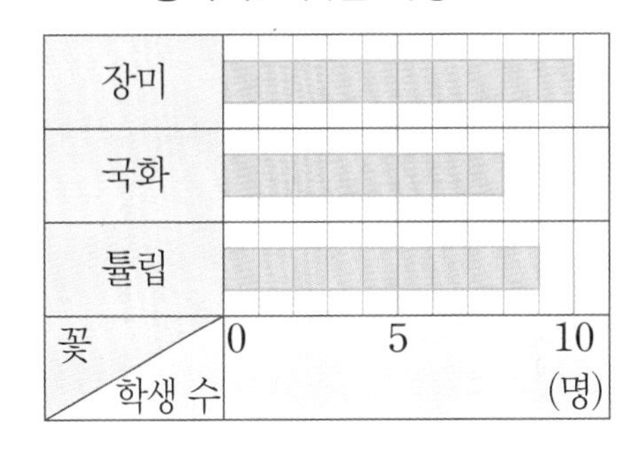

1-2 막대그래프에서 가로는 무엇을 나타내는지 알맞은 것에 ○표 하세요.

(꽃 , 학생 수)

2-2 막대의 길이는 무엇을 나타내나요?

( )

3-2 가로 눈금 한 칸은 몇 명을 나타내나요?

( )

4-2 표와 막대그래프 중 좋아하는 꽃별 학생 수를 한눈에 쉽게 비교할 수 있는 것에 ○표 하세요.

(표 , 막대그래프)

1일 막대그래프 막대그래프 해석하기

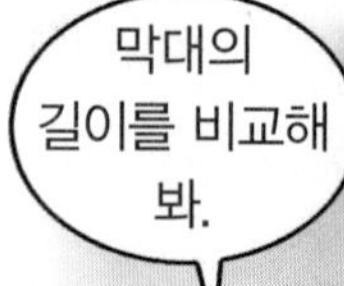

관심 있는 환경 문제별 동물 수

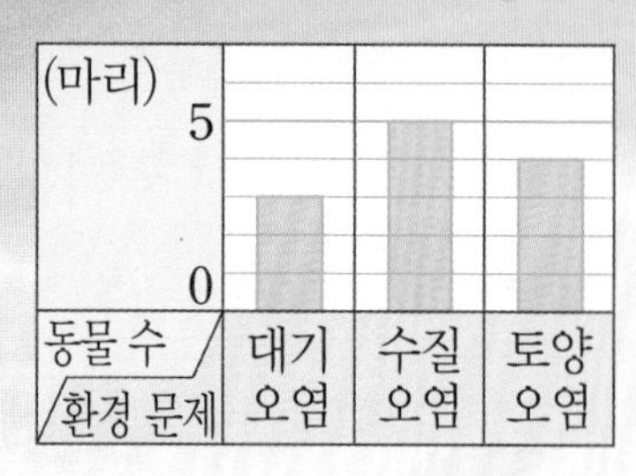

교과서 기초 개념

• **막대그래프의 내용 알아보기**

좋아하는 운동별 학생 수

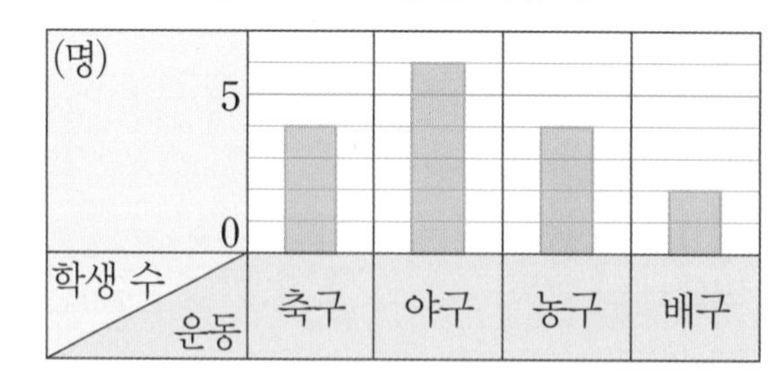

(1) **가장 많은 학생이** 좋아하는 운동: ❶ ☐ 막대의 길이가 가장 긴 운동을 찾아.

(2) **가장 적은 학생이** 좋아하는 운동: ❷ ☐ 막대의 길이가 가장 짧은 운동을 찾아.

정답 ❶ 야구 ❷ 배구

개념 · 원리 확인

▶정답 및 풀이 22쪽

[1-1 ~ 4-1] 상현이네 반 학생들이 좋아하는 음식을 조사하여 나타낸 막대그래프입니다. 물음에 답하세요.

좋아하는 음식별 학생 수

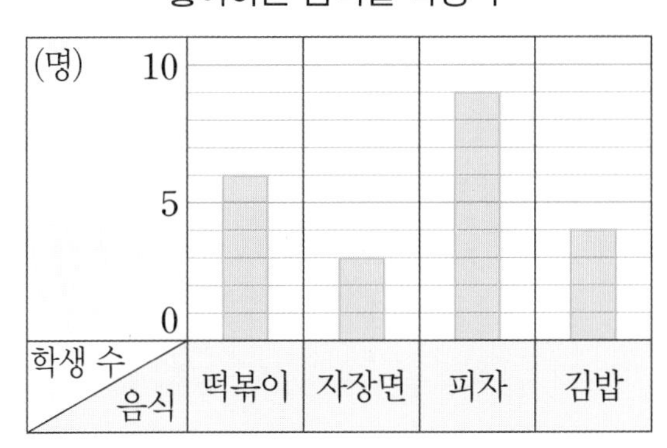

[1-2 ~ 4-2] 윤지네 반 학생들의 취미를 조사하여 나타낸 막대그래프입니다. 물음에 답하세요.

취미별 학생 수

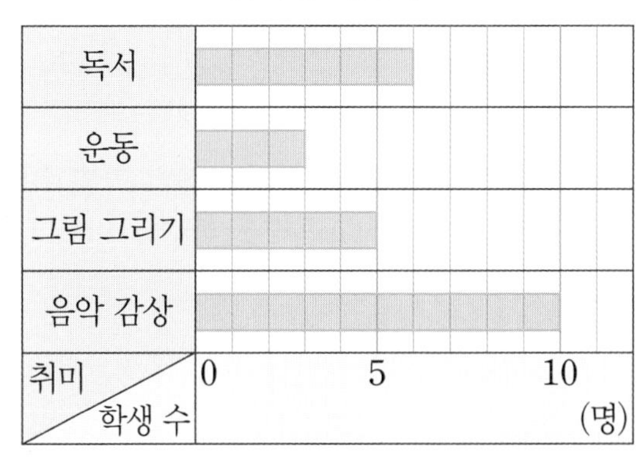

1-1 막대의 길이가 가장 긴 음식은 무엇인가요?

( )

1-2 막대의 길이가 가장 긴 취미는 무엇인가요?

( )

2-1 가장 많은 학생이 좋아하는 음식은 무엇인가요?

( )

2-2 가장 많은 학생의 취미는 무엇인가요?

( )

3-1 막대의 길이가 가장 짧은 음식은 무엇인가요?

( )

3-2 막대의 길이가 가장 짧은 취미는 무엇인가요?

( )

4-1 가장 적은 학생이 좋아하는 음식은 무엇인가요?

( )

4-2 가장 적은 학생의 취미는 무엇인가요?

( )

기초 집중 연습

기본 문제 연습

1-1 지아네 반 학생들이 가 보고 싶어 하는 산을 조사하여 나타낸 막대그래프입니다. 가로와 세로는 각각 무엇을 나타내는지 써 보세요.

가 보고 싶어 하는 산별 학생 수

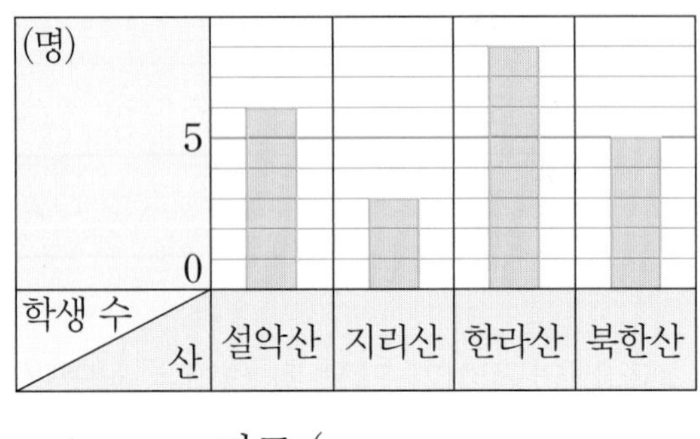

가로 (　　　　　　　　)

세로 (　　　　　　　　)

1-2 마을별 기르는 강아지 수를 조사하여 나타낸 막대그래프입니다. 가로와 세로는 각각 무엇을 나타내는지 써 보세요.

마을별 기르는 강아지 수

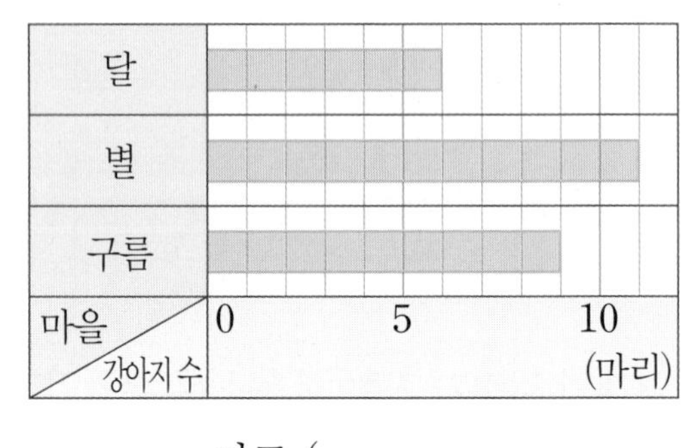

가로 (　　　　　　　　)

세로 (　　　　　　　　)

2-1 지우네 반 학생들이 주말에 가고 싶어 하는 장소를 조사하여 나타낸 표와 막대그래프입니다. 표와 막대그래프 중 조사한 전체 학생 수를 알아보기 더 편리한 것은 어느 것인가요?

가고 싶어 하는 장소별 학생 수

장소	영화관	놀이공원	동물원	수영장	합계
학생 수(명)	4	6	8	5	23

가고 싶어 하는 장소별 학생 수

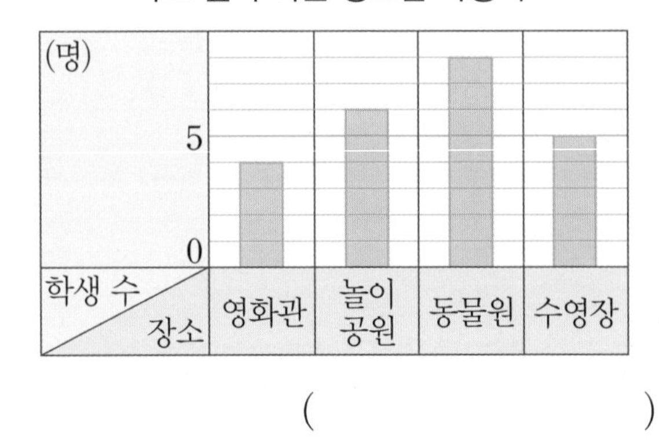

(　　　　　　　　)

2-2 문구점에서 오늘 팔린 학용품 수를 조사하여 나타낸 표와 막대그래프입니다. 표와 막대그래프 중 가장 많이 팔린 학용품을 한눈에 알아보기 쉬운 것은 어느 것인가요?

팔린 학용품의 수

학용품	가위	각도기	지우개	자	합계
학용품 수(개)	5	9	12	6	32

팔린 학용품의 수

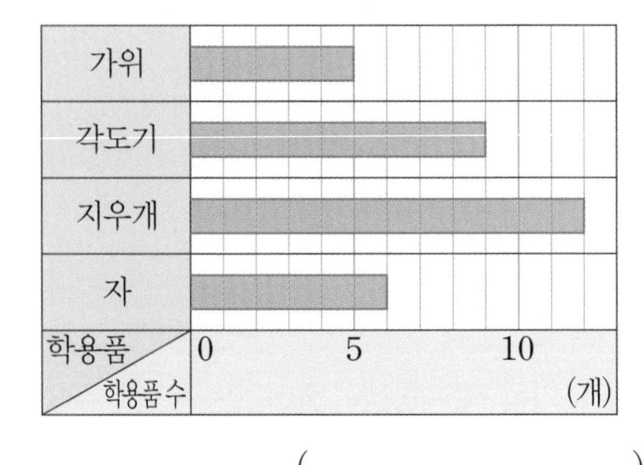

(　　　　　　　　)

▶정답 및 풀이 23쪽

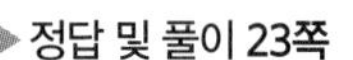

기초 → 기본 연습 항목별 수는 눈금 한 칸의 크기와 눈금 수로 구하자.

기초 서아네 반 학생들이 마신 우유 맛을 조사하여 나타낸 막대그래프입니다. 딸기 맛 우유를 마신 학생은 몇 명인지 알아보세요.

마신 우유 맛별 학생 수

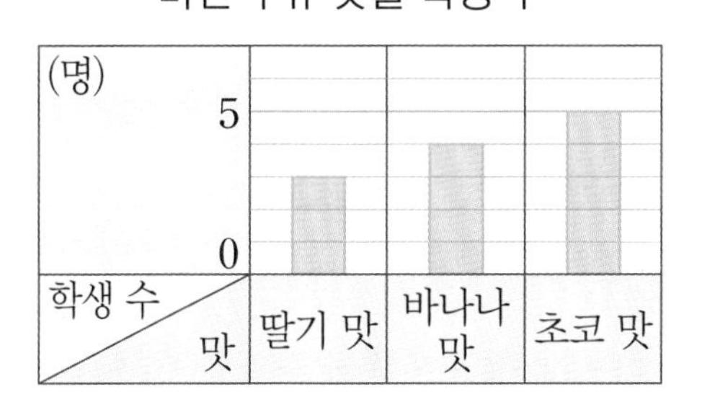

(1) 세로 눈금 한 칸은 ☐명을 나타냅니다.

(2) 딸기 맛 우유는 ☐칸이므로 딸기 맛 우유를 마신 학생은 ☐명입니다.

3-1 주원이네 반 학생들이 배우는 악기를 조사하여 나타낸 막대그래프입니다. 바이올린을 배우는 학생은 몇 명인가요?

배우는 악기별 학생 수

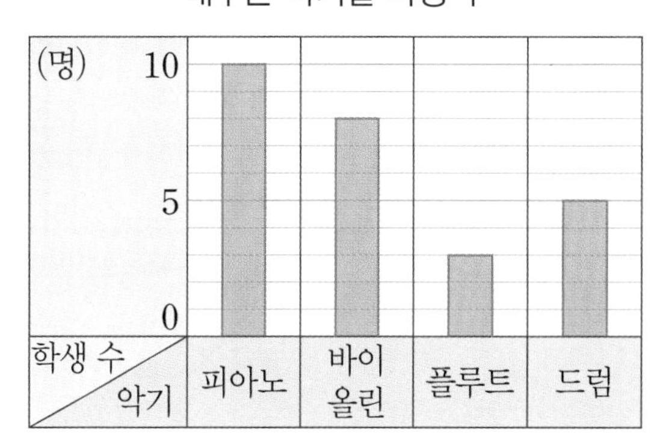

답 ______

3-2 은지네 반 학생들의 혈액형을 조사하여 나타낸 막대그래프입니다. O형인 학생은 몇 명인가요?

혈액형별 학생 수

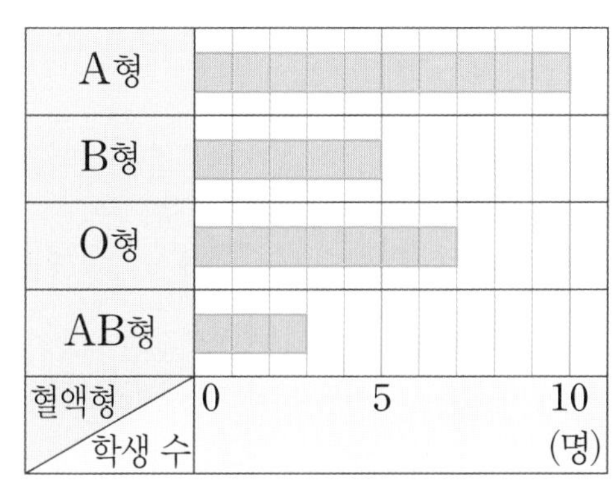

답 ______

3-3 위 3-2의 막대그래프에서 학생 수가 가장 적은 혈액형은 무엇이고, 이 혈액형의 학생은 몇 명인지 차례로 써 보세요.

답 ______, ______

2일 막대그래프 막대그래프 그리기

용궁	청정	바람	일등	합계
동물 수(마리)	3	6	5	14

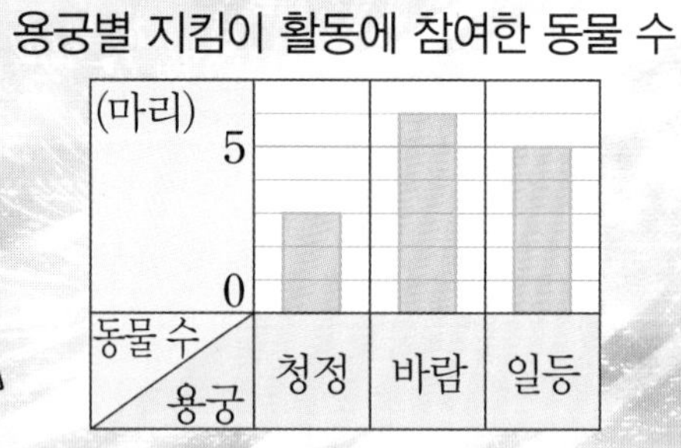

교과서 기초 개념

• **막대그래프 그리기**

가고 싶은 나라별 학생 수

나라	미국	프랑스	독일	합계
학생 수(명)	7	4	6	17

가고 싶은 나라별 학생 수 ⑤ 제목 붙이기

(명) 5 0 학생 수 / 나라 미국 프랑스 독일

① 가로와 세로에 나타낼 것 정하기
가로: 나라,
세로: 학생 수

② 세로 눈금 한 칸의 크기: 1명

③ 눈금 수 정하기 — 조사한 수 중 가장 큰 수를 나타낼 수 있도록 합니다.

④ 막대 그리기

개념 · 원리 확인

▶ 정답 및 풀이 23쪽

[1-1 ~ 2-1] 지호네 반 학생들이 받고 싶어 하는 선물별 학생 수를 조사하여 나타낸 표입니다. 물음에 답하세요.

받고 싶어 하는 선물별 학생 수

선물	자전거	인형	게임기	합계
학생 수(명)	7	6	4	17

1-1 막대그래프의 세로에 학생 수를 나타낸다면 가로에는 무엇을 나타내어야 하나요?

( )

2-1 표를 보고 막대그래프를 완성해 보세요.

받고 싶어 하는 선물별 학생 수

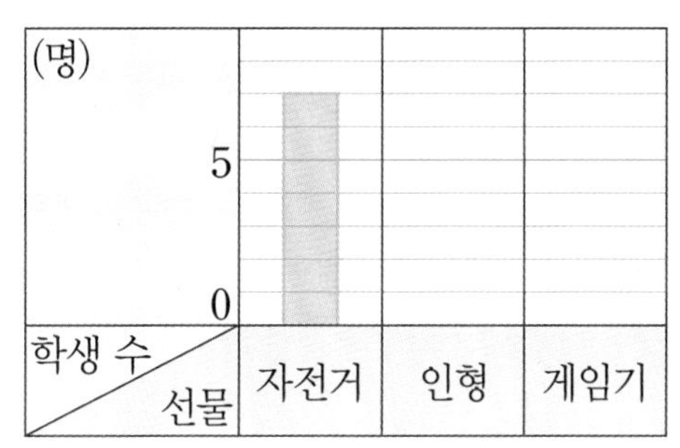

[1-2 ~ 2-2] 수아네 반 학생들이 좋아하는 음료별 학생 수를 조사하여 나타낸 표입니다. 물음에 답하세요.

좋아하는 음료별 학생 수

음료	콜라	사이다	주스	합계
학생 수(명)	5	10	7	22

1-2 막대그래프의 가로에 학생 수를 나타낸다면 세로에는 무엇을 나타내어야 하나요?

( )

2-2 표를 보고 막대그래프를 완성해 보세요.

좋아하는 음료별 학생 수

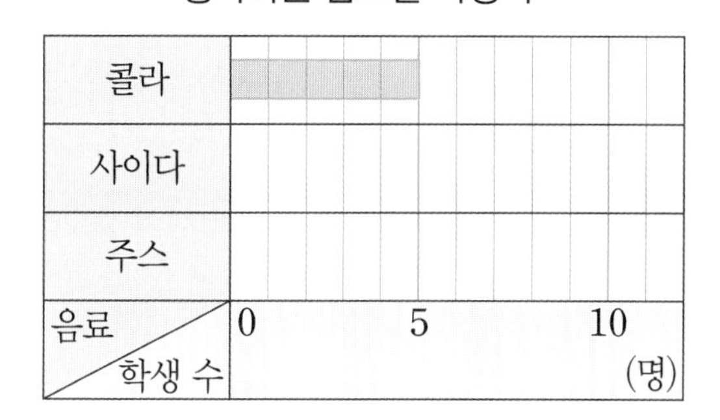

3-1 준우네 반 학생들이 태어난 계절을 조사하여 나타낸 표입니다. 표를 보고 막대그래프로 나타내세요.

태어난 계절별 학생 수

계절	봄	여름	가을	겨울	합계
학생 수(명)	4	5	2	7	18

태어난 계절별 학생 수

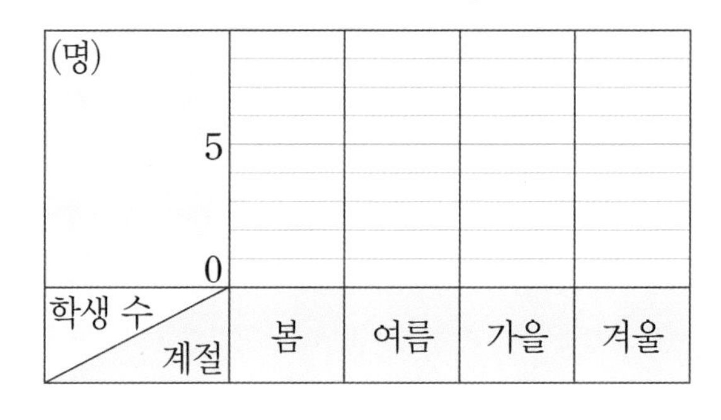

3-2 서연이네 반 학생들이 존경하는 위인을 조사하여 나타낸 표입니다. 표를 보고 막대그래프로 나타내세요.

존경하는 위인별 학생 수

위인	세종대왕	이순신	유관순	합계
학생 수(명)	7	9	8	24

존경하는 위인별 학생 수

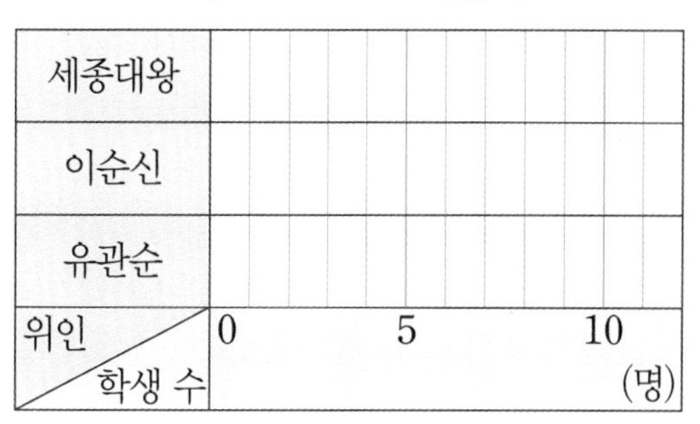

2일 막대그래프

자료를 조사하여 막대그래프 그리기
막대그래프로 이야기 만들기

교과서 기초 개념

- **자료를 조사하여 막대그래프 그리기, 막대그래프로 이야기 만들기**

① 자료 조사하기

좋아하는 과목

수학	국어	영어	과학
● ● ● ● ●	● ● ● ● ● ● ●	● ● ● ● ●	● ● ●

② 조사한 자료를 표로 나타내기

좋아하는 과목별 학생 수

과목	수학	국어	영어	과학	합계
학생 수(명)	5	7	5	❶	20

③ 표를 보고 막대그래프로 나타내기

좋아하는 과목별 학생 수

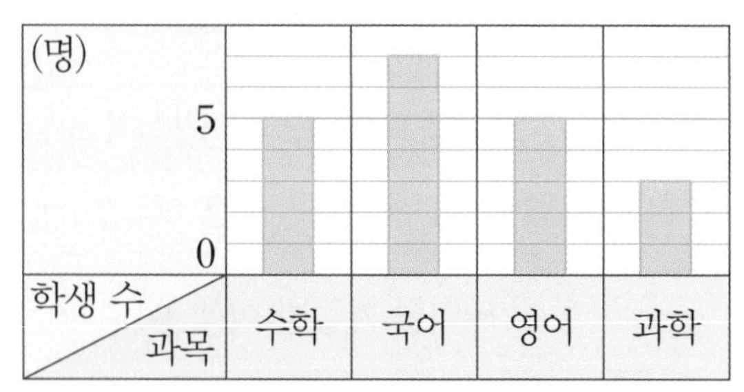

④ 막대그래프를 보고 이야기하기

- 국어를 좋아하는 학생이 가장 많습니다.
- 과학을 좋아하는 학생이 가장 적습니다.

정답 ❶ 3

개념 · 원리 확인

▶정답 및 풀이 23쪽

[1-1 ~ 3-1] 미정이네 반 학생들이 읽고 싶어 하는 책을 조사한 것입니다. 물음에 답하세요.

읽고 싶어 하는 책

동화책	위인전	만화책
●● ●●	●●● ●● ●●●	●● ●● ●● ●●●

1-1 조사한 것을 보고 표로 정리해 보세요.

읽고 싶어 하는 책별 학생 수

책	동화책	위인전	만화책	합계
학생 수(명)				21

2-1 위 1-1의 표를 보고 막대그래프로 나타내세요.

읽고 싶어 하는 책별 학생 수

(명)			
10			
5			
0			
학생 수 / 책	동화책	위인전	만화책

3-1 위 2-1의 막대그래프를 보고 바르게 말한 것에 ○표, 잘못 말한 것에 ×표 하세요.

(1) 가장 많은 학생이 읽고 싶어 하는 책은 만화책입니다. ( )

(2) 가장 적은 학생이 읽고 싶어 하는 책은 위인전입니다. ( )

[1-2 ~ 3-2] 서우네 반 학생들이 좋아하는 과일을 조사한 것입니다. 물음에 답하세요.

좋아하는 과일

사과	배	배	귤
복숭아	배	사과	사과
배	배	사과	복숭아
복숭아	복숭아	사과	배

1-2 조사한 것을 보고 표로 정리해 보세요.

좋아하는 과일별 학생 수

과일	사과	배	귤	복숭아	합계
학생 수(명)					

2-2 위 1-2의 표를 보고 막대그래프로 나타내세요.

좋아하는 과일별 학생 수

사과	
배	
귤	
복숭아	
과일 / 학생 수	0 5 (명)

3-2 위 2-2의 막대그래프를 보고 바르게 말한 것에 ○표, 잘못 말한 것에 ×표 하세요.

(1) 두 번째로 많은 학생이 좋아하는 과일은 복숭아입니다. ( )

(2) 배를 좋아하는 학생은 6명입니다. ( )

기초 집중 연습

기본 문제 연습

1-1 학교 앞 화단에 핀 꽃의 수를 조사하여 나타낸 표입니다. 표의 빈칸을 채우고 막대그래프로 나타내세요.

화단에 핀 꽃의 수

꽃	나팔꽃	백합	해바라기	민들레	합계
꽃의 수(송이)	5	6	2	7	

화단에 핀 꽃의 수

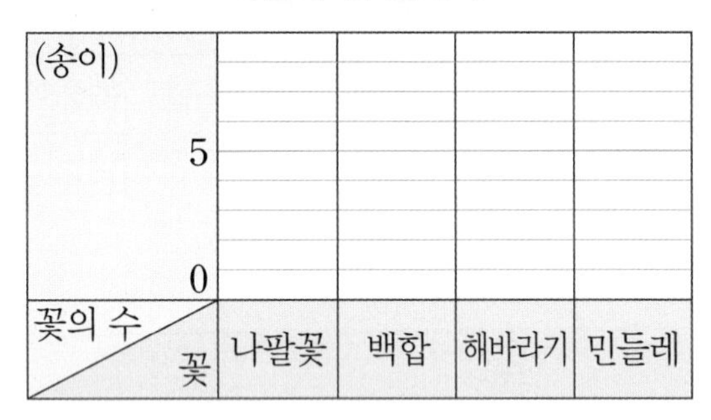

1-2 유주네 반 학생들의 장래 희망을 조사하여 나타낸 표입니다. 표의 빈칸을 채우고 막대그래프로 나타내세요.

장래 희망별 학생 수

장래 희망	연예인	의사	선생님	운동선수	합계
학생 수(명)	4	9	8	5	

장래 희망별 학생 수

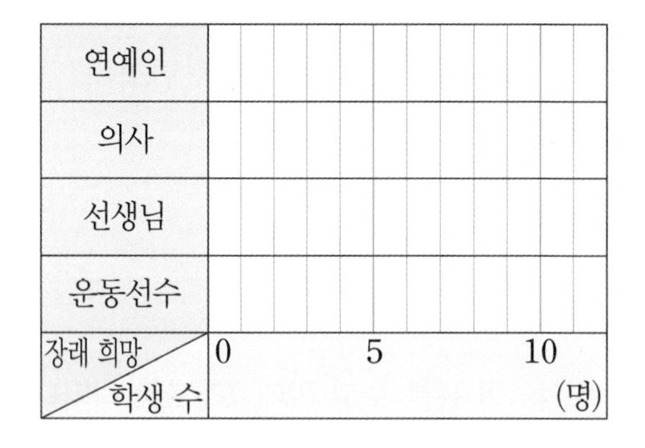

2-1 도윤이네 반 학생들이 좋아하는 놀이 기구를 조사하였습니다. 다음을 읽고 막대그래프를 완성해 보세요.

범퍼카를 좋아하는 학생은 4명, 바이킹을 좋아하는 학생은 2명, 회전목마를 좋아하는 학생은 3명입니다.

좋아하는 놀이 기구별 학생 수

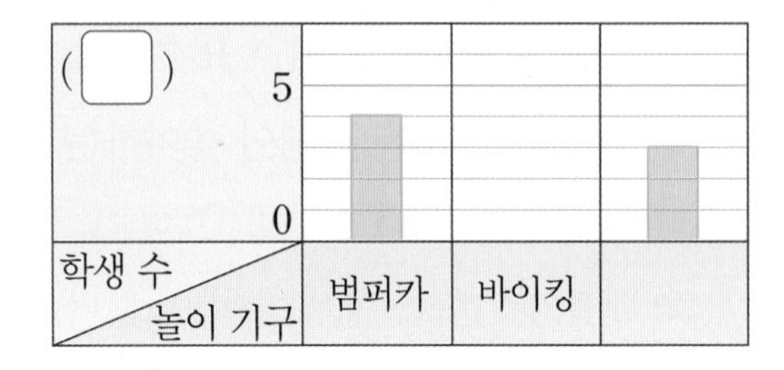

2-2 시아네 반 학생들이 좋아하는 체육 활동을 조사하였습니다. 다음을 읽고 막대그래프를 완성해 보세요.

달리기를 좋아하는 학생은 6명, 뜀틀을 좋아하는 학생은 3명, 피구를 좋아하는 학생은 4명입니다.

좋아하는 체육 활동별 학생 수

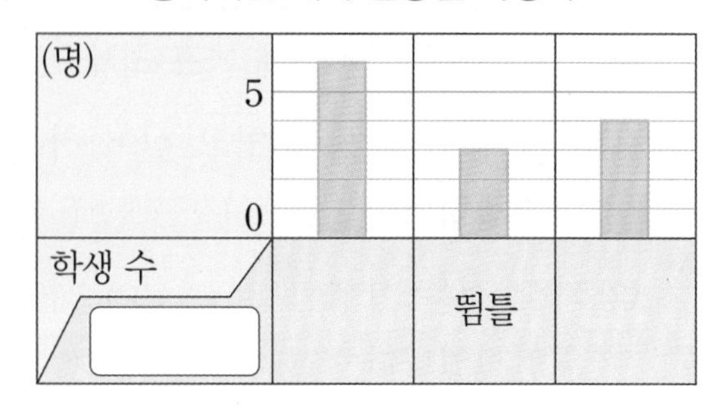

▶정답 및 풀이 24쪽

기초 → 기본 연습 가장 많은 것은 막대의 길이가 가장 길다.

기초 아린이네 반 학생들이 가 보고 싶어 하는 산을 조사하여 나타낸 막대그래프입니다. 가장 많은 학생이 가 보고 싶어 하는 산은 어느 산인지 알아보세요.

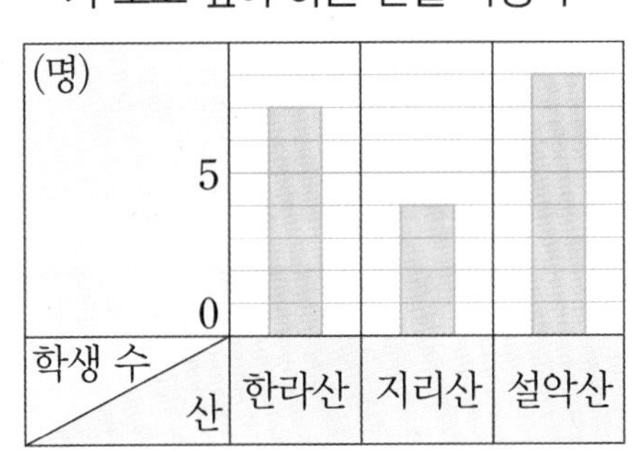

(1) 막대의 길이가 가장 긴 산은 [ ]입니다.

(2) 가장 많은 학생이 가 보고 싶어 하는 산은 [ ]입니다.

3-1 수아네 반 학생들이 좋아하는 새를 조사하여 나타낸 막대그래프입니다. 바르게 설명한 것을 찾아 기호를 써 보세요.

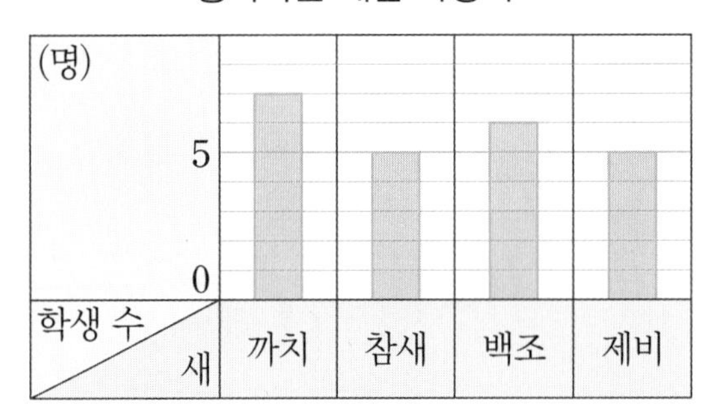

㉠ 가장 많은 학생이 좋아하는 새는 까치입니다.
㉡ 제비를 좋아하는 학생은 6명입니다.

3-2 오른쪽은 농장에서 기르는 동물 수를 조사하여 나타낸 막대그래프입니다. 바르게 설명한 것을 찾아 기호를 써 보세요.

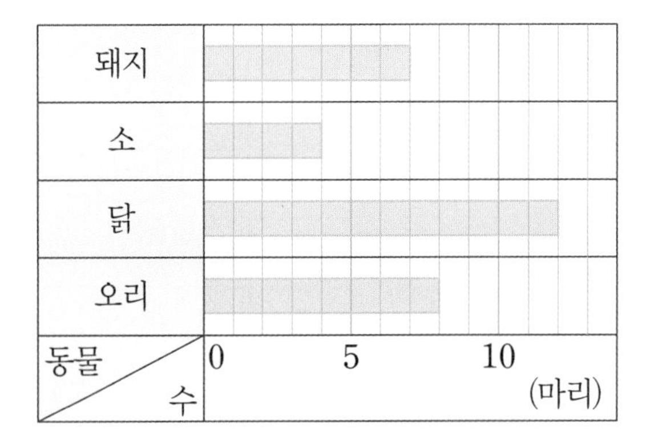

㉠ 가장 많이 기르는 동물은 오리입니다.
㉡ 돼지는 7마리입니다.

3-3 위 3-2의 막대그래프를 통해 알 수 있는 사실을 찾아 [ ] 안에 알맞은 수나 말을 써넣으세요.

농장에서 기르는 소는 [ ]마리이고, 소의 수의 2배인 동물은 [ ]입니다.

3일 규칙 찾기

수의 배열에서 규칙 찾기 (1)

교과서 기초 개념

• **수 배열표에서 규칙 찾기**

101	201	301	401	501
111	211	311	411	511
121	221	321	421	521
131	231	331	431	531
141	241	341	441	541

(1) ☐로 표시된 칸은 101부터 오른쪽으로 ❶ ☐ 씩 커집니다.

(2) ☐로 표시된 칸은 101부터 아래쪽으로 ❷ ☐ 씩 커집니다.

(3) 색칠된 칸은 101부터 ↘ 방향으로 110씩 커집니다.

정답 ❶ 100 ❷ 10

개념 · 원리 확인

▶ 정답 및 풀이 24쪽

[1-1 ~ 2-1] 수 배열표를 보고 물음에 답하세요.

110	120	130	140	150
210	220	230	240	250
310	320	330	340	350

1-1 ☐로 표시된 칸에서 규칙을 찾아 알맞은 수에 ○표 하세요.

규칙 110부터 오른쪽으로 (10 , 100)씩 커집니다.

2-1 ☐로 표시된 칸에서 규칙을 찾아 알맞은 수에 ○표 하세요.

규칙 110부터 아래쪽으로 (10 , 100)씩 커집니다.

[1-2 ~ 2-2] 수 배열표를 보고 물음에 답하세요.

301	401	501	601	701
311	411	511	611	711
321	421	521	621	721

1-2 ☐로 표시된 칸에서 규칙을 찾아 알맞은 수에 ○표 하세요.

규칙 301부터 오른쪽으로 (10 , 100)씩 커집니다.

2-2 ☐로 표시된 칸에서 규칙을 찾아 알맞은 수에 ○표 하세요.

규칙 301부터 아래쪽으로 (10 , 100)씩 커집니다.

[3-1 ~ 4-1] 수 배열표를 보고 물음에 답하세요.

121	122	123	124	
221	222	223	224	
321	322	323	324	
421	422	423	424	
				♥

3-1 색칠된 칸에서 규칙을 찾아 알맞은 수에 ○표 하세요.

규칙 121부터 ↘ 방향으로 (11 , 101)씩 커집니다.

4-1 위 3-1에서 찾은 규칙을 이용하여 ♥에 알맞은 수를 구하세요.

( )

[3-2 ~ 4-2] 수 배열표를 보고 물음에 답하세요.

1512	1522	1532	1542	
1612	1622	1632	1642	
1712	1722	1732	1742	
1812	1822	1832	1842	
				◆

3-2 색칠된 칸에서 규칙을 찾아 알맞은 수에 ○표 하세요.

규칙 1512부터 ↘ 방향으로 (110 , 111)씩 커집니다.

4-2 위 3-2에서 찾은 규칙을 이용하여 ◆에 알맞은 수를 구하세요.

( )

수의 배열에서 규칙 찾기 (2)

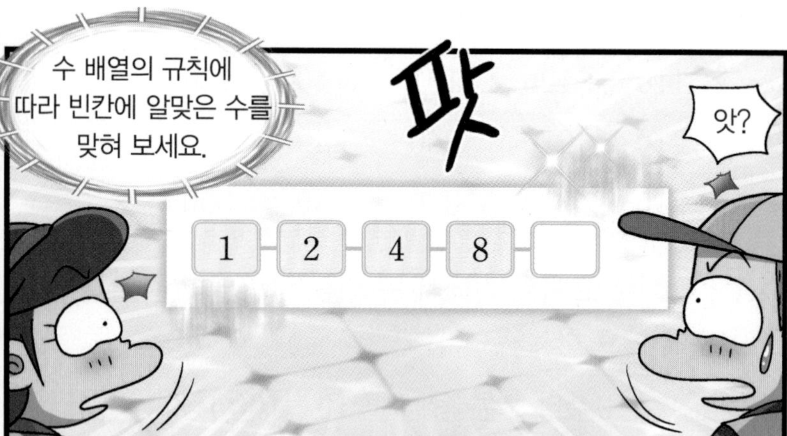

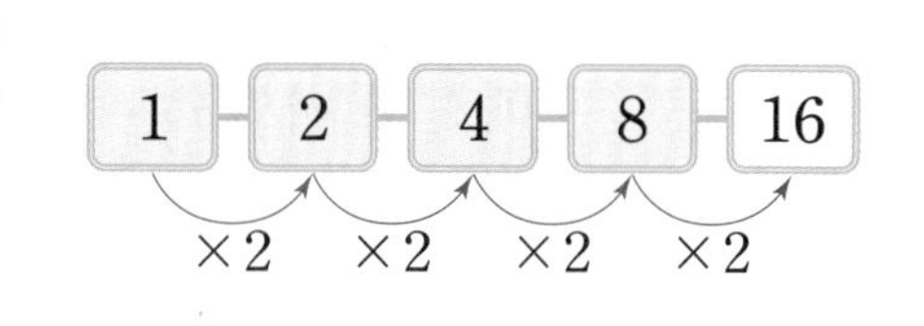

교과서 기초 개념

1. 수의 배열에서 규칙 찾기

(1) 12 – 24 – 48 – 96 – 192

×2 ×2 ×2 ×2

규칙 12부터 시작하여 ❶ ☐ 씩 곱한 수가 오른쪽에 있습니다.

(2) 15 – 25 – 45 – 75 – 115

+10 +20 +30 +40

규칙 15부터 시작하여 오른쪽으로 10, 20, 30……씩 커집니다.

2. 덧셈을 이용한 수 배열표에서 규칙 찾기

	101	102	103	104
10	1	2	3	4
11	2	3	4	5
12	3	4	5	6

	101	102
10	101+10=111	102+10=112
11	101+11=112	102+11=113
12	101+12=113	102+12=114

규칙 두 수의 덧셈의 결과에서 ❷(일 , 십)의 자리 숫자를 쓰는 규칙입니다.

정답 ❶ 2 ❷ 일에 ○표

개념·원리 확인

▶ 정답 및 풀이 25쪽

[1-1 ~ 2-1] 수 배열을 보고 물음에 답하세요.

3 - 6 - 12 - 24 - ☐

1-1 수 배열의 규칙을 찾아 ☐ 안에 알맞은 수를 써넣으세요.

규칙 3부터 시작하여 ☐씩 곱한 수가 오른쪽에 있습니다.

2-1 규칙에 따라 빈칸에 알맞은 수를 구하세요.

( )

[1-2 ~ 2-2] 수 배열을 보고 물음에 답하세요.

11 - 21 - 41 - 71 - ☐

1-2 수 배열의 규칙을 찾아 ☐ 안에 알맞은 수를 써넣으세요.

규칙 11부터 시작하여 오른쪽으로 10, 20, ☐……씩 커집니다.

2-2 규칙에 따라 빈칸에 알맞은 수를 구하세요.

( )

[3-1 ~ 4-1] 덧셈을 이용한 수 배열표를 보고 물음에 답하세요.

	101	102	103	104
4	5	6	7	8
5	6	7	8	9
6	7	8	9	0
7	8	9	0	■

3-1 수 배열표에서 규칙을 찾아 알맞은 말에 ○표 하세요.

규칙 두 수의 덧셈 결과에서 (일 , 십 , 백)의 자리 숫자를 씁니다.

4-1 ■에 알맞은 수를 구하세요.

( )

[3-2 ~ 4-2] 곱셈을 이용한 수 배열표를 보고 물음에 답하세요.

	11	12	13	14
11	1	2	3	4
12	2	4	6	8
13	3	6	9	2
14	4	8	2	●

3-2 수 배열표에서 규칙을 찾아 알맞은 말에 ○표 하세요.

규칙 두 수의 곱셈 결과에서 (일 , 십 , 백)의 자리 숫자를 씁니다.

4-2 ●에 알맞은 수를 구하세요.

( )

3일 기초 집중 연습

기본 문제 연습

1-1 수 배열표에서 [　]로 표시된 칸의 규칙을 찾아 □ 안에 알맞은 수를 써넣으세요.

1	3	5	7	9
11	13	15	17	19
31	33	35	37	39
61	63	65	67	69
101	103	105	107	109

규칙 1부터 오른쪽으로 □씩 커집니다.

1-2 수 배열표에서 [　]로 표시된 칸의 규칙을 찾아 □ 안에 알맞은 수를 써넣으세요.

2	3	4	5	6
22	23	24	25	26
42	43	44	45	46
62	63	64	65	66
82	83	84	85	86

규칙 5부터 아래쪽으로 □씩 커집니다.

2-1 수 배열표에서 규칙에 따라 빈칸에 알맞은 수를 써넣으세요.

420	430	440	
520		540	550
620	630		650
720	730	740	750

2-2 수 배열표에서 규칙에 따라 빈칸에 알맞은 수를 써넣으세요.

7402	7502	7602	7702
6402			6702
5402	5502	5602	
4402		4602	4702

3-1 덧셈을 이용한 수 배열표에서 규칙에 따라 빈칸에 알맞은 수를 써넣으세요.

	14	15	16	17
3	7	8	9	0
4	8	9	0	
5	9	0		2

3-2 곱셈을 이용한 수 배열표에서 규칙에 따라 빈칸에 알맞은 수를 써넣으세요.

	111	112	113	114
16	6	2	8	4
17	7	4		8
18	8		4	2

▶정답 및 풀이 25쪽

기초 → 기본 연습 규칙을 찾으려면 수가 어떻게 변하는지 확인하자.

기초 수 배열에서 수가 어떻게 변하는지 찾아 □ 안에 알맞은 수를 써넣으세요.

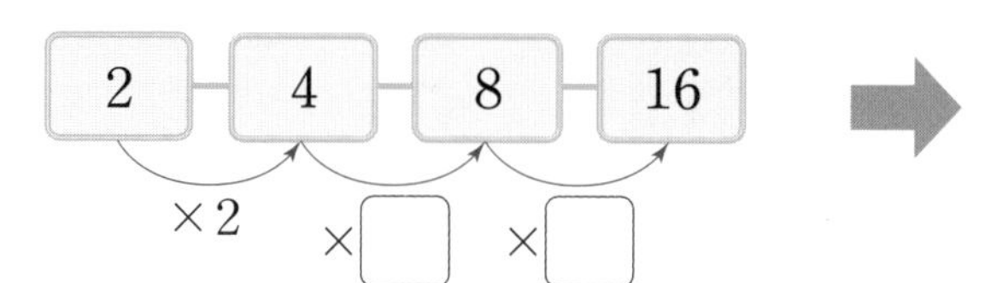

수가 커지면 곱셈이나 덧셈을,
작아지면 나눗셈이나 뺄셈을
하는 규칙을 생각해 봐요.

4-1 수 배열의 규칙을 찾아 완성하고, 찾은 규칙에 따라 빈칸에 알맞은 수를 써넣으세요.

규칙 2부터 시작하여 □씩 곱한 수가 오른쪽에 있습니다.

4-2 수 배열의 규칙을 찾아 완성하고, 찾은 규칙에 따라 빈칸에 알맞은 수를 써넣으세요.

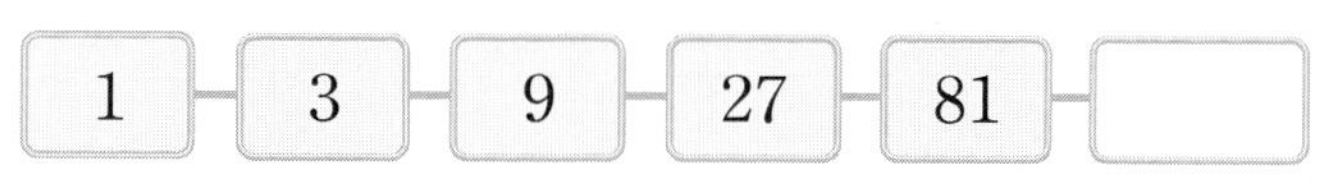

규칙 1부터 시작하여 □씩 곱한 수가 오른쪽에 있습니다.

4-3 수 배열의 규칙을 찾아 완성하고, 찾은 규칙에 따라 빈칸에 알맞은 수를 써넣으세요.

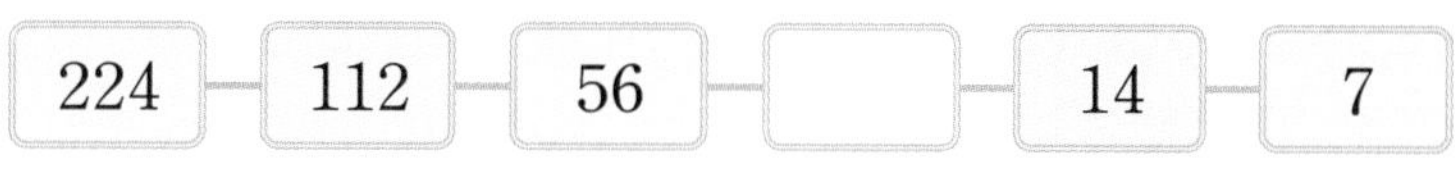

규칙 224부터 시작하여 □로(으로) 나눈 수가 오른쪽에 있습니다.

4일 규칙 찾기

도형의 배열에서 규칙 찾기

교과서 기초 개념

• **사각형 모양의 배열에서 규칙 찾기**

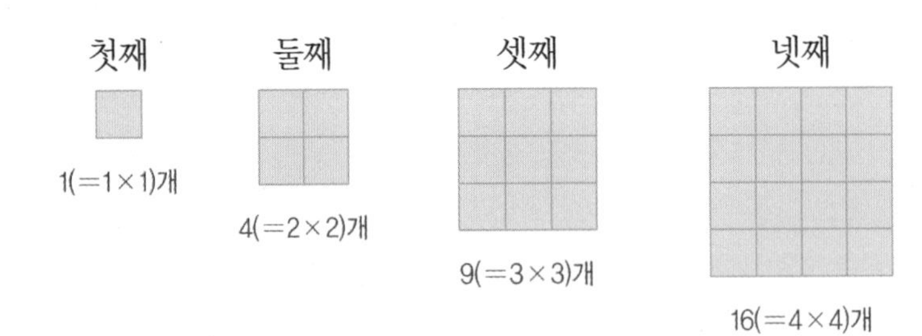

(1) 규칙 가로와 세로가 각각 ❶ ☐ 개씩 늘어나서 이루어진 정사각형 모양입니다.

(2) 다섯째에 알맞은 모양 그리기

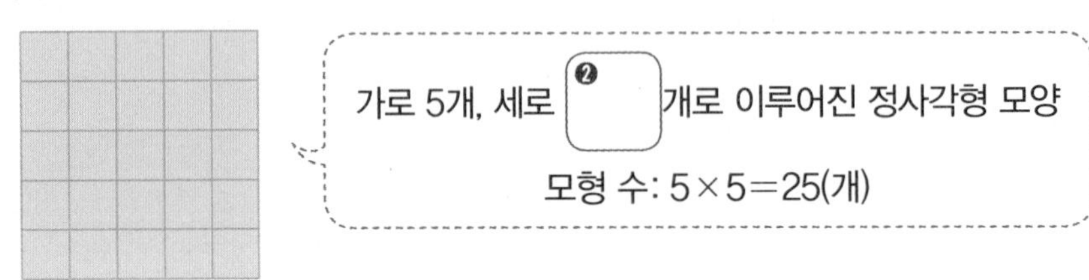

정답 ❶ 1 ❷ 5

개념·원리 확인

▶정답 및 풀이 25쪽

[1-1 ~ 2-1] 모양의 배열을 보고 물음에 답하세요.

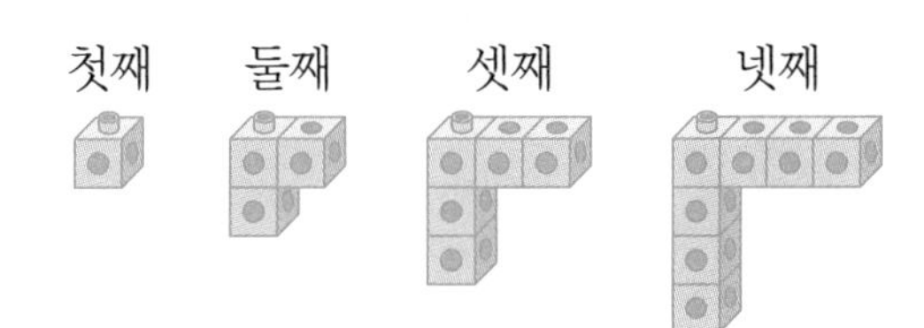

1-1 규칙을 찾아 □ 안에 알맞은 수를 써넣으세요.

규칙 모형이 1개에서 시작하여 오른쪽과 아래쪽으로 각각 □개씩 늘어납니다.

2-1 다섯째에 알맞은 모양을 찾아 ○표 하세요.

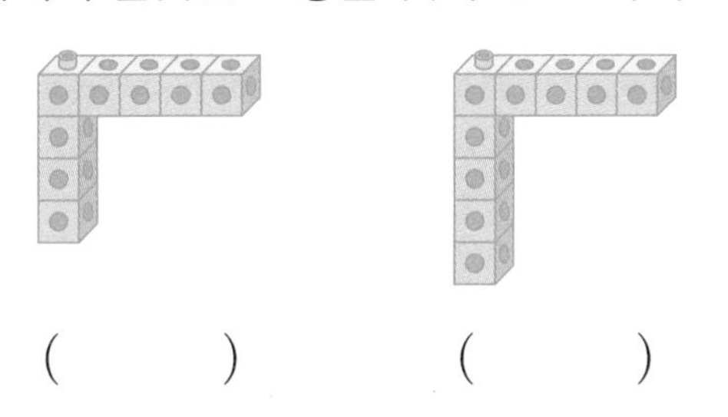

(   ) (   )

[1-2 ~ 2-2] 모양의 배열을 보고 물음에 답하세요.

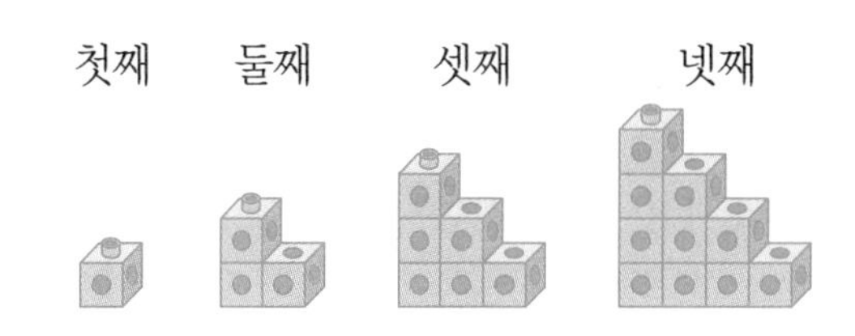

1-2 규칙을 찾아 □ 안에 알맞은 수를 써넣으세요.

규칙 모형이 1개에서 시작하여 2개, 3개, □개……씩 늘어납니다.

2-2 다섯째에 알맞은 모양을 찾아 ○표 하세요.

(   ) (   )

[3-1 ~ 4-1] 도형의 배열을 보고 물음에 답하세요.

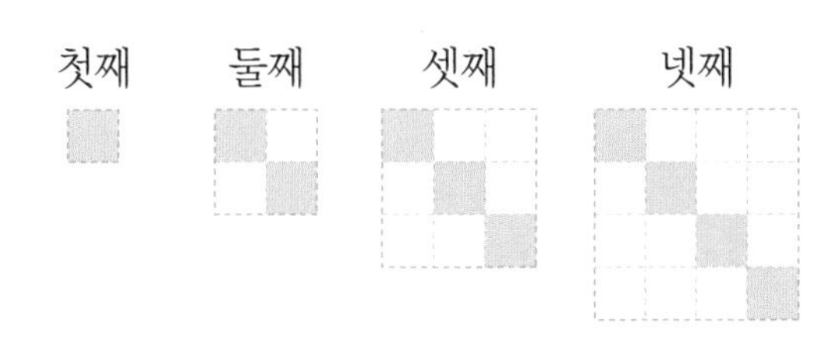

3-1 규칙을 찾아 □ 안에 알맞은 수를 써넣으세요.

규칙 ↘ 방향으로 사각형이 □개씩 늘어납니다.

4-1 다섯째에 알맞은 도형을 찾아 ○표 하세요.

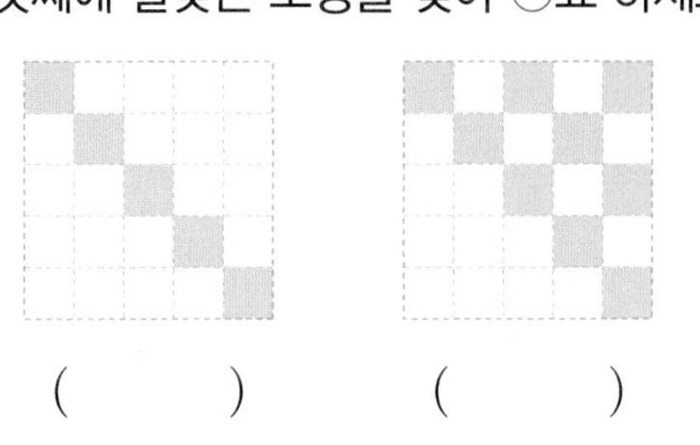

(   ) (   )

[3-2 ~ 4-2] 도형의 배열을 보고 물음에 답하세요.

3-2 규칙을 찾아 □ 안에 알맞은 수를 써넣으세요.

규칙 사각형이 2개에서 시작하여 돌리기 하며 □개씩 늘어납니다.

4-2 다섯째에 알맞은 도형을 찾아 ○표 하세요.

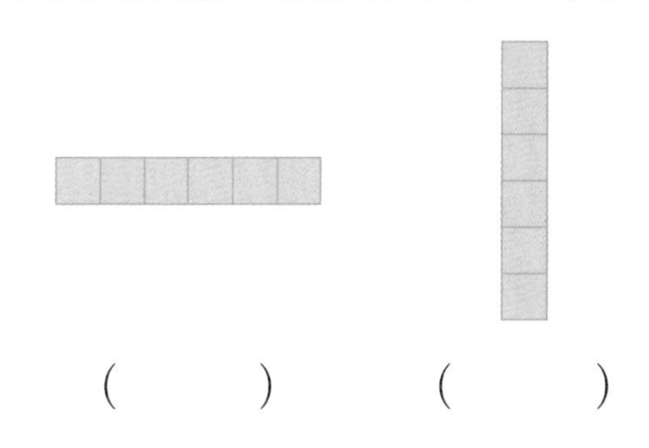

(   ) (   )

규칙 찾기

계산식에서 규칙 찾기 (1)

교과서 기초 개념

1. 덧셈식에서 규칙 찾기

덧셈식
$1 + 5 = 6$
$2 + 4 = 6$
$3 + 3 = 6$
$4 + 2 = 6$
$5 + 1 = 6$

규칙 1씩 커지는 수에
1씩 ❶(작아지는 , 커지는) 수를 더하면
계산 결과는 항상 일정합니다.

2. 뺄셈식에서 규칙 찾기

뺄셈식
$6 - 1 = 5$
$7 - 2 = 5$
$8 - 3 = 5$
$9 - 4 = 5$
$10 - 5 = 5$

규칙 1씩 커지는 수에서
1씩 ❷(작아지는 , 커지는) 수를 빼면
계산 결과는 항상 일정합니다.

정답 ❶ 작아지는에 ○표 ❷ 커지는에 ○표

개념 · 원리 확인

▶정답 및 풀이 26쪽

1-1 계산 결과가 5가 되는 덧셈식을 만들어 보세요.

덧셈식
1+[4]=5
2+[ ]=5
3+[ ]=5
4+[ ]=5

1-2 계산 결과가 4가 되는 뺄셈식을 만들어 보세요.

뺄셈식
5−[1]=4
6−[ ]=4
7−[ ]=4
8−[ ]=4

[2-1 ~ 3-1] 덧셈식을 보고 물음에 답하세요.

순서	덧셈식
첫째	310+110=420
둘째	310+120=430
셋째	310+130=440
넷째	310+140=450

2-1 덧셈식에서 규칙을 찾아 □ 안에 알맞은 수를 써넣으세요.

규칙 같은 수에 10씩 커지는 수를 더하면 계산 결과가 □씩 커집니다.

3-1 다섯째에 알맞은 덧셈식을 써 보세요.

310+□=□

[2-2 ~ 3-2] 뺄셈식을 보고 물음에 답하세요.

순서	뺄셈식
첫째	680−140=540
둘째	680−240=440
셋째	680−340=340
넷째	680−440=240

2-2 뺄셈식에서 규칙을 찾아 □ 안에 알맞은 수를 써넣으세요.

규칙 같은 수에서 100씩 커지는 수를 빼면 계산 결과가 □씩 작아집니다.

3-2 다섯째에 알맞은 뺄셈식을 써 보세요.

680−□=□

기초 집중 연습

기본 문제 연습

1-1 규칙에 따라 다섯째에 알맞은 도형을 찾아 ○표 하세요.

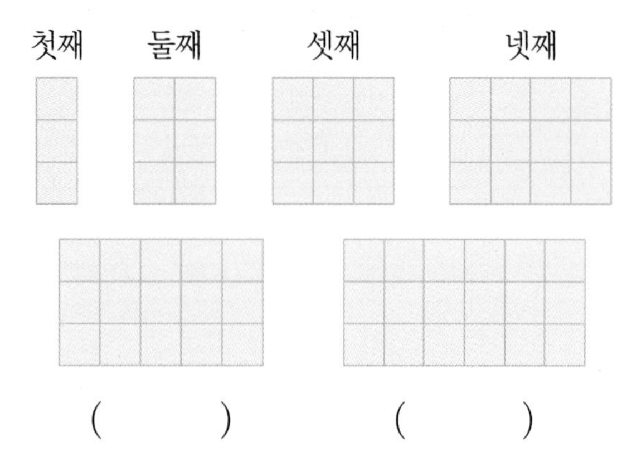

( ) ( )

1-2 규칙에 따라 다섯째에 알맞은 도형을 찾아 ○표 하세요.

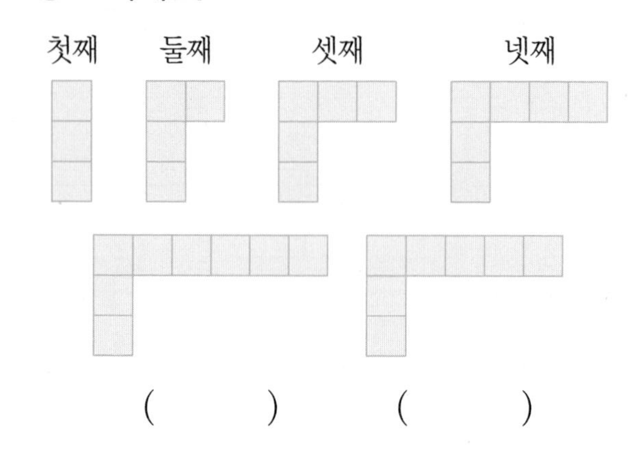

( ) ( )

2-1 설명에 맞는 계산식을 찾아 기호를 써 보세요.

10씩 커지는 수에 같은 수를 더하면 계산 결과는 10씩 커집니다.

㉮	㉯
205+101=306	412+210=622
215+101=316	422+220=642
225+101=326	432+230=662
235+101=336	442+240=682

( )

2-2 설명에 맞는 계산식을 찾아 기호를 써 보세요.

1씩 작아지는 수에서 1씩 커지는 수를 빼면 계산 결과는 2씩 작아집니다.

㉮	㉯
582−211=371	849−501=348
682−211=471	848−502=346
782−211=571	847−503=344
882−211=671	846−504=342

( )

3-1 계산식의 규칙에 따라 빈칸에 알맞은 식을 써넣으세요.

300+400=700
400+500=900
500+600=1100
[ ]

3-2 계산식의 규칙에 따라 빈칸에 알맞은 식을 써넣으세요.

980−120=860
980−220=760
980−320=660
[ ]

▶ 정답 및 풀이 26쪽

기초 → 기본 연습 도형의 배열의 규칙은 개수, 방향, 색깔을 확인하자.

기초 도형의 배열에서 규칙을 찾아 알맞은 말에 ○표 하세요.

첫째 둘째 셋째 넷째

규칙 파란색 사각형을 중심으로 빨간색 사각형이 (시계 방향 , 시계 반대 방향) 으로 한 개씩 늘어납니다.

시계 방향은 ↷ 방향이고,
시계 반대 방향은 ↶ 방향이에요.

4-1 도형의 배열에서 규칙을 찾아 여섯째에 알맞은 도형을 그려 보세요.

첫째 둘째 셋째 넷째 다섯째

여섯째

4-2 도형의 배열에서 규칙을 찾아 다섯째에 알맞은 도형을 그려 보세요.

첫째 둘째 셋째 넷째 다섯째

4-3 규칙에 따라 여섯째에 올 도형의 파란색 사각형과 노란색 사각형의 개수를 각각 구하세요.

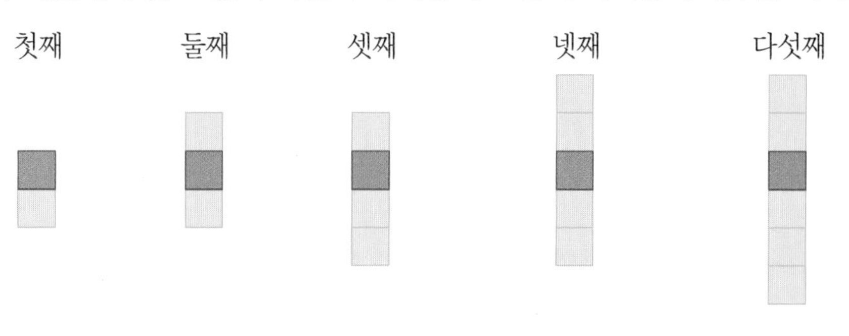

첫째 둘째 셋째 넷째 다섯째

답 파란색 사각형: ____________

노란색 사각형: ____________

4주 4일

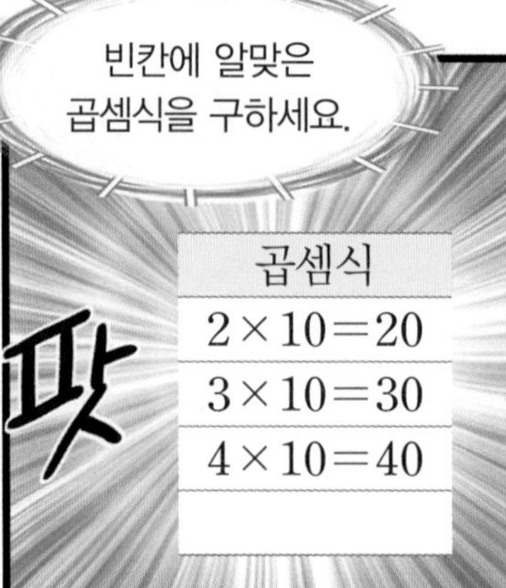

교과서 기초 개념

1. 곱셈식에서 규칙 찾기

곱셈식
$20 \times 10 = 200$
$20 \times 20 = 400$
$20 \times 30 = 600$
$20 \times 40 = 800$
$20 \times 50 = 1000$

규칙 20에 ❶ ☐ 씩 커지는 수를 곱하면 계산 결과가 ❷ ☐ 씩 커집니다.

2. 나눗셈식에서 규칙 찾기

나눗셈식
$100 \div 2 = 50$
$200 \div 2 = 100$
$300 \div 2 = 150$
$400 \div 2 = 200$
$500 \div 2 = 250$

규칙 100씩 커지는 수를 2로 나누면 계산 결과가 ❸ ☐ 씩 커집니다.

정답 ❶ 10 ❷ 200 ❸ 50

개념 · 원리 확인

▶정답 및 풀이 26쪽

[1-1 ~ 2-1] 곱셈식을 보고 물음에 답하세요.

순서	곱셈식
첫째	$10 \times 10 = 100$
둘째	$20 \times 10 = 200$
셋째	$30 \times 10 = 300$
넷째	$40 \times 10 = 400$

1-1 곱셈식에서 규칙을 찾아 알맞은 수에 ○표 하세요.

규칙 10씩 커지는 수에 10을 곱하면
계산 결과가 (100 , 110)씩 커집니다.

2-1 다섯째에 알맞은 곱셈식을 써 보세요.

$\square \times 10 = \square$

3-1 다섯째에 알맞은 식에 ○표 하세요.

순서	곱셈식
첫째	$11 \times 20 = 220$
둘째	$11 \times 30 = 330$
셋째	$11 \times 40 = 440$
넷째	$11 \times 50 = 550$

$10 \times 60 = 600$ ( )

$11 \times 60 = 660$ ( )

[1-2 ~ 2-2] 나눗셈식을 보고 물음에 답하세요.

순서	나눗셈식
첫째	$200 \div 10 = 20$
둘째	$400 \div 10 = 40$
셋째	$600 \div 10 = 60$
넷째	$800 \div 10 = 80$

1-2 나눗셈식에서 규칙을 찾아 알맞은 수에 ○표 하세요.

규칙 200씩 커지는 수를 10으로 나누면
계산 결과가 (10 , 20)씩 커집니다.

2-2 다섯째에 알맞은 나눗셈식을 써 보세요.

$\square \div 10 = \square$

3-2 다섯째에 알맞은 식에 ○표 하세요.

순서	나눗셈식
첫째	$550 \div 10 = 55$
둘째	$440 \div 8 = 55$
셋째	$330 \div 6 = 55$
넷째	$220 \div 4 = 55$

$110 \div 2 = 55$ ( )

$200 \div 4 = 50$ ( )

규칙 찾기   규칙적인 계산식 찾기

12						
일	월	화	수	목	금	토
		1	2	3	4	5
6	7	8	9	10	11	12
13	14	15	16	17	18	19
20	21	22	23	24	25	26
27	28	29	30	31		

교과서 기초 개념

• **달력에서 규칙적인 계산식 찾기**

7월						
일	월	화	수	목	금	토
1	2	3	4	5	6	7
8	9	10	11	12	13	14
15	16	17	18	19	20	21
22	23	24	25	26	27	28
29	30	31				

(1) 수의 가로 배열에서 규칙적인 계산식 찾기

$1+\mathbf{1}=2$, $2+\mathbf{1}=3$, $3+\mathbf{1}=4$……

→ 왼쪽의 수에 ❶ ☐ 을 더하면 오른쪽의 수가 됩니다.

(2) 수의 세로 배열에서 규칙적인 계산식 찾기

$1+\mathbf{7}=8$, $8+\mathbf{7}=15$, $15+\mathbf{7}=22$……

→ 위의 수에 ❷ ☐ 을 더하면 아래의 수가 됩니다.

정답 ❶ 1 ❷ 7

▶정답 및 풀이 27쪽

[1-1 ~ 2-1] 달력의 수 배열을 보고 물음에 답하세요.

4월						
일	월	화	수	목	금	토
				1	2	3
4	5	6	7	8	9	10
11	12	13	14	15	16	17
18	19	20	21	22	23	24
25	26	27	28	29	30	

1-1 □로 표시된 칸의 수의 세로 배열에서 규칙적인 계산식을 찾아 써 보세요.

$14-7=\square$

$15-8=\square$

$16-9=\square$

2-1 색칠된 ↘ 방향에서 규칙적인 계산식을 찾아 써 보세요.

$4+8=\square$

$12+8=\square$

$20+8=\square$

3-1 수 배열표를 보고 규칙적인 계산식을 찾아 써 보세요.

101	102	103	104	105
111	112	113	114	115

$101+112=102+111$

$102+113=103+112$

$103+114=104+\square$

$104+\square=\square+114$

[1-2 ~ 2-2] 달력의 수 배열을 보고 물음에 답하세요.

11월						
일	월	화	수	목	금	토
	1	2	3	4	5	6
7	8	9	10	11	12	13
14	15	16	17	18	19	20
21	22	23	24	25	26	27
28	29	30				

1-2 □로 표시된 칸의 수의 가로 배열에서 규칙적인 계산식을 찾아 써 보세요.

$5-4=\square$

$12-11=\square$

$19-18=\square$

2-2 색칠된 ↘ 방향에서 규칙적인 계산식을 찾아 써 보세요.

$1+17=9\times2$

$2+18=10\times2$

$3+\square=\square\times2$

3-2 수 배열표를 보고 규칙적인 계산식을 찾아 써 보세요.

210	212	214	216	218
211	213	215	217	219

$210+213=212+211$

$212+215=214+213$

$214+\square=216+\square$

$\square+219=\square+217$

5일

기초 집중 연습

기본 문제 연습

1-1 사물함 번호의 배열을 보고 규칙적인 계산식을 찾아 써 보세요.

$21\times2=20+22$

$22\times2=21+23$

$\square\times2=22+\square$

1-2 책 번호의 배열을 보고 규칙적인 계산식을 찾아 써 보세요.

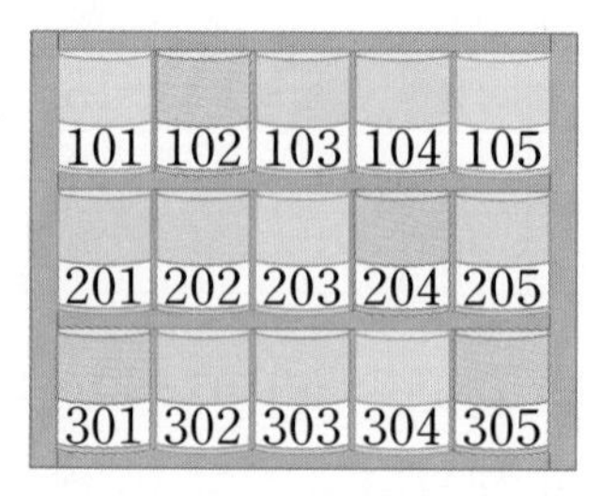

$101+102+103=102\times3$

$201+202+203=202\times3$

$301+\square+303=\square\times3$

2-1 계산식을 보고 설명이 맞으면 ○표, 틀리면 ×표 하세요.

$30\times10=300$

$30\times11=330$

$30\times12=360$

$30\times13=390$

30에 1씩 커지는 수를 곱하면 계산 결과는 30씩 커집니다.

(　　　　　　　)

2-2 계산식을 보고 설명이 맞으면 ○표, 틀리면 ×표 하세요.

$1000\div20=50$

$800\div20=40$

$600\div20=30$

$400\div20=20$

200씩 작아지는 수를 20으로 나누면 계산 결과는 20씩 작아집니다.

(　　　　　　　)

3-1 계산식의 규칙에 따라 빈칸에 알맞은 식을 써넣으세요.

$10\times22=220$

$20\times22=440$

$30\times22=660$

$\square$

3-2 계산식의 규칙에 따라 빈칸에 알맞은 식을 써넣으세요.

$220\div20=11$

$330\div30=11$

$440\div40=11$

$\square$

▶정답 및 풀이 27쪽

기초 → 기본 연습 수의 위치, 관계를 알아보고 규칙적인 계산식을 찾자.

기초 수 배열표를 보고 빈칸에 알맞은 계산식을 찾아 ○표 하세요.

1	2	3	4	5	6
7	8	9	10	11	12

$1+2=3$

$2+2=4$

$3+2=5$

☐

$4+2=6$	$5+1=6$

4-1 승강기 버튼의 수 배열에서 ☐ 안에 있는 수를 이용하여 규칙적인 계산식을 찾아 써 보세요.

$4\times2=3+5$

$9\times2=8+10$

$14\times2=$ ☐ $+$ ☐

4-2 승강기 버튼의 수 배열에서 ☐ 안에 있는 수를 이용하여 규칙적인 계산식을 찾아 써 보세요.

$7\times2=1+13$

$8\times2=2+14$

$9\times2=$ ☐ $+$ ☐

☐ $\times2=4+16$

4-3 위 4-2의 승강기 버튼의 수 배열에서 ☐ 안에 있는 수를 이용하여 규칙적인 계산식을 찾아 써 보세요.

$8+4=2+10$

$9+5=3+11$

$10+6=$ ☐ $+$ ☐

누구나 100점 맞는 테스트

[1 ~ 3] 유미네 반 학생들이 배우고 싶어 하는 운동을 조사하여 나타낸 막대그래프입니다. 물음에 답하세요.

배우고 싶어 하는 운동별 학생 수

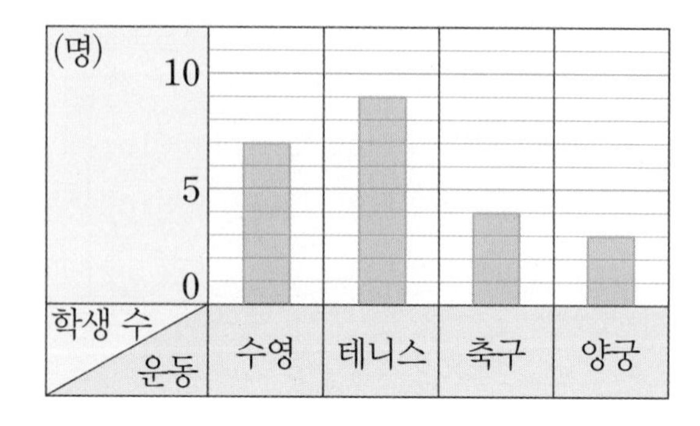

1 막대그래프에서 가로는 무엇을 나타내나요?

( )

2 세로 눈금 한 칸은 몇 명을 나타내나요?

( )

3 가장 많은 학생이 배우고 싶어 하는 운동은 무엇인가요?

( )

[4 ~ 5] 수 배열표를 보고 물음에 답하세요.

3410	3420	3430	3440	3450
3510	3520	3530	3540	3550
3610	3620	3630	3640	3650
3710	3720	3730	3740	■

4 □로 표시된 칸은 3410부터 아래쪽으로 몇씩 커지는 규칙인가요?

( )

5 ■에 알맞은 수를 구하세요.

( )

6 규칙에 따라 다섯째에 알맞은 도형을 그려 보세요.

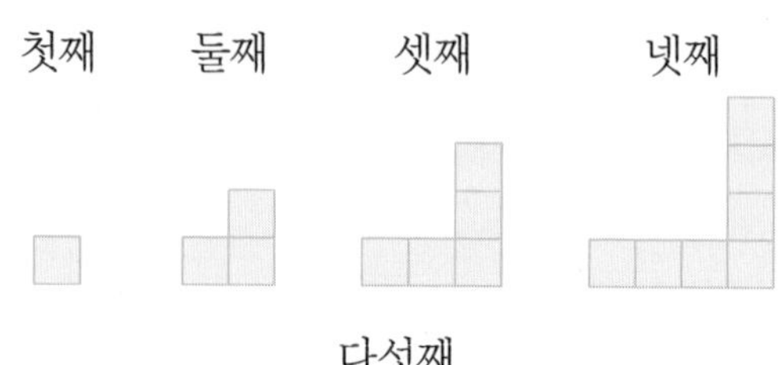

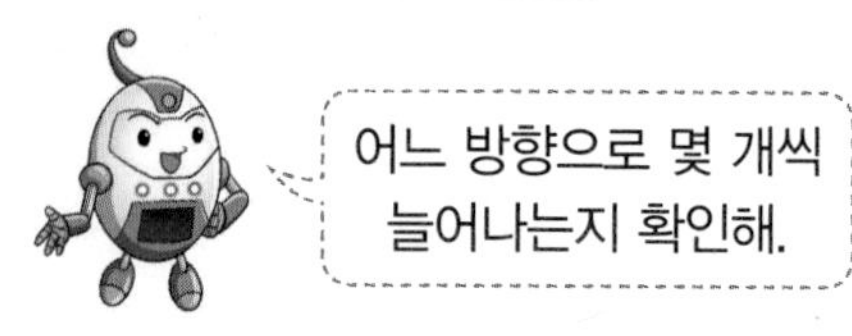

맞은 점수 /100점

▶정답 및 풀이 27쪽

7 윤희네 반 학생들이 좋아하는 음식을 조사하여 나타낸 표입니다. 표를 보고 막대그래프로 나타내세요.

좋아하는 음식별 학생 수

음식	피자	치킨	돈가스	떡볶이	합계
학생 수(명)	5	7	9	8	29

좋아하는 음식별 학생 수

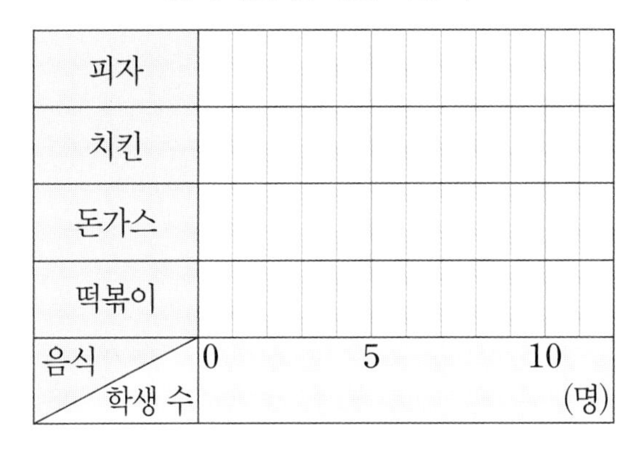

8 수 배열의 규칙을 찾아 빈칸에 알맞은 수를 써넣으세요.

(1) 1 - 4 - 16 - 64 - ☐

(2) 13 - 23 - 43 - 73 - ☐

9 수 배열표를 보고 규칙적인 계산식을 찾아 써 보세요.

140	141	142	143	144
240	241	242	243	244

$140+241=141+240$

$141+242=142+241$

$142+243=\square+242$

$143+244=\square+\square$

10 우석이가 설명하는 계산식을 찾아 기호를 써 보세요.

십의 자리 수가 각각 1씩 커지는 두 수를 더하면 계산 결과가 20씩 커져.

㉮	㉯
$235+113=348$ $235+123=358$ $235+133=368$ $235+143=378$	$301+211=512$ $311+221=532$ $321+231=552$ $331+241=572$

(   )

특강 창의·융합·코딩

화분에 꽃을 규칙에 따라 심어 보았습니다. 빈칸에 알맞은 것을 찾아 ○표 하세요.

( ) ( ) ( )

우편함 번호의 배열에서 규칙을 찾아 □ 안에 알맞은 수를 써넣으세요.

1401	1402	1403	1404
1501	1502	1503	1504
1601	1602	1603	1604
1701	1702	1703	1704

(1) 1401부터 오른쪽으로 □씩 커집니다.

(2) 1403부터 아래쪽으로 □씩 커집니다.

(3) 1401부터 ↘ 방향으로 □씩 커집니다.

▶정답 및 풀이 28쪽

[3~4] 2014년과 2018년 아시안 게임에서 1~4등을 한 나라별 금메달 수를 조사하여 나타낸 막대그래프입니다. 물음에 답하세요.

2014년의 나라별 금메달 수

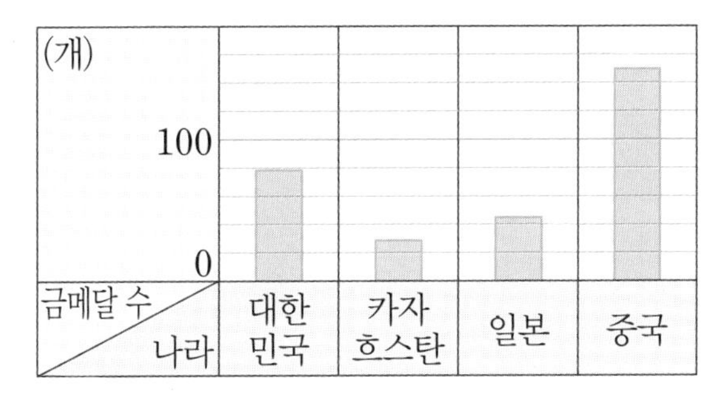

2018년의 나라별 금메달 수

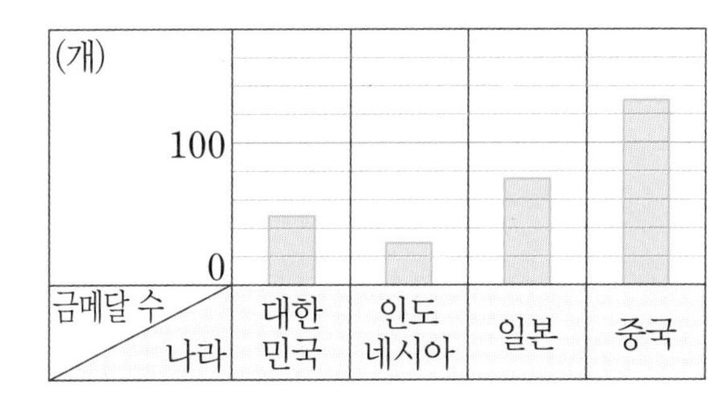

융합 3 2014년에 금메달을 가장 많이 딴 나라는 어디인가요?

( )

융합 4 2018년에 금메달을 세 번째로 많이 딴 나라는 어디인가요?

( )

[5~6] 준영이네 모둠 학생들이 배우고 싶은 전통 악기를 조사하였습니다. 물음에 답하세요.

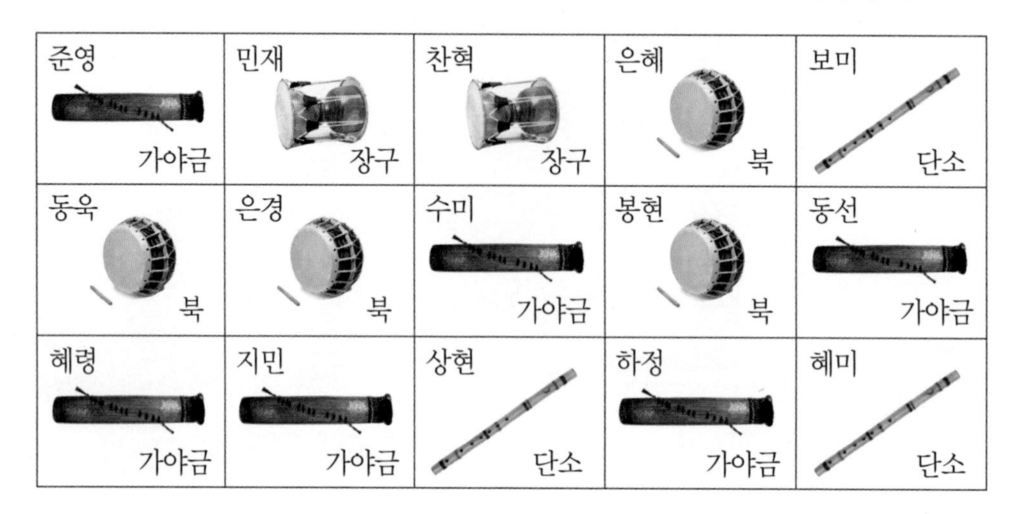

준영 가야금	민재 장구	찬혁 장구	은혜 북	보미 단소
동욱 북	은경 북	수미 가야금	봉현 북	동선 가야금
혜령 가야금	지민 가야금	상현 단소	하정 가야금	혜미 단소

융합 5 조사한 결과를 표로 정리해 보세요.

배우고 싶은 전통 악기별 학생 수

악기	가야금	장구	북	단소	합계
학생 수(명)					

융합 6 위 융합 5 의 표를 보고 가로는 악기, 세로는 학생 수를 나타내는 막대그래프를 완성하세요.

배우고 싶은 전통 악기별 학생 수

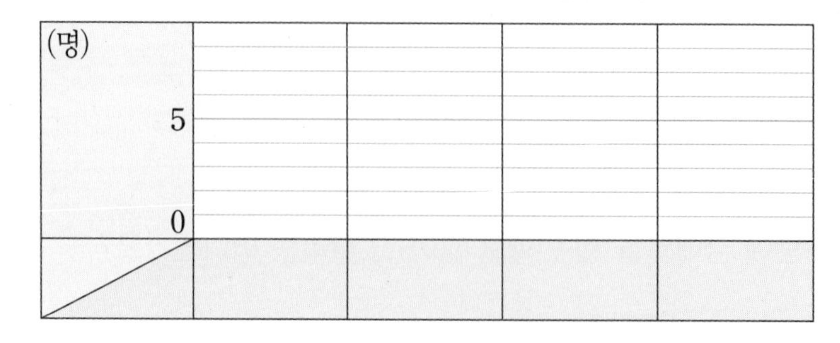

▶정답 및 풀이 28쪽

미진이는 다음과 같은 규칙에 따라 저금을 하려고 합니다. 규칙을 찾아 여섯째 달에 얼마를 저금해야 하는지 알아보세요.

순서	1000원짜리 지폐 수	100원짜리 동전 수
첫째 달	1	2
둘째 달	2	4
셋째 달	3	6
넷째 달	4	8
⋮	⋮	⋮

(1) 1000원짜리 지폐 수와 100원짜리 동전 수가 늘어나는 규칙을 찾아 □ 안에 알맞은 수를 써넣으세요.

1000원짜리 지폐 수 　 규칙 1, 2, 3, 4……로 □씩 늘어납니다.

100원짜리 동전 수 　 규칙 2, 4, 6, 8……로 □씩 늘어납니다.

(2) 빈칸에 알맞은 수를 써넣고 여섯째 달에 저금해야 하는 금액을 구하세요.

여섯째 달의 1000원짜리 지폐와 100원짜리 동전의 합을 구해요.

순서	1000원짜리 지폐 수	100원짜리 동전 수
다섯째 달		
여섯째 달		

답 ______________

4주 특강

특강 창의·융합·코딩

코딩 8 화살표 방향으로 이동하면서 규칙에 따라 수를 써 보세요.

규칙

→: 1000만큼 더 큰 수 ←: 1000만큼 더 작은 수

↑: 10만큼 더 큰 수 ↓: 10만큼 더 작은 수

창의 9 보기의 규칙과 같이 나누는 수가 3일 때의 계산식을 써 보세요.

보기		
$2 \div 2 = 1$ $4 \div 2 \div 2 = 1$ $8 \div 2 \div 2 \div 2 = 1$ $16 \div 2 \div 2 \div 2 \div 2 = 1$	→	$3 \div 3 = 1$ $9 \div 3 \div 3 = 1$ $27 \div 3 \div 3 \div 3 = 1$ ____________

각 식에서 가장 앞에 있는 수 3, 9, 27의 규칙을 찾아봐요.

▶정답 및 풀이 28쪽

친구들의 제기차기 기록을 막대그래프에 나타내려고 합니다. 다음을 읽고 막대그래프를 완성해 보세요.

- 수아와 종은이의 기록은 같습니다.
- 미정이와 종은이의 기록의 합은 18개입니다.
- 수아의 기록은 진우의 기록보다 3개 더 많습니다.

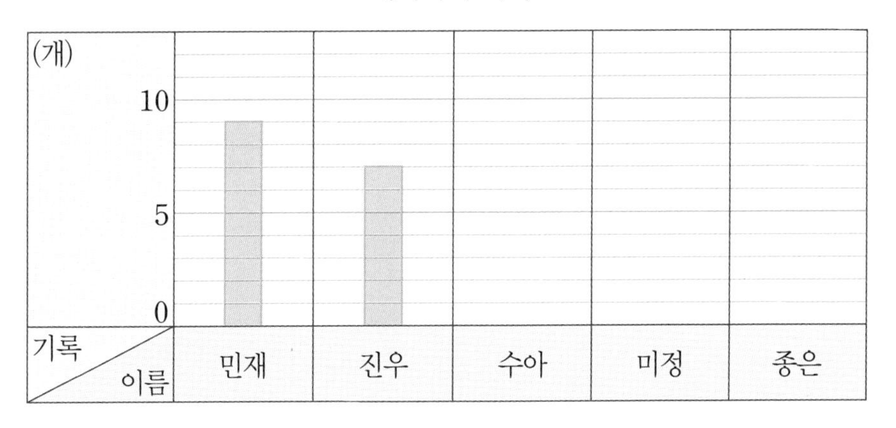

4주 특강

규칙에 따라 빈칸에 알맞은 수를 써넣으세요.

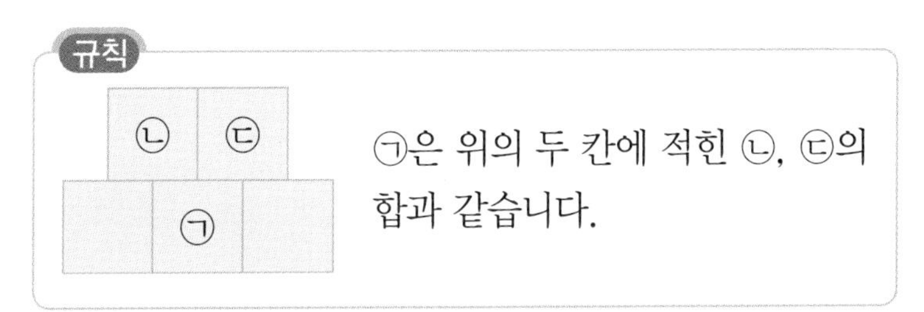

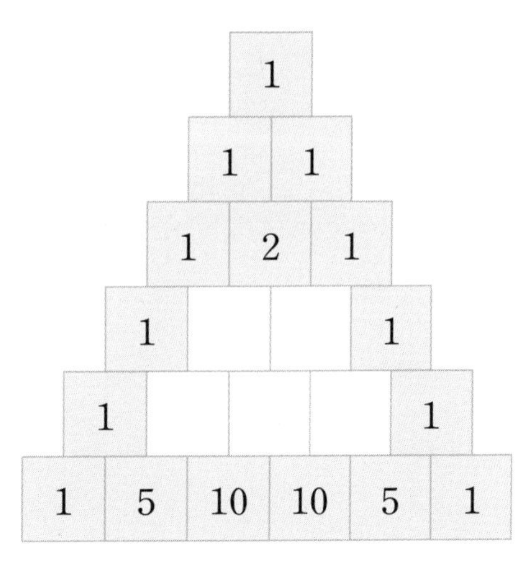

초등 문해력
독해가 힘이다
문장제 수학편
끊어읽기
조건과 구하려는 것
문장제
문해력 어휘 백과

정답 및 풀이

똑똑한
하루 수학

초등 수학 4 A
4학년 수준

천재교육

정답 및 풀이

포인트 3가지

- OX 퀴즈로 쉬어가며 개념 확인
- 혼자서도 이해할 수 있는 문제 풀이
- 참고, 주의 등 자세한 풀이 제시

정답 및 풀이

1주 큰 수 ~ 각도

개념 OX 퀴즈

옳으면 ○에, 틀리면 ✕에 ○표 하세요.

퀴즈 1

1000만이 10개인 수는 1억입니다.

○ ✕

퀴즈 2

직각을 똑같이 90으로 나눈 것 중의 하나를 1도라고 합니다.

○ ✕

정답은 7쪽에서 확인하세요.

6~7쪽 이번 주에는 무엇을 공부할까?②

1-1 (점 잇기)

1-2 6517

2-1 ( )( )(○)

2-2 ( )(○)( )

3-1 9150, 9160

3-2 2267, 2269

4-1 주하

4-2 동화책

1-1 읽지 않은 자리에는 숫자 0을 씁니다.

•

삼천		사십	구
3	0	4	9

•

삼천	사백		구
3	4	0	9

1-2 자릿값만 읽은 자리에는 숫자 1을 씁니다.

육천	오백	십	칠
6	5	1	7

2-1 세 수에서 숫자 7이 나타내는 값을 알아봅니다.
1257 ➜ 7(×),
3729 ➜ 700(×),
8971 ➜ 70(○)

2-2 세 수에서 숫자 6이 나타내는 값을 알아봅니다.
3456 ➜ 6(×),
7614 ➜ 600(○),
6291 ➜ 6000(×)

3-1 9120－9130－9140에서 십의 자리 숫자가 1씩 커졌으므로 10씩 뛰어서 센 것입니다.

3-2 2264－2265－2266에서 일의 자리 숫자가 1씩 커졌으므로 1씩 뛰어서 센 것입니다.

4-1 7250＞6500
　7＞6
➜ 돈을 더 많이 모은 사람은 주하입니다.

4-2 3050＞3025
　5＞2
➜ 더 많이 있는 것은 동화책입니다.

9쪽 개념 · 원리 확인

1-1 1000

1-2 10

2-1 1

2-2 100

3-1 예

1000	1000	1000	1000	1000
1000	1000	1000	1000	1000
1000	1000	1000	1000	1000

3-2 예

1000	1000	1000	1000	1000	1000
1000	1000	1000	1000	1000	1000

4-1 9998, 10000

4-2 9950, 10000

3-1 10개를 묶습니다.

3-2 10000은 1000이 10개인 수이므로 10개를 색칠합니다.

4-1 1씩 커지는 규칙입니다.

4-2 10씩 커지는 규칙입니다.

11쪽	**개념 · 원리 확인**
1-1 2, 9	**1-2** 8, 3
2-1 43973	**2-2** 56198
3-1 이만 삼천팔백오십사	
3-2 65092	
4-1 1000, 30	**4-2** 70000, 200

3-1 주의

일의 자리는 자릿값을 붙이지 않고 숫자만 읽습니다.

3-2 읽지 않은 자리에는 숫자 0을 씁니다.

육만	오천		구십	이
6	5	0	9	2

주의

수를 읽을 때 숫자가 0인 자리는 읽지 않습니다.

12~13쪽	**기초 집중 연습**
1-1 30000+5000+100+20+8	
1-2 20000+6000+800+40+9	
2-1 60	**2-2** 40
3-1 84316에 ○표	**3-2** 12732에 ○표
4-1 100개	**4-2** 1000개
기본 37400	**5-1** 37400원
5-2 28500원	**5-3** 46800원

2-1 10000은 9940보다 60만큼 더 큰 수입니다.

2-2 10000은 9960보다 40만큼 더 작은 수입니다.

3-1 26540 ➔ 40, 84316 ➔ 4000

3-2 12732 ➔ 700, 42107 ➔ 7

4-1 100원이 100개 있어야 10000원이 됩니다.

4-2 10원이 1000개 있어야 10000원이 됩니다.

5-1
10000원짜리 지폐 3장 ➔ 30000원
1000원짜리 지폐 7장 ➔ 7000원
100원짜리 동전 4개 ➔ 400원
37400원

5-2
10000원짜리 지폐 2장 ➔ 20000원
1000원짜리 지폐 8장 ➔ 8000원
100원짜리 동전 5개 ➔ 500원
28500원

5-3
10000원짜리 지폐 4장 ➔ 40000원
1000원짜리 지폐 6장 ➔ 6000원
100원짜리 동전 8개 ➔ 800원
46800원

15쪽	**개념 · 원리 확인**
1-1 100000 또는 10만, 십만	
1-2 1000000 또는 100만, 백만	
2-1 1500000	**2-2** 30090000
3-1 2, 7 / 사천이백육십칠만	
3-2 6, 8 / 육천팔백오십일만	
4-1 ○	**4-2** ○

2-1 백오십만 ➔ 150만 ➔ 1500000

주의

만의 자리를 읽지 않았으므로 만의 자리 숫자는 0입니다.

2-2 삼천구만 ➔ 3009만 ➔ 30090000

주의

백만, 십만의 자리를 읽지 않았으므로 백만, 십만의 자리 숫자는 0입니다.

4-1
• 10000이 1000개인 수 ➔ 1000만
• 10000의 1000배인 수 ➔ 1000만

4-2
• 1만의 10배인 수 ➔ 10만
• 10000이 10개인 수 ➔ 10만

17쪽 **개념 · 원리 확인**

1-1 2, 7 / 60000000, 700000
1-2 8, 1 / 80000000, 30000
2-1 2 **2**-2 4
3-1 800000 또는 80만
3-2 30000000 또는 3000만
4-1 백만, 3000000 또는 300만
4-2 십만, 600000 또는 60만

2-1 25640000
└천만의 자리 숫자

2-2 12430000
└십만의 자리 숫자

18~19쪽 **기초 집중 연습**

1-1 3700000 또는 370만
1-2 1020000 또는 102만
2-1 20000000 또는 2000만
2-2 600000 또는 60만
3-1 아라 **3**-2 ㉡
4-1 5, 50000000 또는 5000만,
6, 600000 또는 60만
4-2 8, 80000000 또는 8000만,
5, 5000000 또는 500만
기본 326 **5**-1 326장
5-2 280칸 **5**-3 189번

3-1

칠십	구만				
7	9	0	0	0	0

3-2

구백		육만				
9	0	6	0	0	0	0

5-1 326만은 만이 326개인 수입니다.
따라서 326만 원은 만 원짜리 지폐 326장으로 바꿀 수 있습니다.

5-2 280만은 만이 280개인 수입니다.
따라서 아이스크림 280만 개를 냉동고 한 칸에 만 개씩 모두 넣으면 아이스크림을 넣은 냉동고는 280칸이 됩니다.

5-3 189만은 만이 189개인 수입니다.
따라서 조회수가 189만일 때 광고는 모두 189번 나왔습니다.

21쪽 **개념 · 원리 확인**

1-1 1000만, 100만 **1**-2 10만, 1만
2-1 3700, 2863, 7600
2-2 730, 2963, 2096
3-1 80000000000 또는 800억
3-2 2000000000 또는 20억
4-1 328200000 **4**-2 1353000000

2-1

3700	2863	7600
억	만	일

2-2

730	2963	2096
억	만	일

4-1 삼억 이천팔백이십만
➡ 3억 2820만 ➡ 328200000

4-2 십삼억 오천삼백만
➡ 13억 5300만 ➡ 1353000000

23쪽 **개념 · 원리 확인**

1-1 1000억, 1조 **1**-2 1조
2-1 650950000000000
2-2 2350235500000000
3-1 백조, 600000000000000 또는 600조
3-2 천조, 8000000000000000 또는 8000조
4-1 ㉡ **4**-2 ㉡

1-2 1억의 10000배는 1조입니다.

4-1 ㉠ 1억의 1000배는 1000억입니다.
1조는 1억의 10000배인 수입니다.

4-2 ㉠ 1000만이 10개이면 1억입니다.

5-3 480000000은 480000의 1000배인 수이므로 고추의 생산량 480000000 kg은 48만 kg씩 1000자루입니다.

24~25쪽 기초 집중 연습

1-1 7294억 281만 9521
1-2 25조 2840억 5000만 1584
2-1 ㉢ **2-2** ㉡
3-1 4000000000 또는 40억
3-2 500000000000000 또는 500조
4-1 7개 **4-2** 11개
기본 3500000000000
5-1 3500000000000장 또는 3조 5000억 장
5-2 145000000000 km 또는 1450억 km
5-3 1000자루

2-1 ㉠ 9000000000000000(9000조)
㉡ 90000000000000(90조)
㉢ 90000000000(900억)
㉣ 900000000(9억)

2-2 ㉠ 2000000000000000(2000조)
㉡ 20000000000000(20조)
㉢ 2000000000(20억)
㉣ 200000(20만)

4-1 4억 8만 → 400080000
400080000에서 0은 7개입니다.

4-2 10조 37억 → 10003700000000
10003700000000에서 0은 11개입니다.

기본 350억의 100배는 3500000000000입니다.

5-1 350억씩 100묶음은 3500000000000이므로 1년 동안 생산한 마스크는 모두 3500000000000장입니다.

5-2 14억 5000만의 100배는 145000000000이므로 지구와 토성 사이 거리의 100배는 145000000000 km입니다.

27쪽 개념 · 원리 확인

1-1 530000, 550000, 570000
1-2 24억, 26억, 28억
2-1 127억, 187억, 207억
2-2 7조 6억, 8조 6억, 10조 6억
3-1 (1) 백만 (2) 100만 또는 1000000
3-2 (1) 천조 (2) 1000조 또는 1000000000000000

1-1 만의 자리 숫자가 1씩 커지도록 뛰어 셉니다.

1-2 억의 자리 숫자가 1씩 커지도록 뛰어 셉니다.

2-1 십억의 자리 숫자가 2씩 커지도록 뛰어 셉니다.

2-2 조의 자리 숫자가 1씩 커지도록 뛰어 셉니다.

29쪽 개념 · 원리 확인

1-1

천만	백만	십만	만	천	백	십	일
	9	5	8	4	0	0	0
9	5	8	4	0	0	0	0

, 95840000에 ○표

1-2

천억	백억	십억	억	천만	백만	십만	만	천	백	십	일
	2	4	6	5	2	1	6	0	0	0	0
	2	4	6	5	0	8	4	0	0	0	0

, 246억 5216만에 ○표

2-1 (위에서부터) >, 7, 6
2-2 (위에서부터) <, 9, 10
3-1 <, < **3-2** >, >
3-3 < **3-4** <

1-1 자리 수가 많은 쪽이 더 큽니다.

1-2 자리 수가 같으면 가장 높은 자리 수부터 비교하여 수가 큰 쪽이 더 큽니다.

3-3 62억 730만 ⓒ< 62억 7300만
(6207300000) (6273000000)
0 < 7

3-4 2조 6524만 ⓒ< 2조 1000억
(2000065240000) (2100000000000)
0 < 1

30~31쪽	기초 집중 연습

1-1 100억씩 **1-2** 1조씩

2-1 64000 64500 64700 65000, 작습니다에 ○표

2-2 110000 113000 117000 120000, 큽니다에 ○표

3-1 200조, 220조 **3-2** 1억 25만, 1억 55만

4-1 > **4-2** <

기본 ㉠ **5-1** 금성

5-2 냉장고 **5-3** 외갓집

1-1 백억의 자리 숫자가 1씩 커지므로 100억씩 뛰어 센 것입니다.

1-2 조의 자리 숫자가 1씩 커지므로 1조씩 뛰어 센 것입니다.

2-1 수직선에서 왼쪽에 있는 수가 더 작은 수이므로 64500은 64700보다 작습니다.

2-2 수직선에서 오른쪽에 있는 수가 더 큰 수이므로 117000은 113000보다 큽니다.

3-1 십조의 자리 숫자가 2씩 커지므로 20조씩 뛰어 센 것입니다.

3-2 십만의 자리 숫자가 1씩 커지므로 10만씩 뛰어 센 것입니다.

4-1 육십이억 칠만 ➔ 6200070000
6200070000 > 620700000
(10자리 수) (9자리 수)

4-2 삼천이십억 구만 ➔ 302000090000
302000090000 < 320000900000
0 < 2

기본 108200000 < 149600000
0 < 4

5-1 108200000 < 149600000
0 < 4
➔ 태양에 더 가까운 행성은 금성입니다.

5-2 1080000 < 1350000
0 < 3
➔ 가격이 더 높은 것은 냉장고입니다.

5-3 구만 오십 ➔ 90050
100400 > 90050
(6자리 수) (5자리 수)
➔ 상현이네 집에서 더 먼 곳은 외갓집입니다.

33쪽	개념 · 원리 확인

1-1 (○)( ) **1-2** (○)( )

2-1 (○)( ) **2-2** ( )(○)

3-1 (○)( ) **3-2** (○)( )

4-1 예 **4-2** 예

1-1 부채의 갓대가 벌어진 정도가 클수록 큰 각입니다.

4-1 각의 두 변이 주어진 각보다 더 많이 벌어지게 그립니다.

4-2 각의 두 변이 주어진 각보다 더 작게 벌어지게 그립니다.

35쪽	개념 · 원리 확인
1-1 20°에 ○표	1-2 50°에 ○표
2-1 70°에 ○표	2-2 10°에 ○표
3-1 40	3-2 130
4-1 90	4-2 150

1-1 각의 한 변이 바깥쪽 눈금 0에 맞춰져 있으므로 바깥쪽 눈금을 읽으면 20°입니다.

1-2 각의 한 변이 바깥쪽 눈금 0에 맞춰져 있으므로 바깥쪽 눈금을 읽으면 50°입니다.

2-1 각의 한 변이 안쪽 눈금 0에 맞춰져 있으므로 안쪽 눈금을 읽으면 70°입니다.

2-2 각의 한 변이 안쪽 눈금 0에 맞춰져 있으므로 안쪽 눈금을 읽으면 10°입니다.

36~37쪽	기초 집중 연습
1-1 (○)(　)	1-2 (○)(　)
2-1 준희	2-2 정우
3-1 (　)(○)(　)	3-2 (　)(○)(　)
4-1 80	4-2 160
기초 ㉠	5-1 ㉠
5-2 ㉢	

5-3 150° / 예 각의 한 변이 각도기의 안쪽 눈금 0에 맞춰져 있으므로 나머지 변과 만나는 안쪽 눈금을 읽어야 하는데 바깥쪽 눈금을 읽어서 잘못되었습니다.

2-1 각의 한 변이 안쪽 눈금 0에 맞춰져 있으므로 안쪽 눈금을 읽으면 60°입니다.

2-2 각의 한 변이 바깥쪽 눈금 0에 맞춰져 있으므로 바깥쪽 눈금을 읽으면 100°입니다.

3-1 두 변이 가장 많이 벌어진 것에 ○표 합니다.

4-1 각도기의 중심과 각의 꼭짓점을 맞추고 각도기의 밑금과 각의 한 변을 맞춘 후 각의 나머지 변과 만나는 각도기의 눈금을 읽습니다.

4-2
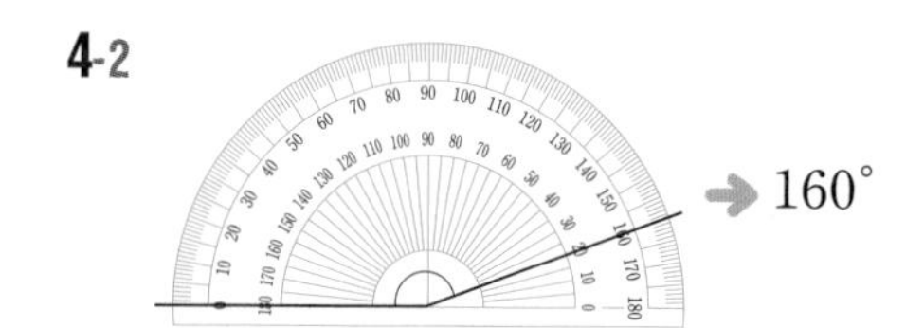
→ 160°

5-1 각도기의 중심과 각의 꼭짓점을 맞추고, 각도기의 밑금과 각의 한 변을 맞춰야 합니다.

5-2 ㉢은 안쪽 눈금을 읽어야 합니다. → 110°

38~39쪽	누구나 100점 맞는 테스트
1 (○)(　)	2 23923
3 10	4 4
5 120°	6 십만, 300000 또는 30만
7 100조씩	8 600장
9 10곳	10 >

1 두 변이 더 많이 벌어진 것에 ○표 합니다.

2 이만 삼천 구백 이십 삼
　2　3　9　2　3

3 10000은 9990보다 10만큼 더 큰 수입니다.

4 245329150834
└백억의 자리 숫자

5 각도기의 중심과 각의 꼭짓점을 맞추고 각도기의 밑금과 각의 한 변을 맞춘 후 각의 나머지 변과 만나는 각도기의 눈금을 읽습니다.

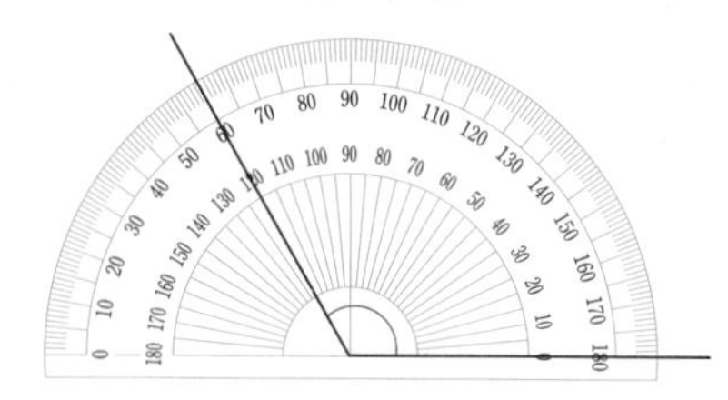

7 백조의 자리 숫자가 1씩 커지므로 100조씩 뛰어 센 것입니다.

8 600만은 만이 600개인 수입니다.
따라서 만 원짜리 지폐로 600장을 찾을 수 있습니다.

9 1조는 1000억이 10개인 수입니다.
옥수수는 컨테이너 한 곳에 1000억 개씩 있으므로 1조 개는 1000억 개씩 10곳의 컨테이너에 있습니다.

10 삼천오백억 칠천 ➡ 350000007000
350000007000 > 35000007900
(12자리 수) (11자리 수)

40~45쪽 특강 창의 · 융합 · 코딩

창의 1

	시작한 달(월)	금액(원)
여행비	7	6만
생신 잔치	8	8만
침대 구입비	6	10만

, 42만 원 또는 420000원

창의 2 (◯)( )( ), 120°

융합 3 (1) 1000만 또는 10000000
(2) 100만 또는 1000000
(3) 10만 또는 100000
(4) 1만 또는 10000

융합 4 8900

창의 5 (왼쪽에서부터) 60, 120

융합 6

	만의 자리	천의 자리	백의 자리	십의 자리	일의 자리
숫자	1	2	7	5	0
나타내는 값	10000	2000	700	50	0

코딩 7 65억 7000만

코딩 8 14조 5000억

융합 9 (위에서부터) 4600, 2500, 2300000, 230, 146

창의 1 할머니 생신 잔치 적금은 침대 구입비 적금보다 2달 후부터 시작했으므로 할머니 생신 잔치 적금은 8월, 침대 구입비 적금은 6월에 시작했습니다.
생신 잔치 적금은 여행비 적금보다 매달 2만 원씩 더 많이 저금하므로 생신 잔치 적금이 10만 원이면 여행비 적금은 8만 원, 생신 잔치 적금이 8만 원이면 여행비 적금은 6만 원입니다. 이때, 10만 원씩 저금한 건 8월 전부터 시작이므로 생신 잔치 적금은 8만 원이어야 합니다.
여행비 적금은 7월부터 6만 원씩 저금했으므로 7월부터 1월까지 6만 원씩 뛰어 세기를 해 봅니다.

6만	12만	18만	24만	30만	36만	42만
7월	8월	9월	10월	11월	12월	1월

따라서 1월까지 저금한 여행비는 42만 원입니다.

창의 2 갈색 머리와 파란색 머리를 한 두 사람의 막대풍선 옆에 채은이의 막대풍선이 있으므로 채은이의 막대풍선은 가운데에 있습니다.
분홍색 머리를 한 사람이 채은이이고, 채은이의 막대풍선이 지민이의 막대풍선보다 창문 쪽에 가까이 있으므로 창문에서부터 제일 먼 곳에 지민이의 막대풍선이 놓여 있습니다.
지민이의 막대풍선이 초록색이므로 응원할 때 벌린 초록색 막대풍선의 각도를 구하면 120°입니다.

융합 4 9000만보다 작고 8800만보다 큰 수 중 백만 단위 아래 숫자가 모두 0인 수는 8900만입니다.
따라서 민하가 생각한 수는 8900만입니다.

융합 6 물건의 합계가 15300원이고 2550원을 할인받았으므로 내야 할 금액은
15300−2550=12750(원)입니다.

코딩 7 시작 수가 5억 7000만이고 10억씩 뛰어 세기를 6번 했으므로
5억 7000만 — 15억 7000만 — 25억 7000만 — 35억 7000만 — 45억 7000만 — 55억 7000만 — 65억 7000만
따라서 토끼가 도착한 곳의 수는 65억 7000만입니다.

코딩 8 시작 수가 12조이고 5000억씩 뛰어 세기를 5번 했으므로
12조 — 12조 5000억 — 13조 — 13조 5000억 — 14조 — 14조 5000억
따라서 토끼가 도착한 곳의 수는 14조 5000억입니다.

퀴즈 1 ◯ ✕
퀴즈 2 ◯ ✕

정답
풀이

2주 각도 ~ 곱셈과 나눗셈

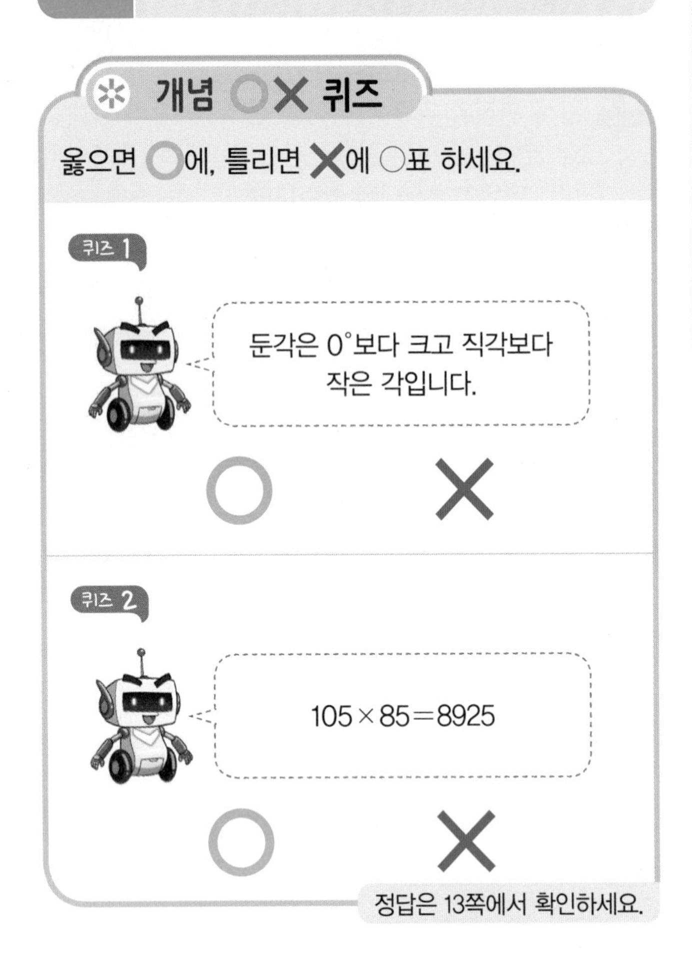

48~49쪽 이번 주에는 무엇을 공부할까?②

1-1 각 ㅁㅂㅅ 또는 각 ㅅㅂㅁ
1-2 각 ㄷㄹㅁ 또는 각 ㅁㄹㄷ
2-1 (◯)( )(◯) **2-2** ㉡
3-1 3, 726 **3-2** 4, 512
4-1 1656 **4-2** 212

1-1 각을 읽을 때에는 각의 꼭짓점이 가운데에 오도록 읽습니다.

4-1
$$\begin{array}{r} 207 \\ \times \quad 8 \\ \hline 1656 \end{array}$$

4-2
$$\begin{array}{r} 4 \\ \times 53 \\ \hline 12 \\ 20 \\ \hline 212 \end{array}$$

51쪽 개념 · 원리 확인

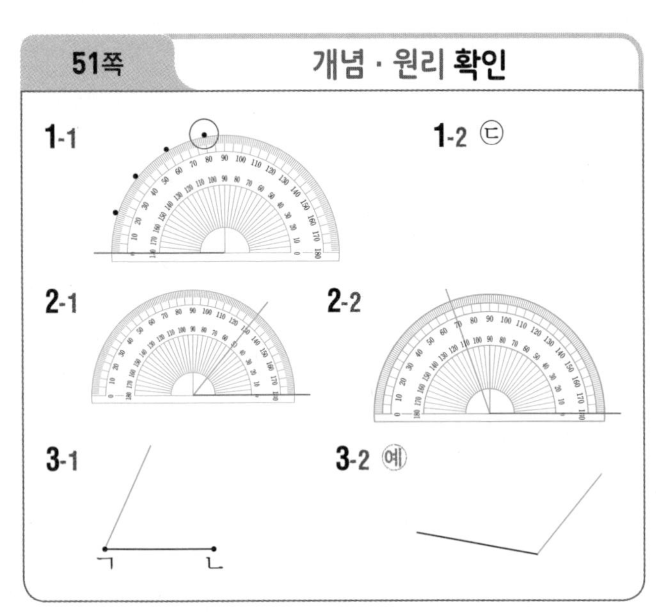

1-1 각도기의 밑금에서 시작하여 각도가 80°가 되는 눈금에 점을 찍어야 합니다.

1-2 각도기의 밑금에서 시작하여 각도가 25°가 되는 눈금에 점을 찍어야 하므로 ㉢입니다.

2-1 안쪽 눈금에서 50°가 되는 곳에 점을 찍고 각의 꼭짓점과 선으로 연결합니다.

2-2 각도기의 밑금에서 시작하여 각도가 110°가 되는 눈금에 점을 찍은 후 나머지 한 변을 긋습니다.

3-1 각도기의 중심과 각의 꼭짓점으로 정한 점 ㄱ을 맞추고, 각도기의 밑금과 각의 한 변인 변 ㄱㄴ을 맞춘 후 각도가 65°인 각을 그립니다.

3-2 각의 꼭짓점을 정하고 각도기의 중심과 각의 꼭짓점을 맞추고, 각도기의 밑금과 각의 한 변을 맞춘 후 각도가 120°인 각을 그립니다.

53쪽 개념 · 원리 확인

1-1 (◯)( ) **1-2** ( )(◯)
2-1 둔 **2-2** 예
3-1 ㉢ **3-2** ㉢
4-1 예 **4-2** 예

1-1 각도가 0°보다 크고 직각보다 작은 각에 ○표 합니다.

1-2 각도가 직각보다 크고 180°보다 작은 각에 ○표 합니다.

2-1 각도가 직각보다 크고 180°보다 작으므로 둔각입니다.

2-2 각도가 0°보다 크고 직각보다 작으므로 예각입니다.

3-1 각도가 0°보다 크고 직각보다 작은 각을 그리려면 점 ㅇ과 점 ㉢을 이어야 합니다.

3-2 각도가 직각보다 크고 180°보다 작은 각을 그리려면 점 ㅇ과 점 ㉢을 이어야 합니다.

54~55쪽 기초 **집중 연습**

1-1 둔각　　1-2 예각
2-1 예　　2-2 예
3-1 ㄱ ㄴ ㄷ　　3-2 예
4-1 둔각　　4-2 예각
기초 (　)(○)(　)　　5-1 가, 라
5-2 2개　　5-3 예각

3-1 각 ㄱㄴㄷ이므로 각의 꼭짓점이 점 ㄴ이 되게 하여 각도가 55°인 각을 그립니다.

3-2 한 변을 먼저 그리고 각도기를 이용하여 각도가 100°가 되도록 나머지 한 변을 그립니다.

4-1 시계의 긴바늘과 짧은바늘이 이루는 작은 쪽의 각은 직각보다 크고 180°보다 작으므로 둔각입니다.

4-2 시계의 긴바늘과 짧은바늘이 이루는 작은 쪽의 각은 0°보다 크고 직각보다 작으므로 예각입니다.

5-1 각도가 0°보다 크고 직각보다 작은 각을 예각이라고 합니다.

5-2 둔각은 직각보다 크고 180°보다 작은 각이므로 98°, 160°입니다. ➜ 2개

5-3 
➜ 예각

57쪽 개념 · 원리 **확인**

1-1 예 30°　　1-2 예 60°
2-1 예 45, 45　　2-2 예 120, 120
3-1 예　　3-2 예

1-1 직각 삼각자의 각 30°와 비슷해 보이므로 약 30°라고 어림할 수 있습니다.

1-2 직각 삼각자의 각 60°와 비슷해 보이므로 약 60°라고 어림할 수 있습니다.

2-1 직각 삼각자의 각 45°와 비슷해 보이므로 약 45°라고 어림할 수 있습니다.

2-2 직각 삼각자의 90°보다 크고 180°보다 작아 보이므로 약 120°라고 어림할 수 있습니다.

59쪽 개념 · 원리 **확인**

1-1 80　　1-2 60
2-1 25　　2-2 120
3-1 85°　　3-2 65°
4-1 (1) 175°　(2) 65°　　4-2 (1) 155°　(2) 115°

1-1 자연수의 덧셈과 같은 방법으로 구합니다.
➜ $50° + 30° = 80°$

1-2 자연수의 뺄셈과 같은 방법으로 구합니다.
➜ $80° - 20° = 60°$

3-1 $60° + 25° = 85°$

3-2 $130° - 65° = 65°$

정답 풀이

60~61쪽 기초 집중 연습

1-1 (1) 140 (2) 55
1-2 (1) 120 (2) 50
2-1 165°, 95°
2-2 160°, 60°
3-1 준희
3-2 50°, 영탁
기본 125
4-1 90°+35°=125°, 125°
4-2 90°+45°=135°, 135°
4-3 225°, 75°

2-1 합: 130°+35°=165°
차: 130°−35°=95°

2-2 합: 110°+50°=160°
차: 110°−50°=60°

3-1 어림한 각도와 잰 각도의 차가 더 작은 준희가 더 잘 어림했습니다.

참고
어림한 각도와 잰 각도의 차가 작을수록 잘 어림한 것입니다.

3-2 어림한 각도와 잰 각도의 차가 더 작은 영탁이가 더 잘 어림했습니다.

4-1 직각보다 35° 더 큰 각을 구하려면 덧셈식을 세워 구합니다.
➜ 90°+35°=125°

4-3 우석: 90°−15°=75°
정우: 90°+60°=150°
➜ 합: 75°+150°=225°
차: 150°−75°=75°

63쪽 개념 · 원리 확인

1-1 180
1-2 25, 180
2-1 30°, 110°, 180°
2-2 60°, 50°, 180°
3-1 40, 75
3-2 35, 50

2-1 ㉠+㉡+㉢=40°+30°+110°=180°

참고
삼각형의 세 각의 크기의 합은 180°입니다.

2-2 ㉠+㉡+㉢=70°+60°+50°=180°

65쪽 개념 · 원리 확인

1-1 50, 360
1-2 80, 360
2-1 70°, 70°, 110° / 360°
2-2 55°, 80°, 95° / 360°
3-1 85, 110
3-2 115, 45

2-1 ㉠+㉡+㉢+㉣=110°+70°+70°+110°=360°

참고
사각형의 네 각의 크기의 합은 360°입니다.

2-2 ㉠+㉡+㉢+㉣=130°+55°+80°+95°=360°

66~67쪽 기초 집중 연습

1-1 180
1-2 360
2-1 (1) 60 (2) 95
2-2 130, 80
3-1 105°
3-2 165°
기본 45
4-1 90°, 45°
4-2 90°, 30°
4-3 120°

1-1 삼각형의 세 각의 크기의 합은 180°입니다.

1-2 사각형의 네 각의 크기의 합은 360°입니다.

2-1 (1) 삼각형의 세 각의 크기의 합은 180°이므로
□=180°−70°−50°=60°입니다.

2-2 (2) 사각형의 네 각의 크기의 합은 360°이므로
□=360°−145°−75°−60°=80°입니다.

3-1 ㉠+㉡+75°=180°
➜ ㉠+㉡=180°−75°=105°

3-2 110°+㉠+85°+㉡=360°
➜ ㉠+㉡=360°−110°−85°=165°

4-1 직각 삼각자의 한 각이 직각이므로 나머지 두 각 중 한 각은 90°이고 나머지 한 각은
180°−90°−45°=45°입니다.

4-2 직각 삼각자의 한 각이 직각이므로 나머지 두 각 중 한 각은 90°이고 나머지 한 각은
180°−90°−60°=30°입니다.

4-3 (각 ㄱㄷㄴ)$=180^\circ-30^\circ-90^\circ=60^\circ$
➔ 직선이 이루는 각도는 180°이므로
(각 ㄱㄷㄹ)$=180^\circ-60^\circ=120^\circ$입니다.

69쪽	개념 · 원리 확인

1-1 800, 8000 **1**-2 1500, 15000
2-1 (1) 24, 24 (2) 000 **2**-2 (1) 14, 14 (2) 000
3-1 (1) 30000 (2) 27000
3-2 (1) 18000 (2) 32000
4-1 12000 **4**-2 48000

2-1 (1) $8\times3=24$ 뒤에 0을 3개 이어 붙인 것입니다.
(2) 400×70은 $4\times7=28$ 뒤에 0을 3개 이어 붙입니다.

2-2 (1) $7\times2=14$ 뒤에 0을 3개 이어 붙인 것입니다.
(2) 600×40은 $6\times4=24$ 뒤에 0을 3개 이어 붙입니다.

4-1
$$\begin{array}{r} 400 \\ \times\ 30 \\ \hline 12000 \end{array}$$

4-2
$$\begin{array}{r} 800 \\ \times\ 60 \\ \hline 48000 \end{array}$$

71쪽	개념 · 원리 확인

1-1 652, 6520 **1**-2 1539, 15390
2-1 1428, 1428 **2**-2 2728, 2728
3-1 (1) 8660 (2) 7200
3-2 (1) 24600 (2) 34440
4-1 21420 **4**-2 31150

1-1 참고
(세 자리 수)×(몇)의 계산에 0을 1개 이어 붙입니다.

4-1
$$\begin{array}{r} 714 \\ \times\ 30 \\ \hline 21420 \end{array}$$

4-2
$$\begin{array}{r} 623 \\ \times\ 50 \\ \hline 31150 \end{array}$$

72~73쪽	기초 집중 연습

1-1 (1) 35000 (2) 9600
1-2 (1) 36000 (2) 32580
2-1
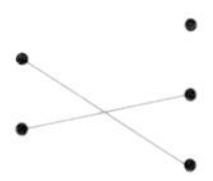
2-2

3-1 56000 **3**-2 25800
4-1 $<$ **4**-2 ㉠
연산 12000
5-1 $200\times60=12000$, 12000장
5-2 $380\times20=7600$, 7600 mL
5-3 예 $216\times50=10800$, 10800원

2-1 $500\times80=40000$
$600\times50=30000$

2-2 $560\times30=16800$
$580\times60=34800$

3-1 $700\times80=56000$

3-2 $516\times50=25800$

4-1 $428\times50=21400$
➔ $21400<25000$

4-2 ㉠ $300\times70=21000$
㉡ $352\times50=17600$
➔ ㉠ $21000>$ ㉡ 17600

5-1 (색종이 60묶음의 수)
=(색종이 한 묶음의 수)×(묶음 수)
$=200\times60=12000$(장)

5-2 (20일 동안 마신 오렌지 주스의 양)
=(오렌지 주스 한 병의 양)×(마신 날수)
$=380\times20=7600$ (mL)

5-3 (민하가 모은 돈)
=50×(50원짜리 동전의 수)
$=50\times216=216\times50=10800$(원)

정답 풀이

75쪽 개념 · 원리 확인

1-1 7680, 1024, 8704
1-2 15800, 632, 16432
2-1 546, 1092, 11466
2-2 (1) 760, 304, 3800 (2) 1584, 1584, 17424
3-1 (1) 4209 (2) 12912
3-2 (1) 2176 (2) 6634
4-1 7056 **4-2** 36720

4-1
$$\begin{array}{r} 126 \\ \times\ 56 \\ \hline 756 \\ 630\ \ \\ \hline 7056 \end{array}$$

4-2
$$\begin{array}{r} 432 \\ \times\ 85 \\ \hline 2160 \\ 3456\ \ \\ \hline 36720 \end{array}$$

77쪽 개념 · 원리 확인

1-1 6300, 63000 **1-2** 2030, 20300
2-1 (1) 10000 (2) 27240
2-2 (1) 4704 (2) 36378
3-1 18000 **3-2** 12255
4-1 57680 **4-2** 15732

4-1
$$\begin{array}{r} 721 \\ \times\ 80 \\ \hline 57680 \end{array}$$

4-2
$$\begin{array}{r} 684 \\ \times\ 23 \\ \hline 2052 \\ 1368\ \ \\ \hline 15732 \end{array}$$

78~79쪽 기초 집중 연습

1-1 (1) 21000 (2) 18400
1-2 (1) 14250 (2) 26316
2-1 900×20에 ○표, 60×300에 ○표
2-2 ㉢
3-1 32370 **3-2** 7632
4-1 ( )(○) **4-2** ㉡
연산 20400
5-1 850×24=20400, 20400원
5-2 250×85=21250, 21250개
5-2 125×31=3875, 3875번

2-1 600×30=18000, 900×20=18000, 400×30=12000, 60×300=18000

2-2 ㉠ 900×40=36000
㉡ 60×600=36000
㉢ 600×50=30000

3-1 390>216>83
➔ 390×83=32370

3-2 318>85>24
➔ 318×24=7632

4-1 813×36=29268, 735×42=30870
➔ 29268<30870

4-2 ㉠ 569×82=46658
㉡ 912×46=41952
➔ ㉠ 46658>㉡ 41952

5-1 (아이스크림 24개의 값)
=(아이스크림 한 개의 값)×(아이스크림의 수)
=850×24=20400(원)

5-2 (전체 사탕의 수)
=(한 상자에 들어 있는 사탕의 수)×(상자 수)
=250×85=21250(개)

5-3 5월은 31일까지 있습니다.
(5월 한 달 동안 하게 되는 줄넘기 횟수)
=(하루에 하는 줄넘기 횟수)×(날수)
=125×31=3875(번)

80~81쪽 누구나 100점 맞는 테스트

1 4620
2
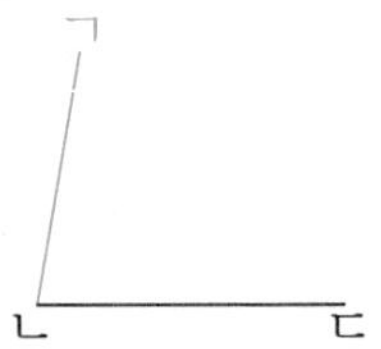

3 예각 **4** 75°
5 110 **6** 140°
7 2864 **8** ㉡
9 16000개 **10** 5040개

3 각도가 0°보다 크고 직각보다 작은 각을 예각이라고 합니다.

4 $45° + 30° = 75°$

6 ㉠$+40°+$㉡$=180°$
➔ ㉠$+$㉡$=180°-40°=140°$

7 가장 큰 수: 179
가장 작은 수: 16
➔ $179 \times 16 = 2864$

9 (한 자루에 들어 있는 호두 수)×(자루 수)
$=200 \times 80 = 16000$(개)

10 (하루에 만드는 비누의 수)×(만든 날수)
$=240 \times 21 = 5040$(개)

82~87쪽 특강 창의 · 융합 · 코딩

창의 1	고양이, 라쿤, 토끼 / 7년, 5년, 6년		
창의 2	지훈, 윤서, 지호		
코딩 3	예각, 둔각	융합 4	120°
창의 5	2640 L	융합 6	3개
코딩 7	75°	융합 8	4536
융합 9	5720원	코딩 10	18600 mL

창의 1 윤기가 토끼를 6년 동안 키웠으므로 석진이와 태형이가 고양이와 라쿤 중 한 마리를 각각 5년 또는 7년을 키우고 있습니다. 태형이는 키우는 반려동물이 고양이는 아니라고 하였으므로 석진이는 고양이, 태형이는 라쿤을 키우고 있습니다. 석진이는 라쿤을 키우는 사람보다 2년 더 키웠으므로 고양이를 7년 키웠고, 태형이는 라쿤을 5년 키웠습니다.

창의 2 세 사람 중 가장 작은 각을 그린 사람은 지호이므로 가장 큰 각을 그린 사람은 지훈이와 윤서 중 한 명입니다. 윤서가 지훈이보다 그린 각이 작으므로 가장 큰 각을 그린 사람은 지훈입니다. 따라서 각도가 큰 사람부터 차례로 쓰면 지훈, 윤서, 지호입니다.

코딩 3 $0° <$ (예각) $< 90°$
$90° <$ (둔각) $< 180°$

융합 4 삼각형의 세 각의 크기의 합은 180°이므로 나머지 두 각의 크기의 합은 $180°-60°=120°$입니다.

창의 5 (빨랫감을 모아서 세탁하여 한 달 동안 절약한 물의 양)
$=$(1회에 절약되는 물의 양)×(실천 횟수)
$=176 \times 15 = 2640$ (L)

융합 6

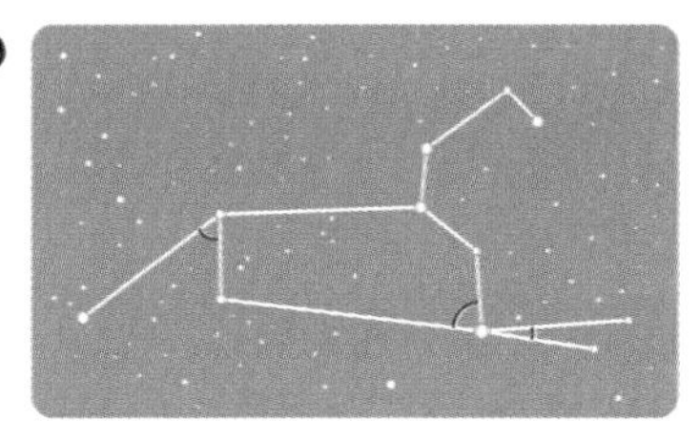

예각은 0°보다 크고 직각보다 작은 각으로 모두 3개입니다.

코딩 7 ㉢$=180°-$㉠$-$㉡$=180°-25°-80°=75°$

융합 8 준희가 나타낸 수: CLXII → $100+60+2=162$
영탁이가 나타낸 수: XXVIII → $20+8=28$
➔ 두 사람이 나타낸 수의 곱: $162 \times 28 = 4536$

융합 9 이날 홍콩 1달러$=$143원이므로 수현이가 가진 돈은 $40 \times 143 = 143 \times 40 = 5720$(원)입니다.

코딩 10 8월은 31일까지 있습니다.
(8월 한 달 동안 먹은 우유갑의 수)
$=3 \times 31 = 93$(갑)
(8월 한 달 동안 먹은 우유의 양)
$=200 \times 93 = 18600$ (mL)

개념 OX 퀴즈 정답

퀴즈 1 ○ ⊗
퀴즈 2 ◎ ×

퀴즈 1 둔각은 직각보다 크고 180°보다 작은 각입니다.

3주 곱셈과 나눗셈 ~ 평면도형의 이동

개념 ○✕ 퀴즈

옳으면 ○에, 틀리면 ✕에 ○표 하세요.

퀴즈 1

나눗셈을 계산하면
224÷14=16입니다.

퀴즈 2

도형을 밀면 도형의 위치와
모양이 바뀝니다.

정답은 21쪽에서 확인하세요.

90~91쪽 이번 주에는 무엇을 공부할까?②

1-1 20	**1**-2 35
2-1 12	**2**-2 32
3-1 190	**3**-2 59
4-1 13	**4**-2 13
5-1 209 / 2	**5**-2 130 / 1

2-1
```
   1 2
4)4 8
  4
    8
    8
    0
```

2-2
```
   3 2
3)9 6
  9
    6
    6
    0
```

3-1
```
   1 9 0
4)7 6 0
  4
  3 6
  3 6
      0
```

3-2
```
     5 9
5)2 9 5
  2 5
    4 5
    4 5
      0
```

4-1
```
   1 3
6)8 2
  6
  2 2
  1 8
    4
```

참고
몫은 13이고 나머지는 4입니다.

4-2
```
   1 3
4)5 3
  4
  1 3
  1 2
    1
```

5-1
```
   2 0 9
3)6 2 9
  6
    2 9
    2 7
      2
```

참고
몫은 209이고 나머지는 2입니다.

5-2
```
   1 3 0
4)5 2 1
  4
  1 2
  1 2
      1
```

참고
몫은 130이고 나머지는 1입니다.

93쪽 개념 · 원리 확인

1-1 3	**1-2** 3
2-1 4 / 280	**2-2** 6 / 540
3-1 7	**3-2** 7
4-1 7	**4-2** 8

1-1 십모형 12개를 십모형 4개씩 묶으면 3묶음입니다.
➜ $120 \div 40 = 3$

1-2 십모형 15개를 십모형 5개씩 묶으면 3묶음입니다.
➜ $150 \div 50 = 3$

3-1
```
     7
60)452
   420
    32
```

3-2
```
     7
80)603
   560
    43
```

4-1 $350 \div 50 = 7$

4-2 $560 \div 70 = 8$

95쪽 개념 · 원리 확인

1-1 5, 85, 0 **1-2** 4, 92, 0
2-1 (1) 6 (2) 7 **2-2** (1) 3 (2) 6
3-1 6, 40 **3-2** 9, 5

4-1
```
    5
16)82
   80
    2
```
4-2
```
    3
29)90
   87
    3
```

2-1 (1)
```
    6
15)95
   90
    5
```
(2)
```
     7
26)190
   182
     8
```

2-2 (1)
```
    3
28)86
   84
    2
```
(2)
```
     6
19)117
   114
     3
```

3-1
```
     6
55)370
   330
    40
```

3-2
```
     9
14)131
   126
     5
```

4-1 나머지가 나누는 수보다 크므로 몫을 1만큼 더 크게 하여 계산합니다.

참고
(나머지)>(나누는 수)
➜ 몫을 1만큼 더 크게 하여 계산합니다.

4-2 나머지가 나누는 수보다 크므로 몫을 1만큼 더 크게 하여 계산합니다.

96~97쪽 기초 집중 연습

1-1 (1) 4 (2) 7 **1-2** (1) 6 (2) 6
2-1 4 / $18 \times 4 = 72$, $72 + 2 = 74$
2-2 4 / $27 \times 4 = 108$, $108 + 4 = 112$
3-1 **3-2** 
4-1 < **4-2** ㉠
연산 6
5-1 $120 \div 20 = 6$, 6상자
5-2 $72 \div 18 = 4$, 4장
5-3 $110 \div 12 = 9 \cdots 2$, 9상자

2-1
```
    4
18)74
   72
    2
```

2-2
```
     4
27)112
   108
     4
```

3-1 $126 \div 21 = 6$, $104 \div 13 = 8$

3-2 $90 \div 15 = 6$, $161 \div 23 = 7$

정답
풀이

4-1 138÷23=6, 119÷17=7

4-2 ㉠ 114÷19=6 ㉡ 130÷26=5

5-2 (한 사람에게 줄 색종이 수)
=(전체 색종이 수)÷(나누어 줄 사람 수)
=72÷18=4

5-3 (전체 연필 수)÷(한 상자에 담는 연필 수)
=110÷12=9…2
➔ 9상자까지 포장할 수 있고 연필이 2자루 남습니다.

99쪽 개념 · 원리 **확인**

1-1 240, 24, 6	**1-2** 20, 19, 3
2-1 24, 32, 64, 64, 0	**2-2** 12, 27, 54, 54, 0
3-1 (1) 27 (2) 16	**3-2** (1) 26 (2) 25
4-1 29	**4-2** 14

3-1 (1)
```
     27
14)378
   28
    98
    98
     0
```
(2)
```
     16
28)448
   28
   168
   168
     0
```

3-2 (1)
```
     26
25)650
   50
   150
   150
     0
```
(2)
```
     25
17)425
   34
    85
    85
     0
```

4-1 377÷13=29

4-2 392÷28=14

101쪽 개념 · 원리 **확인**

1-1 19, 27, 255, 243 / 12	
1-2 24, 72, 156, 144 / 12	
2-1 (1) 25 (2) 24	**2-2** (1) 23 (2) 18
3-1 26, 4	**3-2** 16, 13
4-1 18, 21	**4-2** 24, 2

2-1 (1)
```
     25
17)440
   34
   100
    85
    15
```
(2)
```
     24
21)515
   42
    95
    84
    11
```

참고
몫이 두 자리 수이고 나머지가 있는
(세 자리 수)÷(두 자리 수)의 계산입니다.

2-2 (1)
```
     23
14)333
   28
    53
    42
    11
```
(2)
```
     18
42)760
   42
   340
   336
     4
```

3-1
```
     26
16)420
   32
   100
    96
     4
```
➔ 몫: 26, 나머지: 4

3-2
```
     16
29)477
   29
   187
   174
    13
```
➔ 몫: 16, 나머지: 13

4-1
```
     18
34)633
   34
   293
   272
    21
```
➔ 몫: 18, 나머지: 21

4-2
```
     24
24)578
   48
    98
    96
     2
```
➔ 몫: 24, 나머지: 2

102~103쪽 기초 집중 연습

1-1 (1) 19 (2) 17, 12　　**1-2** (1) 15 (2) 28, 2
2-1 18 / $21\times18=378$, $378+2=380$
2-2 34 / $13\times34=442$, $442+11=453$
3-1 ⑤　　**3-2** ⑤
4-1 $<$　　**4-2** ㉡
연산 50　　**5-1** $600\div12=50$, 50원
5-2 $182\div14=13$, 13쪽
5-3 $365\div15=24\cdots5$ / 24상자, 5개

2-1
```
     1 8
21)3 8 0
   2 1
   1 7 0
   1 6 8
       2
```

2-2
```
     3 4
13)4 5 3
   3 9
     6 3
     5 2
     1 1
```

3-1 나머지는 나누는 수보다 작아야 합니다.
➡ 19는 나머지가 될 수 없습니다.

3-2 나머지는 나누는 수보다 작아야 합니다.
➡ 30은 나머지가 될 수 없습니다.

4-1 $540\div15=36$
$888\div24=37$

참고
나누어지는 수의 앞의 두 자리 수가 나누는 수와 같거나 크면 몫은 두 자리 수가 됩니다.

4-2 ㉠ $234\div13=18$
㉡ $494\div26=19$

5-1 (색 고무줄 한 개의 값)
=(색 고무줄 12개의 값)÷(색 고무줄 수)
$=600\div12=50$(원)

5-2 (하루에 읽어야 하는 쪽수)
=(전체 쪽수)÷(읽는 날수)
$=182\div14=13$(쪽)

5-3 (전체 사과 수)÷(한 상자에 담는 사과 수)
$=365\div15=24\cdots5$
➡ 24상자까지 담을 수 있고 사과는 5개 남습니다.

105쪽 개념 · 원리 확인

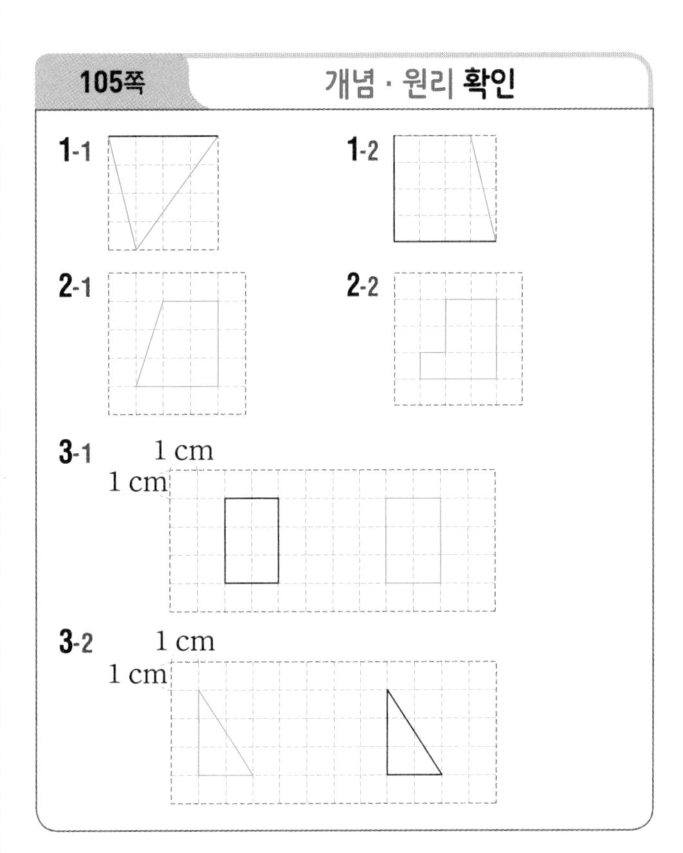

1-1 도형을 왼쪽으로 밀어도 모양은 변하지 않습니다.

1-2 도형을 오른쪽으로 밀어도 모양은 변하지 않습니다.

2-1 도형을 아래쪽으로 밀어도 모양은 변하지 않으므로 위쪽 도형과 똑같은 도형을 그립니다.

2-2 도형을 위쪽으로 밀어도 모양은 변하지 않으므로 아래쪽 도형과 똑같은 도형을 그립니다.

3-1 한 변을 기준으로 오른쪽으로 6칸 밀었을 때의 도형을 그립니다.

주의
도형을 주어진 길이만큼 밀 때 한 꼭짓점 또는 한 변을 기준으로 주어진 길이만큼 방향을 생각하며 밉니다.

3-2 한 변을 기준으로 왼쪽으로 7칸 밀었을 때의 도형을 그립니다.

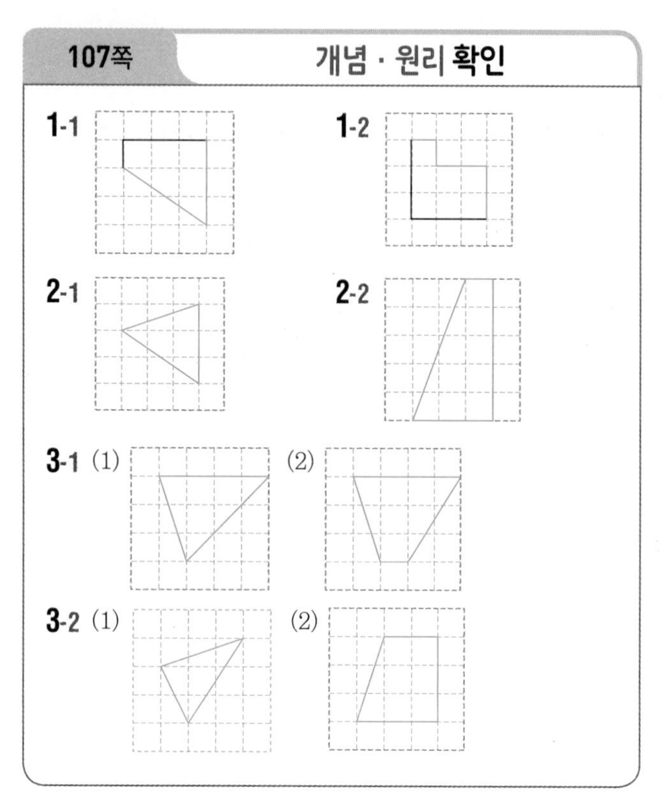

1-1 도형의 오른쪽과 왼쪽이 서로 바뀐 도형을 그립니다.

1-2 도형의 왼쪽과 오른쪽이 서로 바뀐 도형을 그립니다.

2-1 도형의 왼쪽과 오른쪽이 서로 바뀐 도형을 그립니다.

3-1 도형의 위쪽과 아래쪽이 서로 바뀐 도형을 그립니다.

3-2 도형의 위쪽과 아래쪽이 서로 바뀐 도형을 그립니다.

108~109쪽 **기초 집중 연습**

1-1 (◯)( )
1-2 ㉢

2-1

2-2

3-1 ( )(◯)
3-2 ㉡

기초

4-1 같습니다에 ◯표

4-2 예 ㉮ 도형을 오른쪽으로 뒤집었습니다.

4-3 예 ㉯ 도형은 ㉮ 도형을 오른쪽으로 6 cm 밀어서 이동한 것입니다.

1-1 도형을 밀면 위치는 변하지만 모양은 변하지 않습니다.

1-2 도형을 왼쪽으로 밀어도 크기와 모양은 변하지 않습니다

2-1 도형의 왼쪽과 오른쪽이 서로 바뀐 도형을 그립니다.

2-2 도형의 왼쪽과 오른쪽이 서로 바뀐 도형을 그립니다.

3-1 모양 조각의 왼쪽과 오른쪽이 서로 바뀐 모양을 찾습니다.

3-2 모양 조각의 왼쪽과 오른쪽이 서로 바뀐 모양을 찾습니다.

4-2 도형을 왼쪽이나 오른쪽으로 뒤집으면 왼쪽과 오른쪽이 서로 바뀝니다.

4-3 한 점을 기준으로 하여 어느 쪽으로 몇 칸 밀었는지 알아봅니다.

111쪽 **개념 · 원리 확인**

1-1
1-2

2-1
2-2

3-1
3-2

4-1
4-2

1-1 도형의 위쪽이 오른쪽으로, 오른쪽이 아래쪽으로 바뀐 도형을 그립니다.

1-2 도형의 위쪽이 오른쪽으로, 오른쪽이 아래쪽으로 바뀐 도형을 그립니다.

2-1 도형의 위쪽이 아래쪽으로, 오른쪽이 왼쪽으로 바뀐 도형을 그립니다.

2-2 도형의 위쪽이 아래쪽으로, 오른쪽이 왼쪽으로 바뀐 도형을 그립니다.

3-1 도형의 위쪽이 왼쪽으로, 오른쪽이 위쪽으로 바뀐 도형을 그립니다.

3-2 도형의 위쪽이 왼쪽으로, 오른쪽이 위쪽으로 바뀐 도형을 그립니다.

4-1 도형을 시계 방향으로 360°만큼 돌린 도형은 처음 도형과 같습니다.

4-2 도형을 시계 방향으로 360°만큼 돌린 도형은 처음 도형과 같습니다.

113쪽 **개념 · 원리 확인**

1-1
1-2
2-1
2-2
3-1
3-2
4-1
4-2

1-1 도형의 위쪽이 왼쪽으로, 오른쪽이 위쪽으로 바뀐 도형을 그립니다.

1-2 도형의 위쪽이 왼쪽으로, 오른쪽이 위쪽으로 바뀐 도형을 그립니다.

2-1 도형의 위쪽이 아래쪽으로, 오른쪽이 왼쪽으로 바뀐 도형을 그립니다.

2-2 도형의 위쪽이 아래쪽으로, 오른쪽이 왼쪽으로 바뀐 도형을 그립니다.

3-1 참고
도형을 시계 반대 방향으로 270°만큼 돌리기
➔ 도형을 시계 방향으로 90°만큼 돌리기와 모양이 같습니다.

4-1 시계 반대 방향으로 360°만큼 돌린 도형은 처음 도형과 같습니다.

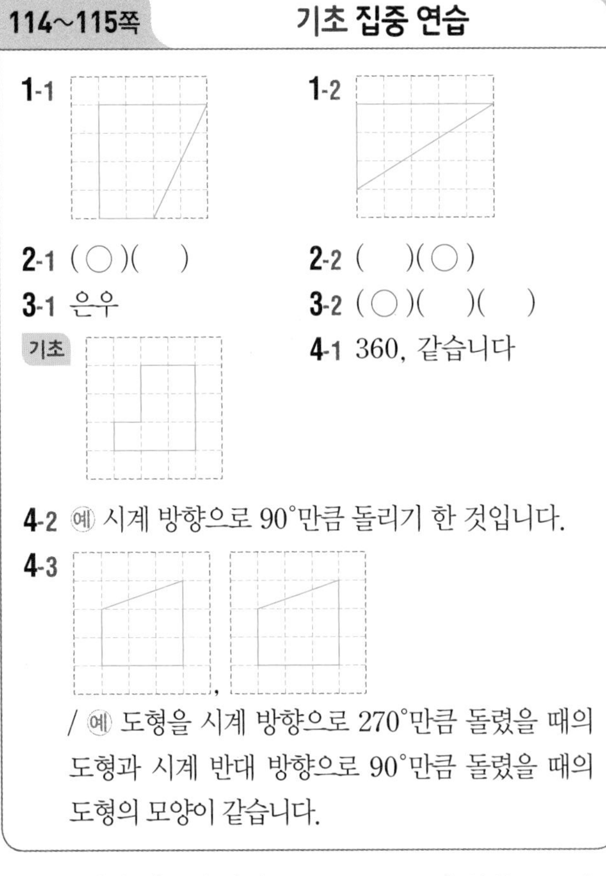

114~115쪽 **기초 집중 연습**

1-1
1-2

2-1 (○)( )
2-2 ( )(○)
3-1 은우
3-2 (○)( )( )
기초
4-1 360, 같습니다
4-2 예 시계 방향으로 90°만큼 돌리기 한 것입니다.
4-3
/ 예 도형을 시계 방향으로 270°만큼 돌렸을 때의 도형과 시계 반대 방향으로 90°만큼 돌렸을 때의 도형의 모양이 같습니다.

1-2 도형의 위쪽이 아래쪽으로, 오른쪽이 왼쪽으로 바뀝니다.

2-1 도형의 위쪽이 왼쪽으로, 오른쪽이 위쪽으로 바뀐 도형을 찾습니다.

2-2 도형의 위쪽이 오른쪽으로, 오른쪽이 아래쪽으로 바뀝니다.

3-1 글자 카드의 위쪽이 오른쪽으로, 오른쪽이 아래쪽으로 바뀐 모양을 찾습니다.

정답
풀이

117쪽 개념 · 원리 확인

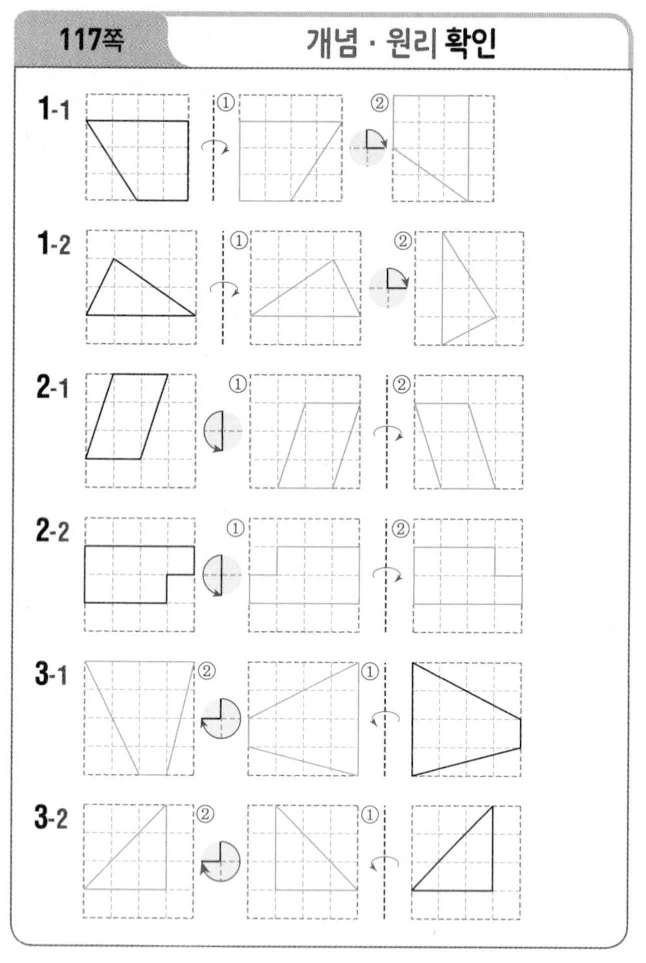

1-1 ① 도형의 왼쪽과 오른쪽이 서로 바뀐 도형을 그립니다.
② ①의 위쪽이 오른쪽으로, 오른쪽이 아래쪽으로 바뀐 도형을 그립니다.

1-2 ① 도형의 왼쪽과 오른쪽이 서로 바뀐 도형을 그립니다.
② ①의 위쪽이 오른쪽으로, 오른쪽이 아래쪽으로 바뀐 도형을 그립니다.

2-1 ① 도형의 위쪽이 아래쪽으로, 오른쪽이 왼쪽으로 바뀐 도형을 그립니다.
② ①의 왼쪽과 오른쪽이 서로 바뀐 도형을 그립니다.

2-2 ① 도형의 위쪽이 아래쪽으로, 오른쪽이 왼쪽으로 바뀐 도형을 그립니다.
② ①의 왼쪽과 오른쪽이 서로 바뀐 도형을 그립니다.

3-1 ① 도형의 왼쪽과 오른쪽이 서로 바뀐 도형을 그립니다.
② ①의 위쪽이 왼쪽으로, 오른쪽이 위쪽으로 바뀐 도형을 그립니다.

참고

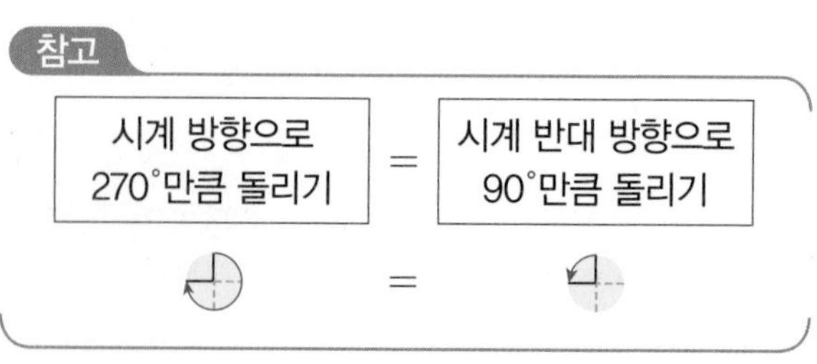

3-2 ① 도형의 왼쪽과 오른쪽이 서로 바뀐 도형을 그립니다.
② ①의 위쪽이 왼쪽으로, 오른쪽이 위쪽으로 바뀐 도형을 그립니다.

119쪽 개념 · 원리 확인

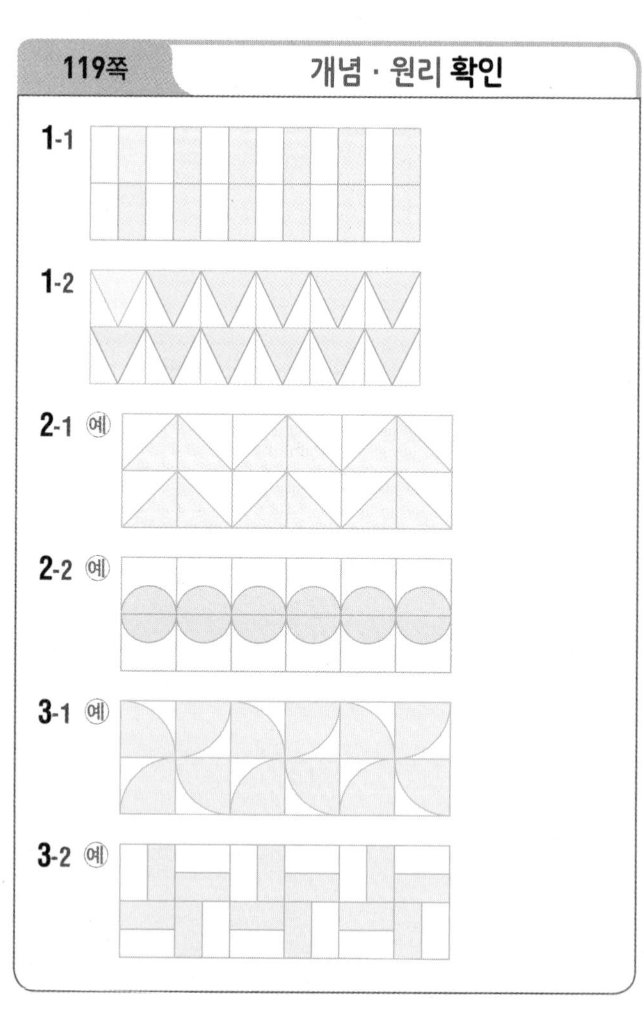

1-1 모양을 밀면 위치는 바뀌지만 모양은 변하지 않고 그대로입니다.

3-1 주어진 모양을 시계 방향으로 90°만큼 돌리는 것을 반복하여 무늬를 만들 수 있습니다.

3-2 주어진 모양을 시계 방향으로 90°만큼 돌리는 것을 반복하여 무늬를 만들 수 있습니다.

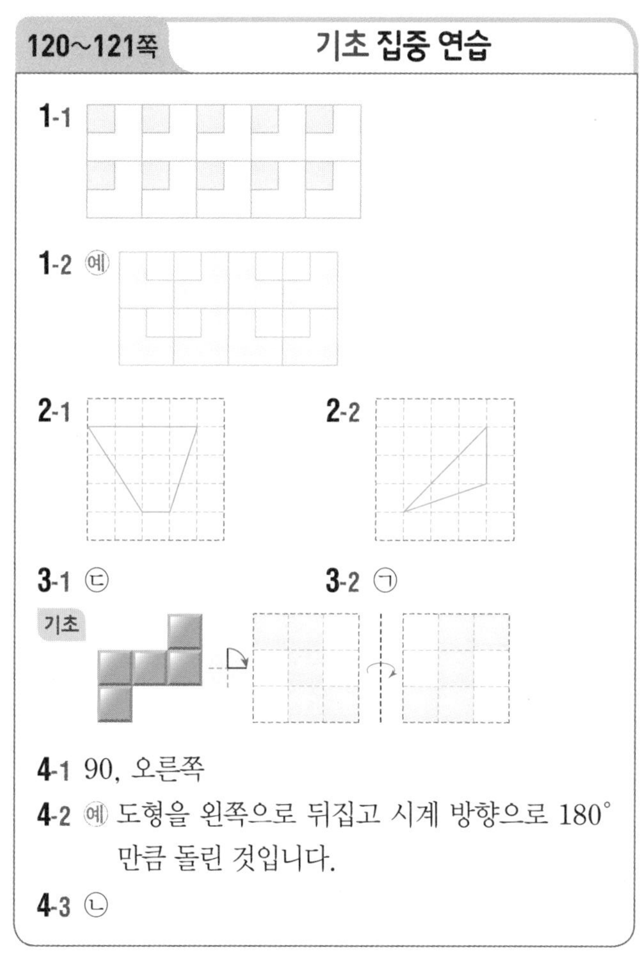

120~121쪽 기초 집중 연습

1-1

1-2 예

2-1　　2-2

3-1 ㉢　　3-2 ㉠

기초

4-1 90, 오른쪽

4-2 예 도형을 왼쪽으로 뒤집고 시계 방향으로 180° 만큼 돌린 것입니다.

4-3 ㉡

1-1 주어진 모양을 밀어도 크기와 모양은 변하지 않습니다.

1-2 모양을 오른쪽으로 뒤집기 하여 모양을 만들고 그 모양을 오른쪽으로 밀고 아래쪽으로 밀어 가며 무늬를 만듭니다.

2-1

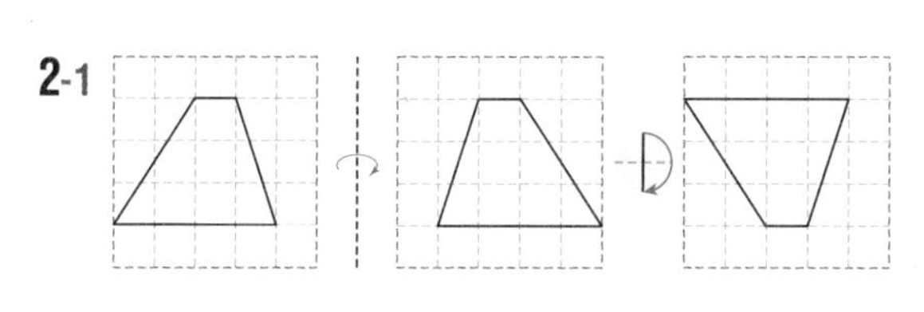

2-2

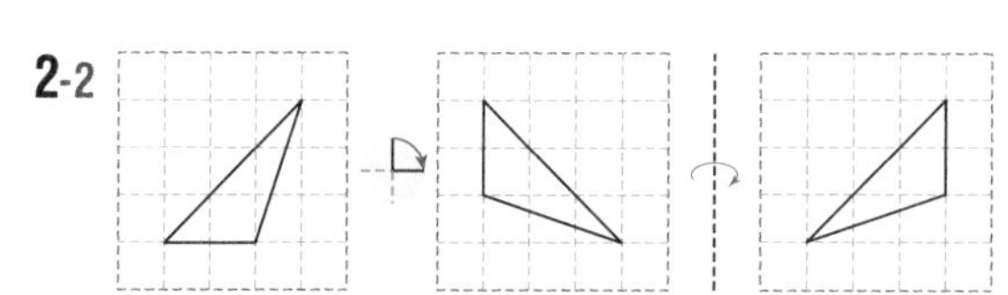

3-2

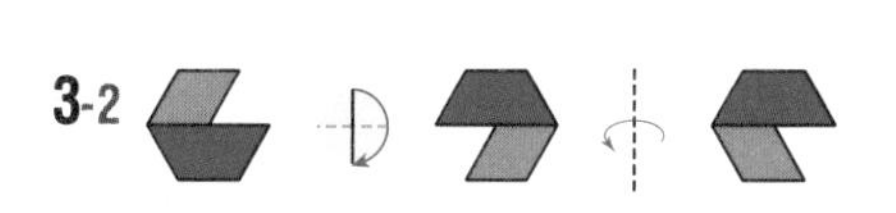

4-2 참고

여러 가지 답을 쓸 수 있습니다.
예 도형을 위쪽으로 뒤집기 한 것입니다.

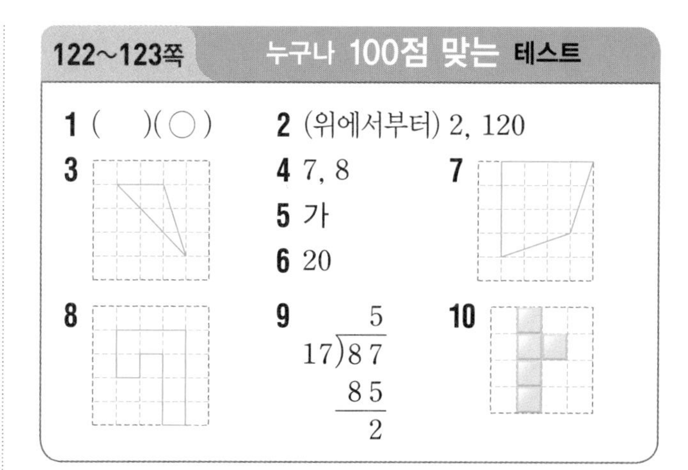

122~123쪽 누구나 100점 맞는 테스트

1 ( )(○)　2 (위에서부터) 2, 120

3　4 7, 8　7

5 가

6 20

8　9 $17 \overline{)87}$, 5, 85, 2　10

6 나머지는 나누는 수보다 작아야 합니다.

8 도형의 위쪽이 왼쪽으로, 오른쪽이 위쪽으로 바뀐 도형을 그립니다.

124~129쪽 특강 창의 · 융합 · 코딩

융합1 200÷15=13…5　융합2 13봉지, 5개

창의3 ( )(○)　창의4 ㉡

창의5

코딩6 180

창의7 (1) 180 (2) 90 (3) 270

창의8 5　코딩9 5 / 5

창의10 7, 5, 4 / 2, 0　코딩11 160, 맞습니다

창의4 왼쪽과 오른쪽이 서로 바뀌었으므로 왼쪽 또는 오른쪽으로 뒤집기 한 방법이라고 할 수 있습니다.

코딩9

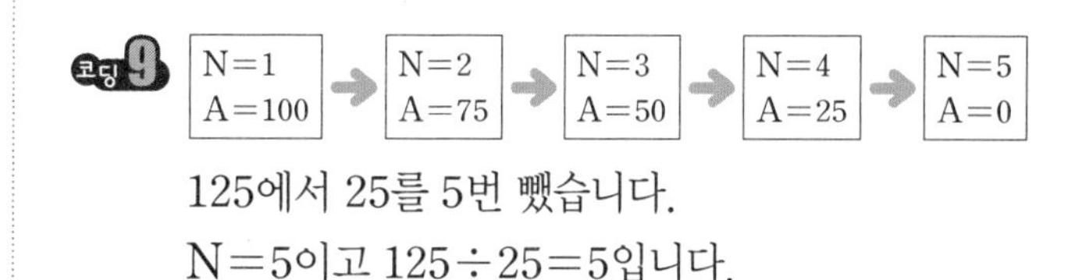

125에서 25를 5번 뺐습니다.
N=5이고 125÷25=5입니다.

코딩11 50×3=150, 150+10=160이므로 이 계산은 맞습니다.

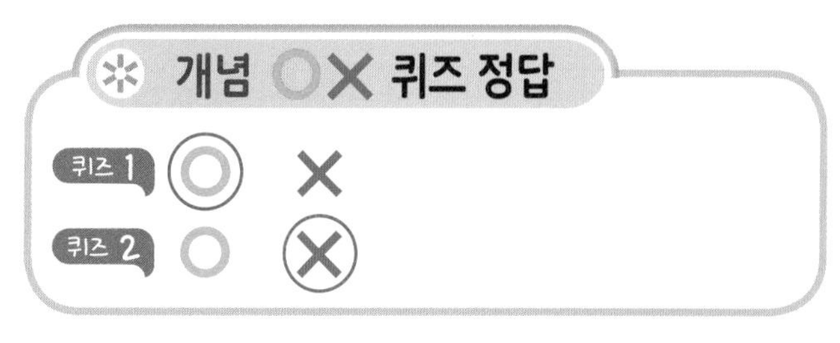

정답
풀이

4주 막대그래프 ~ 규칙 찾기

개념 OX 퀴즈

옳으면 ◯에, 틀리면 ✕에 ◯표 하세요.

퀴즈 1

막대그래프는 조사한 자료를 막대 모양으로 나타낸 그래프입니다.

퀴즈 2

2부터 2씩 곱한 수를 오른쪽에 써 보면 2, 4, 6, 8, 10……입니다.

정답은 28쪽에서 확인하세요.

132~133쪽 이번 주에는 무엇을 공부할까?②

1-1	11권	**1-2**	40송이
2-1	위인전	**2-2**	튤립
3-1	1씩	**3-2**	3씩

4-1 (위에서부터) 8, 9 / 9, 10

4-2 (위에서부터) 16, 20 / 20, 25

1-1 (10권)이 1개, (1권)이 1개이므로 과학책은 11권입니다.

2-1 (10권)의 수가 가장 많은 종류를 찾으면 위인전입니다.

2-2 (10송이)의 수가 가장 적은 종류를 찾으면 튤립입니다.

3-1 3 → 4 → 5 → 6 (+1, +1, +1)

4-1

+	2	3	4	5
2	4	5	6	7
3	5	6	7	8
4	6	7	①	②
5	7	8	③	④

① $4+4=8$, ② $4+5=9$, ③ $5+4=9$, ④ $5+5=10$

135쪽 개념 · 원리 확인

1-1	동물에 ◯표	**1-2**	학생 수에 ◯표
2-1	학생 수에 ◯표	**2-2**	학생 수
3-1	1명	**3-2**	1명
4-1	표에 ◯표	**4-2**	막대그래프에 ◯표

3-1 세로 눈금 5칸이 5명을 나타내므로 세로 눈금 한 칸은 1명을 나타냅니다.

3-2 가로 눈금 5칸이 5명을 나타내므로 가로 눈금 한 칸은 1명을 나타냅니다.

4-1 표에서 합계를 보면 쉽게 알 수 있습니다.

4-2 막대그래프에서 막대의 길이를 보면 한눈에 쉽게 비교할 수 있습니다.

137쪽 개념 · 원리 확인

1-1	피자	**1-2**	음악 감상
2-1	피자	**2-2**	음악 감상
3-1	자장면	**3-2**	운동
4-1	자장면	**4-2**	운동

1-1 막대의 길이를 비교하면 피자가 가장 깁니다.

2-1 가장 많은 학생이 좋아하는 음식은 막대의 길이가 가장 긴 피자입니다.

3-1 막대의 길이를 비교하면 자장면이 가장 짧습니다.

4-1 가장 적은 학생이 좋아하는 음식은 막대의 길이가 가장 짧은 자장면입니다.

138~139쪽 기초 집중 연습

1-1 산, 학생 수　　1-2 강아지 수, 마을
2-1 표　　2-2 막대그래프
기초 (1) 1　(2) 3, 3　　3-1 8명
3-2 7명　　3-3 AB형, 3명

1-1 가로는 산, 세로는 학생 수를 나타냅니다.

1-2 가로는 강아지 수, 세로는 마을을 나타냅니다.

2-1 표는 전체 합계를 알아보기 편리합니다.

2-2 막대그래프는 항목별 크기를 한눈에 비교하기 편리합니다.

3-1 세로 눈금 한 칸은 1명을 나타내고, 바이올린은 8칸이므로 바이올린을 배우는 학생은 8명입니다.

3-2 가로 눈금 한 칸은 1명을 나타내고, O형은 7칸이므로 O형인 학생은 7명입니다.

3-3 막대의 길이가 가장 짧은 혈액형은 AB형입니다. 가로 눈금 한 칸은 1명을 나타내고, AB형은 3칸이므로 AB형인 학생은 3명입니다.

141쪽 개념 · 원리 확인

1-1 선물　　1-2 음료

2-1

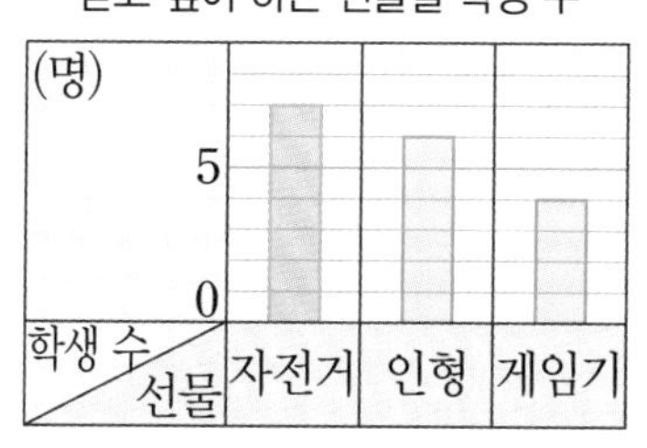

2-2

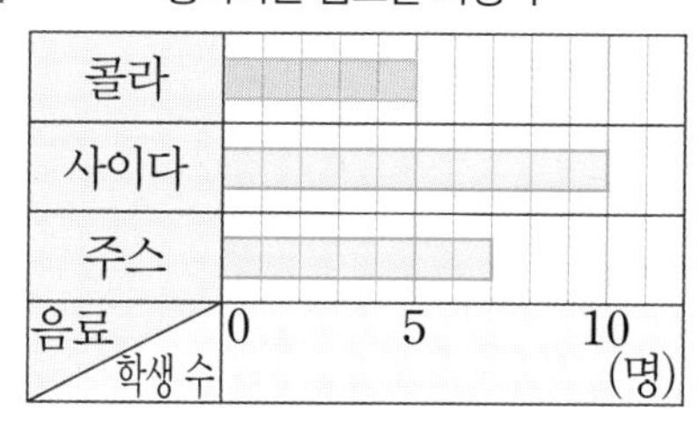

3-1

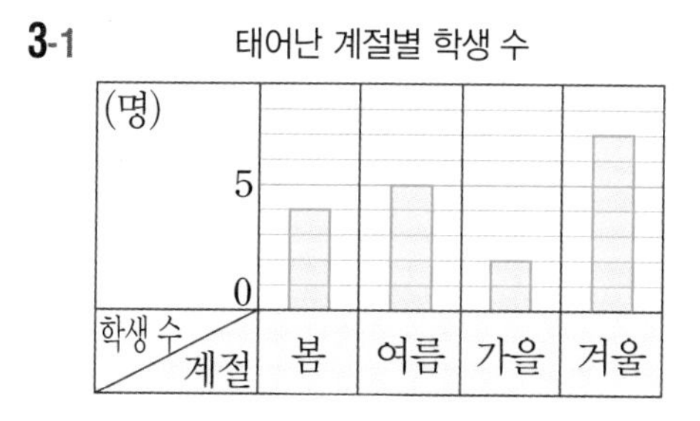

3-2

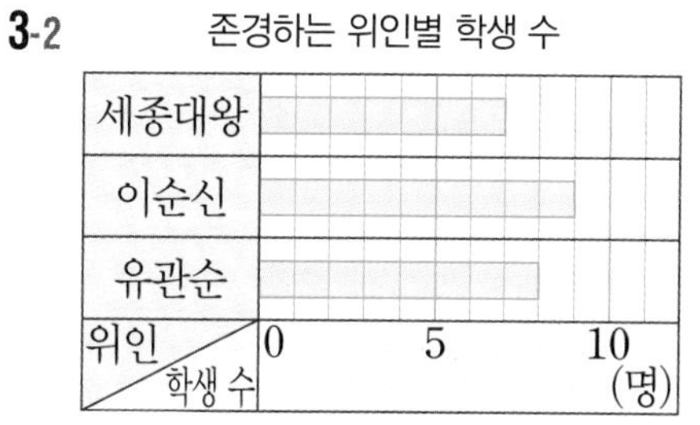

2-1 인형은 6칸, 게임기는 4칸으로 그립니다.

2-2 사이다는 10칸, 주스는 7칸으로 그립니다.

3-1 세로 눈금 한 칸이 1명을 나타내므로 봄은 4칸, 여름은 5칸, 가을은 2칸, 겨울은 7칸으로 그립니다.

3-2 가로 눈금 한 칸이 1명을 나타내므로 세종대왕은 7칸, 이순신은 9칸, 유관순은 8칸으로 그립니다.

143쪽 개념 · 원리 확인

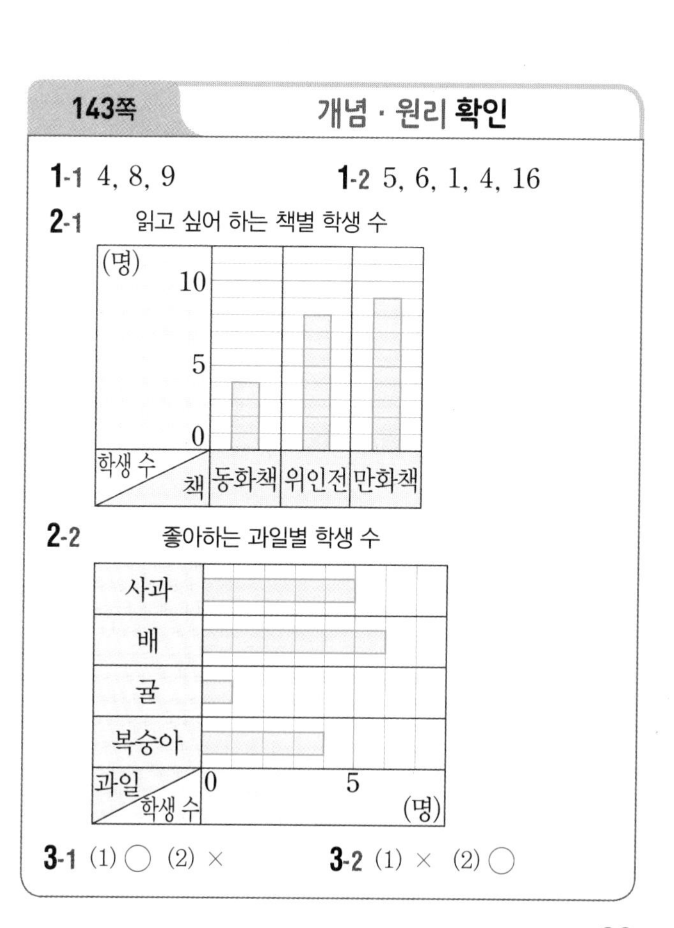

정답
풀이

정답 및 풀이

2-1 세로 눈금 한 칸은 1명을 나타냅니다.
동화책: 4칸, 위인전: 8칸, 만화책: 9칸

2-2 가로 눈금 한 칸은 1명을 나타냅니다.
사과: 5칸, 배: 6칸, 귤: 1칸, 복숭아: 4칸

3-1 (2) 가장 적은 학생이 읽고 싶어 하는 책은 동화책입니다.

3-2 (1) 두 번째로 많은 학생이 좋아하는 과일은 사과입니다.

144~145쪽 기초 집중 연습

1-1 20,

화단에 핀 꽃의 수

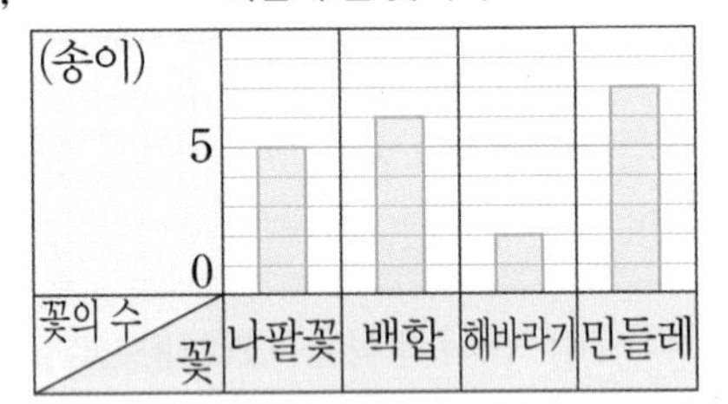

1-2 26,

장래 희망별 학생 수

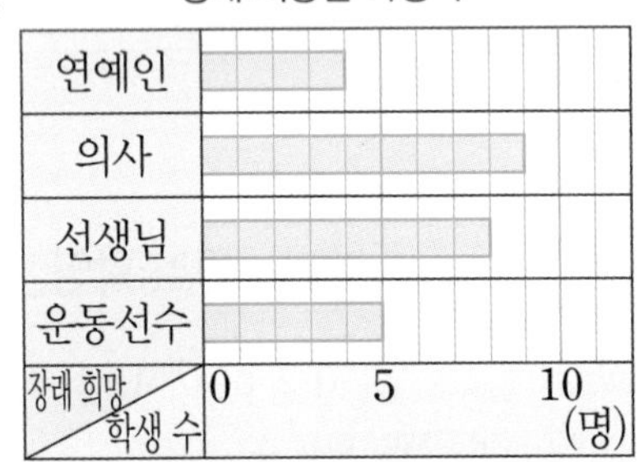

2-1

좋아하는 놀이 기구별 학생 수

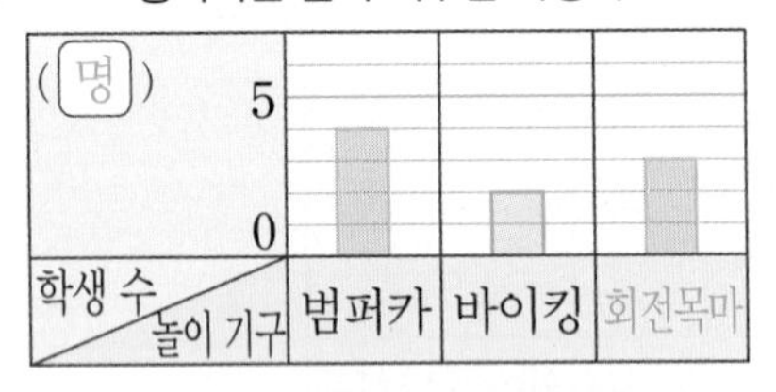

2-2

좋아하는 체육 활동별 학생 수

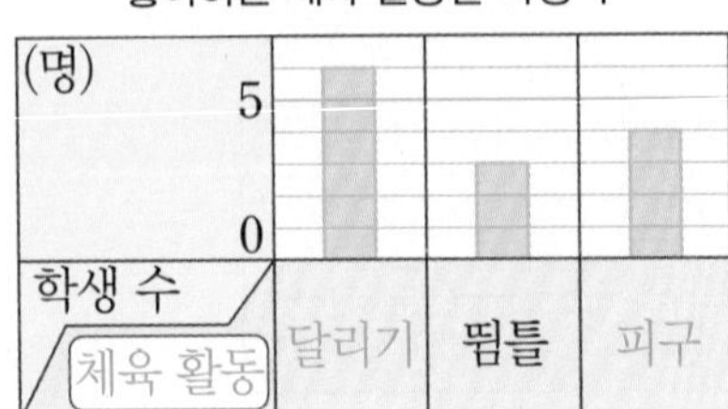

기초 (1) 설악산 (2) 설악산

3-1 ㉠ **3-2** ㉡

3-3 4, 오리

1-1 • 합계: $5+6+2+7=20$(송이)
• 세로 눈금 한 칸은 1송이를 나타냅니다.
나팔꽃: 5칸, 백합: 6칸, 해바라기: 2칸, 민들레: 7칸

1-2 • 합계: $4+9+8+5=26$(명)
• 가로 눈금 한 칸은 1명을 나타냅니다.
연예인: 4칸, 의사: 9칸, 선생님: 8칸, 운동선수: 5칸

2-1 • 학생 수의 단위는 '명'입니다.
• 바이킹을 좋아하는 학생은 2명이므로 2칸으로 그립니다.
• 회전목마를 좋아하는 학생은 3명이므로 3칸으로 나타낸 막대가 회전목마입니다.

3-1 ㉡ 제비를 좋아하는 학생은 5명입니다.

3-2 ㉠ 가장 많이 기르는 동물은 닭입니다.

3-3 소는 4마리이고, 4마리의 2배인 $4\times2=8$(마리)의 동물은 오리입니다.

147쪽 개념 · 원리 확인

1-1 10에 ○표	**1-2** 100에 ○표
2-1 100에 ○표	**2-2** 10에 ○표
3-1 101에 ○표	**3-2** 110에 ○표
4-1 525	**4-2** 1952

1-1 110 — 120 — 130 — 140 — 150
+10 +10 +10 +10

1-2 301 — 401 — 501 — 601 — 701
+100 +100 +100 +100

2-1 110 — 210 — 310
+100 +100

2-2 301 — 311 — 321
+10 +10

3-1 121 — 222 — 323 — 424
+101 +101 +101

3-2 1512 — 1622 — 1732 — 1842
(+110, +110, +110)

4-1 ♥에 알맞은 수는 424보다 101만큼 더 큰 수입니다.
➡ $424+101=525$

4-2 ◆에 알맞은 수는 1842보다 110만큼 더 큰 수입니다.
➡ $1842+110=1952$

149쪽 개념 · 원리 확인

1-1 2	**1-2** 30
2-1 48	**2-2** 111
3-1 일에 ○표	**3-2** 일에 ○표
4-1 1	**4-2** 6

1-1 3 — 6 — 12 — 24
(×2, ×2, ×2)

1-2 11 — 21 — 41 — 71
(+10, +20, +30)

2-1 $24\times2=48$

2-2 $71+40=111$

3-1 $101+4=105$, $101+5=106$,
$101+6=107$, $101+7=108$……

3-2 $11\times11=121$, $11\times12=132$,
$11\times13=143$, $11\times14=154$……

4-1 $104+7=111$ ➡ 1

4-2 $14\times14=196$ ➡ 6

150~151쪽 기초 집중 연습

1-1 2　**1-2** 20
2-1 (위에서부터) 450, 530, 640
2-2 (위에서부터) 6502, 6602, 5702, 4502
3-1 (위에서부터) 1, 1　**3-2** (위에서부터) 1, 6
기초 2, 2　**4-1** (위에서부터) 32, 2
4-2 (위에서부터) 243, 3　**4-3** (위에서부터) 28, 2

2-1 오른쪽으로 10씩 커지고, 아래쪽으로 100씩 커집니다.

2-2 오른쪽으로 100씩 커지고, 아래쪽으로 1000씩 작아집니다.

3-1

	16	17
4	0	①
5	②	2

① $17+4=21$ ➡ 1
② $16+5=21$ ➡ 1

3-2

	112	113
17	4	①
18	②	4

① $113\times17=1921$ ➡ 1
② $112\times18=2016$ ➡ 6

4-1 2부터 시작하여 2씩 곱한 수가 오른쪽에 있습니다.
➡ $16\times2=32$

4-2 1부터 시작하여 3씩 곱한 수가 오른쪽에 있습니다.
➡ $81\times3=243$

4-3 224부터 시작하여 2로 나눈 수가 오른쪽에 있습니다.
➡ $56\div2=28$

153쪽 개념 · 원리 확인

1-1 1	**1-2** 4
2-1 ( )(○)	**2-2** (○)( )
3-1 1	**3-2** 1
4-1 (○)( )	**4-2** (○)( )

2-1 넷째 모양에서 모형이 오른쪽과 아래쪽으로 각각 1개씩 늘어난 모양을 찾습니다.

2-2 넷째 모양에서 모형이 5개 늘어난 모양을 찾습니다.

4-1 넷째 모양에서 ↘ 방향으로 사각형이 1개 더 늘어난 도형을 찾습니다.

4-2 가로로 6개인 도형을 찾습니다.

155쪽 **개념 · 원리 확인**

1-1 3, 2, 1	**1-2** 2, 3, 4
2-1 10	**2-2** 100
3-1 150, 460	**3-2** 540, 140

1-1 계산 결과가 같은 덧셈식에서 더해지는 수가 1씩 커지면 더하는 수는 1씩 작아집니다.

1-2 계산 결과가 같은 뺄셈식에서 빼지는 수가 1씩 커지면 빼는 수도 1씩 커집니다.

3-1 310에 140보다 10만큼 더 큰 수인 150을 더하면 계산 결과는 450보다 10만큼 더 큰 수인 460이 됩니다.
➜ 310+150=460

3-2 680에서 440보다 100만큼 더 큰 수인 540을 빼면 계산 결과는 240보다 100만큼 더 작은 수인 140이 됩니다.
➜ 680−540=140

2-1 ㉯ 10씩 커지는 수에 10씩 커지는 수를 더하면 계산 결과는 20씩 커집니다.

2-2 ㉮ 100씩 커지는 수에서 같은 수를 빼면 계산 결과는 100씩 커집니다.

3-1 100씩 커지는 수에 100씩 커지는 수를 더하면 계산 결과는 200씩 커집니다.

3-2 같은 수에서 100씩 커지는 수를 빼면 계산 결과는 100씩 작아집니다.

4-1 초록색 사각형을 중심으로 노란색 사각형이 시계 반대 방향으로 1개씩 늘어납니다.

4-2 보라색 사각형을 중심으로 연두색 사각형이 시계 방향(또는 시계 반대 방향)으로 2개씩 늘어납니다.

4-3 파란색 사각형을 중심으로 노란색 사각형이 아래쪽과 위쪽에 번갈아가며 한 개씩 늘어납니다.

➜ 여섯째: 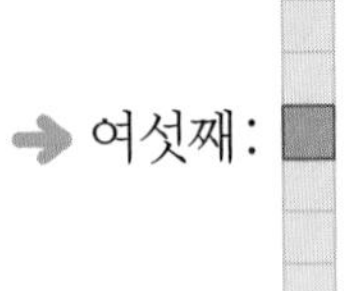

156~157쪽 **기초 집중 연습**

1-1 (○)(　)	**1-2** (　)(○)
2-1 ㉮	**2-2** ㉯
3-1 600+700=1300	**3-2** 980−420=560
기초 시계 방향에 ○표	**4-1** 여섯째
4-2 다섯째	**4-3** 1개, 6개

1-1 사각형이 3개씩 늘어납니다.

1-2 사각형이 가장 윗줄에서 오른쪽으로 1개씩 늘어납니다.

159쪽 **개념 · 원리 확인**

1-1 100에 ○표	**1-2** 20에 ○표
2-1 50, 500	**2-2** 1000, 100
3-1 (　)(○)	**3-2** (○)(　)

2-1 40보다 10만큼 더 큰 수인 50에 10을 곱하면 계산 결과는 400보다 100만큼 더 큰 수인 500이 됩니다.
➜ 50×10=500

2-2 800보다 200만큼 더 큰 수인 1000을 10으로 나누면 계산 결과는 80보다 20만큼 더 큰 수인 100이 됩니다.
➜ 1000÷10=100

3-1 11에 10씩 커지는 수를 곱하면 계산 결과가 110씩 커집니다.

3-2 110씩 작아지는 수를 2씩 작아지는 수로 나누면 계산 결과가 일정합니다.

161쪽 개념 · 원리 확인

1-1 7, 7, 7
1-2 1, 1, 1
2-1 12, 20, 28
2-2 19, 11
3-1 (위에서부터) 113 / 115, 105
3-2 (위에서부터) 217, 215 / 216, 218

2-1 ↘ 방향의 수에서 위의 수에 8을 더하면 아래의 수가 됩니다.

2-2 ↘ 방향의 세 수에서 가장 위의 수와 가장 아래의 수의 합은 가운데 수의 2배와 같습니다.

3-1 ⊞칸 안의 수의 배열에서 ↘ 방향의 두 수의 합과 ↙ 방향의 두 수의 합은 같습니다.

162~163쪽 기초 집중 연습

1-1 23, 24
1-2 302, 302
2-1 ○
2-2 ×
3-1 $40 \times 22 = 880$
3-2 $550 \div 50 = 11$
기초 ○
4-1 13, 15
4-2 (위에서부터) 3, 15 / 10
4-3 4, 12

2-2 200씩 작아지는 수를 20으로 나누면 계산 결과는 10씩 작아집니다.

3-1 10씩 커지는 수에 22를 곱하면 계산 결과는 220씩 커집니다.

3-2 110씩 커지는 수를 10씩 커지는 수로 나누면 계산 결과가 일정합니다.

기초 왼쪽의 수에 2를 더하면 오른쪽으로 두 칸 옆에 있는 수가 됩니다.

4-1 가운데 수의 2배는 왼쪽과 오른쪽 수의 합과 같습니다.

4-2 가운데 수의 2배는 아래와 위의 수의 합과 같습니다.

4-3 [㉠ | ㉢ / ㉡ | ㉣]칸 안의 수의 배열에서 ㉠과 ㉣의 합과 ㉡과 ㉢의 합은 같습니다.

164~165쪽 누구나 100점 맞는 테스트

1 운동
2 1명
3 테니스
4 100씩
5 3750
6 다섯째

7
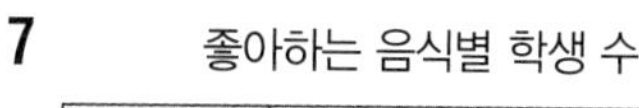

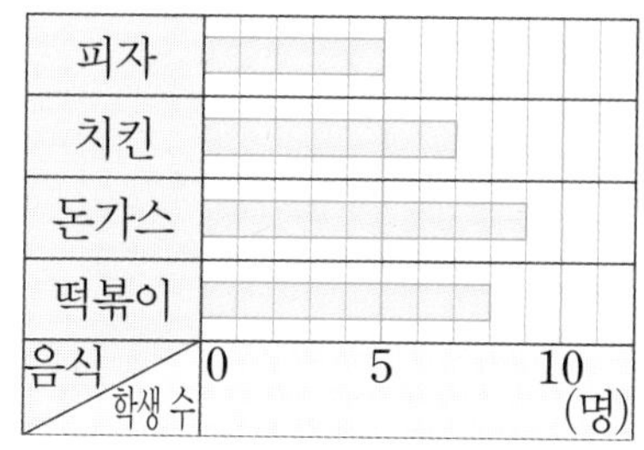

8 (1) 256 (2) 113
9 143 / 144, 243
10 ㉯

2 세로 눈금 5칸이 5명을 나타내므로 세로 눈금 한 칸은 1명을 나타냅니다.

3 막대의 길이가 가장 긴 운동은 테니스입니다.

4 3410 — 3510 — 3610 — 3710
(+100, +100, +100)

5 3450부터 아래쪽으로 100씩 커집니다.
3450 — 3550 — 3650 — 3750 → ■=3750
(+100, +100, +100)

6 왼쪽과 위쪽으로 각각 1개씩 늘어나는 규칙입니다.

7 가로 눈금 한 칸은 1명을 나타냅니다.
피자는 5칸, 치킨은 7칸, 돈가스는 9칸, 떡볶이는 8칸인 막대를 그립니다.

8 (2) 13부터 시작하여 오른쪽으로 10, 20, 30, 40씩 커집니다.

9 ⊞칸 안의 수 배열에서 ↘ 방향의 두 수의 합과 ↙방향의 두 수의 합은 같습니다.

10 ㉮ 같은 수에 십의 자리 수가 1씩 커지는 수를 더하면 계산 결과가 10씩 커집니다.

정답
풀이

166~171쪽 특강 창의 · 융합 · 코딩

창의 1 (   )(◯)(   )

창의 2 (1) 1 (2) 100 (3) 101

융합 3 중국

융합 4 대한민국

융합 5 6, 2, 4, 3, 15

융합 6 예 배우고 싶은 전통 악기별 학생 수

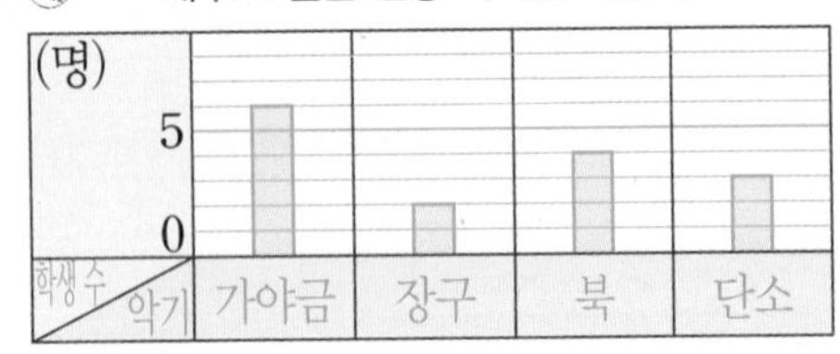

창의 7 (1) 1, 2
(2) (위에서부터) 5, 10 / 6, 12 / 7200원

코딩 8 출발 2540 → 3540 → 4540 → 5540 → 5530 → 5520 → 4520 → 3520 → 3530 도착

창의 9 $81 \div 3 \div 3 \div 3 \div 3 = 1$

창의 10 제기차기 기록

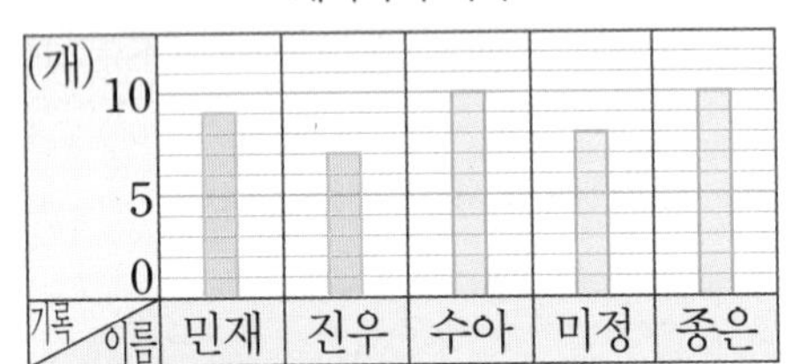

창의 11 (위에서부터) 3, 3 / 4, 6, 4

창의 1 화분은 파란색–노란색이 반복되고,
꽃은 장미–튤립–해바라기가 반복됩니다.

창의 2 (1) 1401–1402–1403–1404
+1 +1 +1
(2) 1403–1503–1603–1703
+100 +100 +100
(3) 1401–1502–1603–1704
+101 +101 +101

융합 3 2014년 막대그래프에서 막대의 길이가 가장 긴 것을 찾으면 중국입니다.

융합 4 2018년 막대그래프에서 막대의 길이가 세 번째로 긴 것을 찾으면 대한민국입니다.

융합 5 악기별로 몇 명인지 세어 봅니다.

융합 6 세로 눈금 한 칸은 1명을 나타냅니다.
가야금: 6칸, 장구: 2칸, 북: 4칸, 단소: 3칸

창의 7 (2) 1000원짜리 지폐가 6장이면 6000원, 100원짜리 동전이 12개이면 1200원이므로 여섯째 달에 저금해야 하는 금액은 7200원입니다.

창의 9 가장 앞에 올 수는 $27 \times 3 = 81$이고, 81을 몫이 1이 될 때까지 3으로 나눕니다.

창의 10
- 진우의 기록이 7개이므로 수아의 기록은 $7+3=10$(개)입니다.
- 좋은이의 기록은 수아의 기록과 같으므로 10개입니다.
- 미정이의 기록과 좋은이의 기록의 합은 18개입니다.
  ➔ (미정이의 기록)$+10=18$,
  (미정이의 기록)$=18-10=8$(개)

창의 11

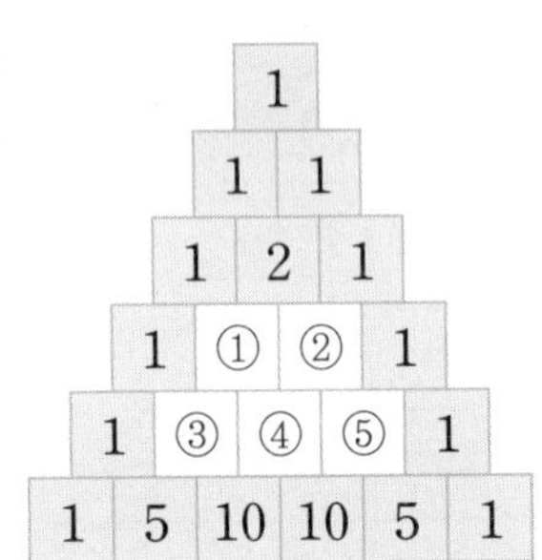

① $1+2=3$ ② $2+1=3$ ③ $1+3=4$
④ $3+3=6$ ⑤ $3+1=4$

개념 OX 퀴즈 정답

퀴즈 1 막대그래프는 조사한 자료를 막대 모양으로 나타낸 그래프이므로 옳은 말입니다.

퀴즈 2 2부터 2씩 곱한 수를 오른쪽에 써 보면 2, 4, 8, 16, 32……이므로 틀린 말입니다.

정답은
이안에
있어!

수학 전문 교재

● 연산 학습

빅터연산	예비초~6학년, 총 20권

● 개념 학습

개념클릭 해법수학	1~6학년, 학기용

● 수준별 수학 전문서

해결의법칙(개념/유형/응용)	1~6학년, 학기용

● 단원평가 대비

수학 단원평가	1~6학년, 학기용

● 상위권 학습

최고수준 S 수학	1~6학년, 학기용
최고수준 수학	1~6학년, 학기용
최강 TOT 수학	1~6학년, 학년용

● 경시대회 대비

해법 수학경시대회 기출문제	3~6학년, 학기용

예비 중등 교재

● 해법 반편성 배치고사 예상문제	6학년
● 해법 신입생 시리즈(수학/영어)	6학년

맞춤형 학교 시험대비 교재

● 열공 전과목 단원평가	1~6학년, 학기용(1학기 2~6년)

한자 교재

● 한자능력검정시험 자격증 한번에 따기	8~3급, 총 9권
● 씽씽 한자 자격시험	8~5급, 총 4권
● 한자 전략	8~5급Ⅱ, 총 12권